近現代日本の
村と政策

長野県下伊那地方 1910〜60年代

坂口正彦

日本経済評論社

目　　次

序　章 …………………………………………………………………… 1

  1　本書の目的　1

  2　分析視点　1

  3　分析手法　6

  4　分析対象地域　7

  5　最新の研究動向　8

  6　本書の構成　10

第1章　明治後期～大正期における政策の執行
  ──地方改良運動を中心として── ……………………… 17

 第1節　はじめに　17

 第2節　「模範事例」　17

  1　松尾村　17

  2　上郷村　19

  3　産業組合製糸の経営　20

 第3節　下久堅村　22

  1　存立条件──集落間が「山又は川に依り」区画された行政村
  　　──　22

  2　下久堅村の行政村運営　22

  3　下久堅村産業組合製糸の設立と運営　32

　　　　4　地方改良運動——区会の存続——　35

　　　　5　下久堅村M区会の運営　37

　　第4節　清内路村　44

　　　　1　存立条件——部落有林地帯——　44

　　　　2　地方改良運動——部落有林の存続——　47

　　　　3　清内路村下清内路区会の運営　49

　　　　4　清内路村の行政村運営　56

　　第5節　おわりに　60

第2章　昭和恐慌期における政策の執行
　　　　——経済更生運動を中心として——……………………69

　　第1節　はじめに　69

　　第2節　「模範事例」　70

　　　　1　三穂村、大島村　70

　　　　2　河野村　71

　　第3節　下久堅村　74

　　　　1　土木　74

　　　　2　税務　79

　　　　3　経済更生運動　83

　　第4節　清内路村　87

　　　　1　部落有林を用いた「政策」　87

　　　　2　急速な統合——県の介入を契機とした経済更生運動の執行——　89

　　第5節　おわりに　94

　　　　1　分析結果　94

　　　　2　含意　95

補　節　1920・30年代下伊那地方の農村社会運動　101

　　　1　1920年代　101

　　　2　1930年代　102

第3章　昭和戦時期における政策の執行
　　　——食糧増産・「満洲」分村移民——……………………119

　第1節　はじめに　119

　第2節　執行体制　120

　　　1　部落常会の設立過程　120

　　　2　村長　124

　　　3　翼賛壮年団　126

　第3節　食糧増産　128

　　　1　河野村——村外者・村内非農家による勤労奉仕——　128

　　　2　下久堅村M集落——出征軍人留守家族に対する労力奉仕——　130

　　　3　食糧供出　132

　第4節　「満洲」分村移民　133

　　　1　河野村——皇国農村確立運動——　133

　　　2　下久堅村　135

　第5節　考察　135

　　　1　差異を生む要因　135

　　　2　河野村は「標準農村」の典型か　136

　第6節　戦後直後の動向　138

　第7節　おわりに　140

第 4 章　戦後農村における政策の執行
　　　　──長野県下伊那郡下久堅村── ……………………… 149

第 1 節　はじめに　149
第 2 節　戦後改革期における政策の執行　151
　　1　農村社会運動の生成と展開　151
　　2　農地改革　161
　　3　集落組織の「戦後改革」　171
　　4　政策執行における「共同関係」の変化　175
第 3 節　1950〜60年代における集落運営の特質　177
　　1　M区会財政　177
　　2　M区会の議案数　180
　　3　道路整備をめぐる集落の慣行　181
第 4 節　高度経済成長期における政策の執行　188
　　1　農家経営　188
　　2　新農村建設計画　188
　　3　第1次農業構造改善事業　194
第 5 節　おわりに　202
　　1　分析結果　202
　　2　含意　203
補　節　飯田市における「昭和の市町村合併」と政策執行の手法　205
　　1　「昭和の市町村合併」　205
　　2　政策執行の手法　208
　　3　「模範事例」──飯田市松尾明集落──　210

第5章　戦後山村における政策の執行
　　　　――長野県下伊那郡清内路村―― 231

　　第1節　はじめに　231
　　第2節　清内路村の戦後段階　232
　　　　1　戦後改革　232
　　　　2　人口　235
　　　　3　農林業生産　235
　　　　4　自治・行政組織　237
　　第3節　1950年代の危機と対策　243
　　　　1　森林資源の枯渇　243
　　　　2　市町村合併　245
　　第4節　1960年代の危機と「改革」　246
　　　　1　危機を受けた陳情　246
　　　　2　「区政改革」　250
　　　　3　「改革」以後　252
　　第5節　おわりに　253

第6章　戦後における農協政策の執行
　　　　――養蚕農協の設立と経営―― 259

　　第1節　はじめに　259
　　第2節　下伊那地方における養蚕農協の設立と経営　260
　　　　1　第2次大戦後の蚕糸業　260
　　　　2　戦後改革期における農協設立運動　260
　　　　3　設立理由　261

　　　　4　養蚕農協の設立・解散状況　265
　　　　5　農業会資産の継承問題　267
　　　　6　1950年代の展開　268
　　第3節　下久堅養蚕農協の設立と経営　272
　　　　1　前提　272
　　　　2　下久堅養蚕農協の設立　274
　　　　3　養蚕農協組合員の性格　277
　　　　4　1950年代の経営　279
　　　　5　1960年代の経営　281
　　第4節　おわりに　283

終　章　………………………………………………………………　293

　　　　1　農山村における3つの展開パターン　293
　　　　2　政策執行における農山村コミュニティ（集落）の有効性　297
　　　　3　事例の持つ一般性——下久堅村、清内路村——　300

図表一覧　321
あとがき　325

序　　章

1　本書の目的

　国家の政策は農村の末端において、どのように執行されたのだろうか。本書は、1910～60年代を対象として、国家の政策と農村社会がどのように出会い、政策が執行されていったのかを探るものである。その際、国家から見て「模範的」とはいえない政策執行事例を議論に組み込んでいく。

　こうした作業にあたっては、集落という、いわば農山村コミュニティに焦点を当てる。農山村コミュニティは東日本大震災以後の現在、政策の有効な受け皿として大きな期待が寄せられている。混住化・過疎化が進行する前の農山村コミュニティは、いかなる条件において、いかなる程度に、政策執行において有効であったのか（なかったのか）。本書は、こうした問いを中心に据えたコミュニティ論を提示するものである。

2　分析視点

(1)「統合論」と「自治村落論」

　以下では、本書の分析視点を述べる。人文学や社会科学における「農村共同体」の見方の違いが、近現代日本農村史研究では、大別すれば、「統合論」と「自治村落論」の相克として現出している。ただし、あくまで「大別」であり、「統合論」、あるいは「自治村落論」を出発点として、それぞれの研究が固有の議論を展開している。

(2)「統合論」

「統合論」とは、農村・農家が国家によって、どのように統合されていったのかを論じたものである[1]。同じ「統合論」であっても、敗戦〜1960年代までは、国家が強権的に農村・農家を統合していくという構図が提示されていた。石田雄[2]の研究が代表的である。その一方、1970年代以降は、農家との「合意」のなかで、こうした統合がなされていく側面が見出されるようになった。森武麿が2006年に示した見取り図が、その代表的な見解を示しているものと考えられる[3]。

森は、「名望家秩序」を、国家が地主の温情と、集落の「情誼的関係」を利用し、農村・農家を統合する様態とみなす。そのうえで、「名望家秩序」の再編・消滅過程を農村政策の本質と捉える。森は、1910〜50年代を次のように把握する。

すなわち、地方改良運動による「名望家秩序」の第1の再編(1910年代)、農村社会運動と、これを受けた農村振興運動による第2の再編(1920年代)、農山漁村経済更生運動(以下、経済更生運動)による第3の再編(1930年代)、戦時統制政策(皇国農村確立運動がその1つ)による「名望家秩序」の「機能喪失」(昭和戦時期)、農地改革による「名望家秩序」の「解体」(戦後改革期)、新農村建設計画による自作農体制の「成立」(1950年代)。

こうした農村政策の展開過程において、国家による統合のためのターゲット(国家と合意する相手)が、1930年代には、地主から農業生産の担当層、そして第2次大戦後には農地改革を経た新しい自作農に移動していった、という構図である。

本書では、森の見取り図を継承すると同時に、その展開過程が、一様に進行したのかという問いを立てる。森は、こうした見取り図を描くにあたって、国家から見て「模範的な」事例を取り上げるか、そうでなくとも、国家の意図どおりに政策が執行される局面を見出している[4]。本書では、国家の意図どおりに政策が執行されない局面を捉えることを、「統合論」を批判的に継承していくための出発点に据える。

ただし、筒井正夫[5]や大門正克[6]は、地方改良運動を題材として、国家の意図が貫徹する場合も、そうではない場合も含めて、包括的に論じている。これに対して本書では、いかなる条件において国家の意図が貫徹し、いかなる条件においてそうではないのかを探る。そのうえで、詳しくは第2章で述べるが、石田雄による「強権的な統合」に関する議論を組み込みながら、行政（国・県・行政村）による統合のあり方はいくつかのパターンに分かれることを示していく。

(3)「自治村落論」

「自治村落論」とは、いくつかの村落論と呼応しつつ[7]、齋藤仁[8]、牛山敬二[9]によって提起されたものであり、次のような議論である。すなわち、近世村の統治機能を引き継いでいるからこそ、近現代日本の集落は「自治機能」を有している。こうした集落の「自治機能」によって、日本の農村[10]では産業組合（協同組合）や土地問題（小作争議・農地改革）などが比較的スムーズに運営、または解決されている。それは、他のアジア農村と比較した場合の日本農村の特質であると。大鎌邦雄[11]、長原豊[12]、坂根嘉弘[13]、野田公夫[14]、庄司俊作[15]等が、「自治村落論」の批判的継承を出発点として、独自の農村像を提示していった。

「自治村落論」は、村における政策執行という局面に限定すると、国際比較の観点から、基本的に「模範事例」、すなわち、行政村・集落のリーダー層の行動や規範によって、政策が達成される側面を見出している。ただし、詳しくは第2章で述べるが、齋藤仁、大鎌邦雄は、政策執行において集落が機能しなかった側面をも指摘している[16]。

「自治村落論」は、行政村のリーダーを「地域名望家」と言い換えれば、高久嶺之介等の「名望家論」に照応する議論といえる[17]。集落のリーダーを「農村中堅人物」と言い換えれば、南相虎の歴史像に対応する議論といえる[18]。

本書では「自治村落論」を継承し、政策執行におけるリーダー層の行動や規範とは、具体的にどのようなものであったのかを実証する。その際、政策執行

におけるリーダー層の行動や規範の限界面までを含めて実証する。さらに、齋藤、大鎌の研究から進め、集落住民の持つ規範と行政権力とを切り離し、行政権力が加味されねば達成できない政策が存在することを示していく。この点こそ、政策執行における集落の有効性の範囲を定めることを意味するが、詳しくは第2章第5節で述べる。

(4) 行政村、集落研究

農村における政策執行を捉える場合、政策執行主体たる行政村に関する研究史整理が必要であり、「統合論」、「自治村落論」の双方において代表的な論考が存在する。

「統合論」でいえば、大石嘉一郎・西田美昭編著『近代日本の行政村』が研究の現段階を示している。同書は、長野県埴科郡五加村を事例に、行政村が集落の機能を統合し、また、社会の近代化・現代化に伴う新しい業務を行政村が担当し、行政村という組織が地域において確立されていく過程を明らかにした。同書の言葉を用いれば、「行政村を単位とする『地域的公共関係』の形成」過程を検討したものである[19]。

その一方、「自治村落論」の代表的研究といえば、大鎌邦雄『行政村の執行体制と集落』である[20]。大鎌は、秋田県由利郡西目村を事例に、集落のリーダー層を媒介として、行政村と集落のあいだで、安定的な関係が築かれ、「模範村」が形成されていく過程を描いた。両書は、事例研究を超えて、行政村研究の参照軸を示したものである。

さらに、次の研究が着目される。石川一三夫は、日本における「名望家自治の脆弱性」（名望家に依拠した地方自治が不貫徹であったこと）を指摘している[21]。明治期の分析であるが、住友陽文は、政策の実施にあたって、行政村・集落が「分業関係」にあったこと、それゆえ、行政村というものは、そもそも「部落連合」的性格を持つことを指摘した[22]。庄司俊作は、現在を射程に入れた村落論を展開するなかで、1930年代を「行政村の共同体化」（住民が行政村という範囲で統合されること）が定着した時期であると規定した[23]。

これに対して本書では、行政村が集落の機能を統合する過程（大石・西田等）や、「名望家自治の脆弱性」（石川）、行政村の「部落連合」的性格（住友）、「行政村の共同体化」（庄司）の態様は、はたして一様であったのかという問いを立てる[24]。大鎌の論考に対して、「模範村」以外の行政村を固有に捉えるような視点を提示したいと考える。

その一方、集落運営の研究といえば、農村部については、主として農村社会学、山間部については、法社会学・林業経済学・人文地理学・農村社会学等において蓄積されている。こうした分野の論考に対する本書の視点は次のとおりである。

後述のように、本書の分析する集落は、相対的には地主的土地所有が進行していない。すなわち、大地主と、大多数の小作人という構図を持たない社会である。こうした構図を持たない集落については、磯田進[25]、福武直[26]、江守五夫[27]等がその特質を解明している。

また、本書では、部落有林を持つ集落を分析対象に含めており、こうした集落については、古島敏雄、川島武宜、渡辺洋三、潮見俊隆、福島正夫、藤田佳久、北條浩、関戸明子、福田恵等の論考がある[28]。近年ではコモンズ論が展開されている[29]。さらに、本書と同じ長野県下伊那地方を対象とした、神田嘉延の論考がある[30]。

これらの研究は、こうした特質を持つ集落の存在が、いかに行政村を規定したのかを問うものではない[31]。本書では、相対的には地主的土地所有が進行していない集落、部落有林が存続した集落が、行政村運営をいかに規定し、いかなる政策執行がなされたのかを、推定を交えながら検討する。村落類型論・村落構造論を行政村分析に生かすという視点は、今までの行政村研究には、なかったものである。

(5) 集落の組織・機能の変容

「統合論」は、国家（行政村）による政策を受けて、集落の組織・機能が段階的に変化する局面を重視する。これまでに取り上げていない論考を挙げると、

安孫子麟は、宮城県遠田郡南郷村を事例に、近現代において、集落の機能が「行政末端機能」、「自治機能」、「近隣的生活機能」の３局面に分化し、解体していったとする[32]。沼尻晃伸は、農村部における工場誘致などを題材として、農村社会における「共同体的関係性」の段階的変容を追跡している。その際、既存の「共同体的関係性」の消滅過程というよりも、「共同体的関係を基礎に据えた新たな関係性の生成」に着目している[33]。その一方、「自治村落論」は、集落の持つ自治機能の近世以来の持続性に着目し、段階的な変容を重視しない[34]。このように、「統合論」と「自治村落論」は、集落の組織・機能の変容という問題をめぐって捉え方が異なる。これに対して本書では、集落の組織・機能の変容過程は、いくつかのパターンに分かれることを示す。

3　分析手法

以上の研究史整理を踏まえたうえで、本書では、分析対象として、1910〜60年代の長野県下伊那地方（1935年現在39町村）を設定する（同地方の特質は後述）。そのうえで、次のプロセスで社会を捉える。

・第１のプロセス：政策執行の「模範事例」を析出する。

下伊那地方の行政村のうち、先行研究が説明してきた、国家の意図どおりに政策が執行される態様を「模範事例」と呼称し、記述する。昭和戦時期を除けば、下伊那地方の「模範事例」は、すでに先行研究が存在するため、これを利用する。その一方、昭和戦時期の「模範事例」（農林省指定標準農村・1943年全国303町村指定）の分析については、下伊那地方はもちろん、全国においても、ほとんど存在しない[35]。本書では、標準農村に指定された下伊那郡河野村（かわの）（1955年より豊丘村河野）の事例を実証する。

・第２のプロセス：新たに２つの行政村について実証する。

本研究では、新たに２つの行政村における政策執行過程について実証する。その行政村とは、下久堅村（しもひさかた）（1956年より飯田市下久堅）、清内路村（せいないじ）（2009年よ

り阿智村清内路）である[36]。

　下久堅村、清内路村における政策執行のあり方が、「模範事例」とどういった点で違うのか。その違いを生む要因は何であるかを探る[37]。同時に、「模範事例」との共通性を見出す。

　なぜ、下伊那地方という範囲にこだわるのか。なぜ、全国のいくつかの地域を分析対象にしないのか。本書は、いくつかの分析対象を比較し、その違いは何であるか、違いを生む要因は何であるかを探るものである。こうした研究を行う場合、1つの郡という小さな範囲のなかで比較するほうが、違いを生む要因を特定しやすい。いわゆる「統制された比較」と呼ばれる方法である[38]。このように、下伊那地方という小さな範囲にこだわることは、研究方法論という点において妥当なものと考えられる。

4　分析対象地域

　ただし、分析対象地域である下伊那地方という範囲が、いかなる一般性を持つのかは、依然として問題になる。他地域を対象とした研究と対照させると、下伊那地方は次の3つの要素を持つ社会である。

　　①中小地主地帯、かつ小作争議が少ない（農地改革まで）、②純農山村（1910〜60年代を通して）、③「養蚕型」地帯（両大戦間期中心）

　①中小地主地帯、かつ小作争議が少ないこと[39]。
　近現代日本農村史研究は、大地主地帯の分析から開始された。ただし、本州・四国・九州をみた場合、一定の範囲で中小地主地帯が存在する[40]。本書は、中小地主地帯論とみなされるものである[41]。また、下伊那地方は、小作争議が少ない。それがどれほど存在したのかは、第2章の補節において示すが、日本農村全体をみた場合、小作争議が少ない農村のほうが多いと考えられる[42]。研究史でいえば、両大戦間期の小作争議を契機とした社会変動については、相当

の蓄積がある[43]。その一方、本書で取り上げるように、小作争議による社会変動を経験しなかった農村の研究は、相対的に少ない[44]。

②純農山村であること[45]。

下伊那地方は純農山村であるがゆえに、本研究は、都市化による社会変動が、政策執行に影響を与えた地域には適用し難い。この点は、言い換えれば、都市化に関する研究[46]、「軍隊と地域」研究[47]等と、純農山村を対象とした本書が並存しうることを意味する。

③「養蚕型」地帯であること。

中村政則による地主的土地所有制と、資本主義の展開度を指標とした類型（東北型・養蚕型・近畿型）に基づく捉え方である[48]。このなかの「養蚕型」として、下伊那地方は位置づけられてきた[49]。今後も、こうした枠組みが有効であり続けることに変わりないが、本書では「養蚕型」という要素を重視しつつ、こうした区分では説明しえないことにも着目する。それは、実際に本書で取り上げるように、山村を含む農業条件が不利な地域の持つ固有性である。

下伊那地方とは、以上の3要素を持つ社会であり、本書は、こうした土台において、分析されるものである。行論にあたっては、下伊那地方を竜西（天竜川西岸部）、竜東（天竜川東岸部）、山間地という3つの地域に区分する（図序-1）。竜西は天竜川西岸部、竜東は天竜川東岸部を指し、この地域を囲む形で山間地の各村が存立する。

5　最新の研究動向

最後に、本書の分析視点、分析方法、分析対象地域を踏まえたうえで、最新の研究動向を整理する。まず、長野県下伊那地方の共有林（部落有林・行政村有林）について検討した、小島庸平、青木健の論考が着目される。小島は、長野県下伊那郡内のいくつかの行政村を事例に、共有林（行政村有林、部落有林）における冬季副業について検討した[50]。青木は、長野県下伊那郡山本村を事例に、部落有林の利用をめぐって生じた、集落、および行政村内部の相克につい

図序-1　下伊那地方

①竜西
②竜東
③山間地

木曽郡
上伊那郡
上片桐
大島
山吹
松川町
生田
高森町
河野
飯田市
座光寺
市田
豊丘村
清内路村
伊賀良
上郷
神稲
大鹿村
山本
鼎
松尾
下久堅
喬木村
阿智村
会地
飯田市
竜丘
智里
川路
龍江
上久堅
上村
三穂
伍和
千代
木沢
浪合村
下條村
泰阜村
南信濃村
平谷村
和合
富草
阿南町
和田
根羽村
売木村
大下条
南和田
八重河内
旦開
天龍村
神原
平岡

岐阜県
静岡県
愛知県

出典：下伊那教育会地理委員会編『下伊那誌　地理編』1994年、2頁。
注：①竜西、②竜東、③山間地という区分を追記している。

て明らかにした[51]。加えて、ともに林野利用を論考の出発点としながらも、小島は昭和恐慌期農業政策論（救農政策論）、青木は戦後農地改革論として提示している。本書における清内路村の分析では、同じように林野利用を論考の出発点とする。そのうえで、本書は、同一の行政村における複数の政策執行のあり方を検討し、政策執行主体たる行政村、集落の特質を見出すという志向性を持つものである。

また本書では、戦後史を分析対象に含めている。戦後史研究のなかに、農村

を対象としたものがある。その特徴は、次の３点にまとめることができる。第１に、農業経営については、当時から着目されていた先進事例（本書の指す「模範事例」）を、新たな視点を加えて再分析する傾向にある[52]。第２に、非世帯主、すなわち農村女性や農村青年に焦点を当て、彼女ら、彼らにとって切実であった問題、すなわち、「生活」、「保健」、「医療」、「文化」、「思想」といった位相で戦後を捉える研究が進展している[53]。第３に、「満洲」（以下、カッコ略）移民研究や、農地改革研究を発展させる形で、戦後開拓に関する分析が進められている[54]。

これに対して本書では、高度経済成長期の基本法農政を、道路整備事業として「組み替え」受容する態様や、集落、行政村、山村の分析を行う。こうした問題群の直接的な先行研究のほとんどは、現段階においても、農業経済学、農村社会学、法社会学等の膨大な現状分析である。すなわち、こうした問題群は、同時代の諸科学において中心的な位置を占めていた一方、戦後史の研究対象として、本格的には組み込まれていない段階にある。本書には、こうした戦後史の研究段階を進める役割があるものと考える[55]。

6　本書の構成

本書の構成は次のとおりである。第１章では、明治後期～大正期における政策の執行について、地方改良運動を中心として検討する。第２章では、昭和恐慌期における政策の執行について、経済更生運動を中心として分析する。ここでは、先行研究を用いて、「模範事例」を示した後、下久堅村、清内路村における政策執行について実証する。これにより、「模範事例」、下久堅村、清内路村における政策執行のあり方の差異と共通性、および差異を生む要因を見出していく。第３章では、昭和戦時期における政策の執行について、食糧増産、満洲分村移民を対象として検討する。その際、農林省より「標準農村」（模範村）に指定された河野村と、そうではなかった下久堅村の執行体制、政策執行過程について比較する。

第４章では、戦後農村における政策の執行について、下久堅村（飯田市下久

堅）を事例に検討する。戦後改革期については、新たに政策執行主体として登場した、農村社会運動勢力の活動に焦点を当てる。高度経済成長期については、新農村建設計画、第1次農業構造改善事業を取り上げる。第5章では、戦後山村における政策の執行について、清内路村を事例に検討する。同村における戦後改革、共有林を用いた「政策」、過疎化が進行するなかで実施された、村の「改革」について取り上げる。第6章では、戦後農協政策の執行について分析する。具体的には、養蚕農協（養蚕部門の専門農協）の設立と、その経営について検討する。これにより、農業条件が不利な地域における農協の展開過程を示していく。

　なお本論では、史料引用に際して、以下の原則に従う。漢字の旧字体を新字体に、漢数字を算用数字に、カタカナをひらがなに、それぞれ改める。原文を略す場合、「……」と表記し、筆者による補足は〔　〕のなかに記す。

注
1）　本書で言う「統合論」とは、研究史において、支配体制論、社会統合論と呼ばれる議論、およびその批判的継承を担った議論を指している。
2）　石田雄『近代日本政治構造の研究』（未来社、1956年）。
3）　森武麿「両大戦と日本農村社会の再編」（『歴史と経済』第191号、2006年4月）。以下、その見取り図を示すにあたり、筆者の表現を付け加えている。
4）　森武麿『戦時日本農村社会の研究』（東京大学出版会、1999年、初出1971年）、同「1950年代の新農村建設計画──長野県竜丘村を事例に──」（『一橋大学研究年報　経済学研究』第47号、2005年10月）。
5）　筒井正夫「地方改良運動と農民」（西田美昭・アン　ワズオ編著『20世紀日本の農村と農民』東京大学出版会、2006年）。
6）　大門正克「農村問題と社会認識」（歴史学研究会・日本史研究会編『日本史講座　第8巻　近代の成立』東京大学出版会、2005年）325〜326頁。
7）　いくつかの村落論とは、守田志郎『村落組織と農協』（家の光協会、1967年）、川本彰『むらの領域と農業』（家の光協会、1983年）、さらには、「豊原村グループ」の論考（豊原研究会編『豊原村──人と土地の歴史──』東京大学出版会、1978年）、磯辺俊彦『むらと農法変革──「市場モデル」から「むら」モデルへ──』（東京農業大学出版会、2010年など）を指す。

8) 齋藤仁「東南アジア農業問題の内部構造」(滝川勉・齋藤仁『アジアの土地制度と農村社会構造』アジア経済研究所、1968年)、齋藤仁『農業問題の展開と自治村落』(日本経済評論社、1989年)。

9) 牛山敬二「昭和農業恐慌」(石井寛治・海野福寿・中村政則編『近代日本経済史を学ぶ』下、有斐閣、1977年)、同「農村経済更生運動下の『むら』の機能と構成」(『歴史評論』第435号、1986年7月)。

10) 近現代日本農村史研究において「日本」という場合、北海道・鹿児島・沖縄の村は、独自性の強い成立・展開過程を有するため、固有の研究が必要となる。詳しくは、坂根嘉弘『分割相続と農村社会』(九州大学出版会、1996年)。

11) 大鎌邦雄『行政村の執行体制と集落——秋田県由利郡西目村の「形成」過程——』(日本経済評論社、1994年)、同編著『日本とアジアの農業集落——組織と機能——』(清文堂出版、2009年)。

12) 長原豊『天皇制国家と農民——合意形成の組織論——』(日本経済評論社、1989年)。

13) 前掲坂根嘉弘『分割相続と農村社会』、同『日本伝統社会と経済発展——家と村——』(農山漁村文化協会、2011年)ほか。

14) 野田公夫『日本農業の発展論理——歴史と社会——』(農山漁村文化協会、2012年)。

15) 庄司俊作『日本の村落と主体形成——協同と自治——』(日本経済評論社、2012年)。

16) 前掲齋藤仁『農業問題の展開と自治村落』第11章、大鎌邦雄「経済更生計画書に見る国家と自治村落——精神更生と生活改善を中心に——」(前掲同編著『日本とアジアの農業集落』)。

17) 髙久嶺之介『近代日本の地域社会と名望家』(柏書房、1997年)。

18) 南相虎『昭和戦前期の国家と農村』(日本経済評論社、2002年)。

19) 大石嘉一郎・西田美昭編著『近代日本の行政村——長野県埴科郡五加村の研究——』(日本経済評論社、1991年)762頁。

20) 前掲大鎌邦雄『行政村の執行体制と集落』。内務省指定模範村の特質を、概括的に探ったものとして、高木正朗『近代日本農村自治論——自治と協同の歴史社会学——』(多賀出版、1989年)第2章。

21) 石川一三夫『近代日本の名望家と自治——名誉職制度の法社会史的研究——』(木鐸社、1987年)。

22) 住友陽文「公民・名誉職理念と行政村の構造——明治中後期日本の一地域を事例に——」(『歴史学研究』第713号、1998年8月)。

23) 前掲庄司俊作『日本の村落と主体形成』第Ⅱ部、および516～517頁。
24) ただし石川一三夫は、明治期の宮城・長野・滋賀県内の様子を概括的に捉え、「名望家自治の脆弱性」の程度差を見出している（前掲石川一三夫『近代日本の名望家と自治』157～164頁）。本書では、下伊那郡という、統制された条件のなかで、より厳密に「名望家自治の脆弱性」の程度と、その要因を探る。
25) いわゆる「無家格型村落」。磯田進編著『村落構造の研究――徳島縣木屋平村――』（東京大学出版会、1955年）。
26) いわゆる「講組結合」、「西南型農村」、「地主のいない山間村」。福武直『福武直著作集――日本農村の社会的性格・日本の農村社会――』第4巻（東京大学出版会、1976年）67～122頁。いわゆる「成文法的統制」下にある集落。福武直『福武直著作集――日本村落の社会構造――』第5巻（東京大学出版会、1976年）214～290頁。
27) いわゆる「年齢階梯制村落」。江守五夫『日本村落社会の構造』（弘文堂、1976年）。
28) 古島敏雄編著『日本林野制度の研究――共同体的林野所有を中心に――』（東京大学出版会、1955年）、川島武宜・潮見俊隆・渡辺洋三編著『入会権の解体Ⅰ』（岩波書店、1959年）、潮見俊隆編著『日本林業と山村社会』（東京大学出版会、1962年）、福島正夫・潮見俊隆・渡辺洋三編著『林野入会権の本質と様相――岐阜県吉城郡小鷹利村の場合――』（東京大学出版会、1966年）、藤田佳久『日本の山村』（地人書房、1981年）、関戸明子『村落社会の空間構成と地域変容』（大明堂、2000年）、北條浩『部落・部落有財産と近代化』（御茶の水書房、2002年）、福田恵「近代日本における森林管理の形成過程――兵庫県村岡町Ｄ区の事例――」（『社会学評論』第218号、2004年10月）ほか。
29) 井上真・宮内泰介編著『コモンズの社会学――森・川・海の資源共同管理を考える――』（新曜社、2001年）、室田武・三俣学『入会林野とコモンズ――持続可能な共有の森――』（日本評論社、2004年）、宮内泰介編著『コモンズをささえるしくみ――レジティマシーの環境社会学――』（新曜社、2006年）ほか。
30) 神田嘉延「農民運動と村落構造――長野県喬木村における部落有林野統一事業反対闘争を中心にして――」上・下（『鹿児島大学教育学部研究紀要』第36号、1984年3月、第37号、1985年3月）。また、学校教育史であるが、境野健兒・清水修二「農村恐慌下の学校統廃合・3――長野県下伊那郡伊賀良村『私設学校史』――」上・下（『福島大学地域研究』第2巻第1号、1990年7月、第2巻第4号、1991年3月）も着目される。
31) 第2次大戦後の「昭和の市町村合併」以降を対象とした研究を除く。これらについては、本書第5章注3）において研究史を示している。
32) 安孫子麟「近代村落の三局面構造とその展開過程」（『村落社会研究』第19集、

1983年）11頁。
33) 沼尻晃伸「結語――共同性と公共性の関係をめぐって――」（小野塚知二・沼尻晃伸編著『大塚久雄『共同体の基礎理論』を読み直す』日本経済評論社、2007年）202～203頁。同「農民からみた工場誘致――戦後経済復興期の小田原市を事例として――」（『社会科学論集』第116号、2005年11月）。
34) ただし、自治村落論を出発点とした論考は、「自治村落」の様態が不変だとは主張しておらず、中長期的には変動すると述べている。たとえば、農家家族の減少と高齢化により、大鎌邦雄は1980年代以降、牛山敬二は2000年代以降、集落は「自治村落」としての側面を動揺させていると推定した。また、庄司俊作は、農家にとっての生産・生活両面における「共同体」が、戦時部落常会の設立（1940年）を画期として、大字から現在の「農業集落」に移動していったとする見方を提示した。牛山敬二「自治村落社会と地主的土地所有」（宇野俊一編著『近代日本の政治と地域社会』国書刊行会、1995年）、大鎌邦雄「日本における小農社会の共同性――「家」・自治村落・国家――」（杉原薫・脇村孝平・藤田幸一・田辺明生編『講座生存基盤論Ⅰ　歴史のなかの熱帯生存圏――温帯パラダイムを超えて――』京都大学学術出版会、2012年）、前掲庄司俊作『日本の村落と主体形成』第Ⅰ部、および516頁を参照。
35) 中村政則ゼミ・三年「養蚕地帯における農村更生運動の展開と構造――長野県上伊那郡南向村の場合――」（『ヘルメス』第27号、1976年3月）、宮城県遠田郡南郷村を分析した、安孫子麟「戦時下の満州移民と日本の農村」（『村落社会研究』第5巻第1号、1998年9月）。
36) なお、本書が、とくに焦点を当てる下久堅村M集落、および清内路村は、従属小作制度の1つである御館被官制度が存在した地域ではない。古島敏雄「被官制度の崩壊と商品生産」（関島久雄・古島敏雄『徭役労働制の崩壊過程――伊那被官の研究――』育生社、1938年）246頁。
37) こうした問いの立て方は、重冨真一「地域社会の組織力と地方行政体――東南アジア農村における小規模金融組織の形成過程を比較して――」（『アジア経済』第44巻第5・6号、2003年5月）、同「比較地域研究試論」『アジア経済』（第53巻第4号、2012年6月）より示唆を得た。
38) 新睦人『社会学の方法』（有斐閣、2004年）176～179頁、アレキサンダー・ジョージ、アンドリュー・ベネット（泉川泰博訳）『社会科学のケース・スタディ――理論形成のための定性的手法――』（勁草書房、2013年）ほか。
39) 中小地主地帯であっても、激しい小作争議が展開される場合があることは先行研究が示すとおりである。こうしたなかで、下伊那地方は中小地主地帯、かつ小

作争議が少ないという特性を持っている。
40) 西田美昭「調査地――長野県小県郡――の性格」（同編著『昭和恐慌下の農村社会運動――養蚕地における展開と帰結――』御茶の水書房、1978年）49頁。
41) 中小地主地帯論が大地主地帯論に対して研究が少ないという意味である。行政村研究である前掲大石嘉一郎・西田美昭編著『近代日本の行政村』も、中小地主地帯論と捉えることができるわけであり、本書が研究史上はじめての中小地主地帯論というわけではない。
42) 以下、全国統計であり、第1のピーク（1926〜29年）の小作争議件数は年間平均2,276件（1争議当たり平均55.6人参加）、第2のピーク（1934〜37年）の小作争議件数は、年間平均6,406件（1争議当たり平均18.7人参加）。暉峻衆三編著『日本の農業150年』（有斐閣、2003年）113頁。なお、農家戸数（全国、1925年）は、約537万7,000戸である（三和良一・原朗編『近現代日本経済史要覧　補訂版』東京大学出版会、2010年、17頁）。
43) 研究蓄積が分厚く、かつ論争的であるため、ここでは、研究史レビューである野田公夫「農業史」（中安定子・荏開津典生編著『農業経済研究の動向と展望』富民協会、1996年）を挙げるにとどめる。
44) 前掲大鎌邦雄『行政村の執行体制と集落』、前掲南相虎『昭和戦前期の国家と農村』等が該当する。こうした研究に対する分析視点は、前述のとおりである。
45) 純農山村といっても、町場が存在しており、飯田町（1937年から飯田市）が該当する。飯田市は1938年現在、面積96.1km^2、人口約2万9,200人。長野県編『長野県史近代史料編　別巻統計（1）』（長野県史刊行会、1989年）7、182頁。
46) 高嶋修一『都市近郊の耕地整理と地域社会――東京・世田谷の郊外開発――』（日本経済評論社、2013年）、および同書の研究史整理（14〜19頁）を参照。
47) 荒川章二『軍隊と地域』（青木書店、2001年）、上山和雄編著『帝都と軍隊――地域と民衆の視点から――』（日本経済評論社、2002年）ほか。
48) 中村政則『近代日本地主制史研究――資本主義と地主制――』（東京大学出版会、1979年）第2章第3節。
49) 下伊那地方の「養蚕型」としての側面を捉えたものとして、鬼塚博「1889年市制町村制施行と中農層の動向――「養蚕型」地域を事例に――」（『歴史学研究』第759号、2002年2月）、森武麿「地域史をひらく――下伊那の近代史から――」（『飯田市歴史研究所年報』第1号、2003年12月）、田中雅孝『両大戦間期の組合製糸――長野県下伊那地方の事例――』（御茶の水書房、2009年）。
50) 小島庸平「大恐慌期における救農土木事業の意義と限界――長野県下伊那郡座光寺村を事例として――」（『歴史と経済』第212号、2011年7月）、同「一九三〇年

　　　　代清内路村下区における就労機会の創出と農外就業」(『清内路──歴史と文化
　　　　──』第3号、2012年3月)。
51)　青木健「共有林経営の展開と戦後緊急開拓計画──長野県下伊那郡山本村の事
　　　例──」(『日本史研究』第609号、2013年5月)。
52)　西田美昭・加瀬和俊編著『高度経済成長期の農業問題──戦後自作農体制への
　　　挑戦と帰結──』(日本経済評論社、2000年)、永江雅和「二つの農村」(大門正克
　　　ほか編『高度成長の時代3　成長と冷戦への問い』大月書店、2011年)ほかを参照。
53)　北河賢三『戦後の出発──文化運動・青年団・戦争未亡人──』(青木書店、
　　　2000年)、栗田尚弥編著『地域と占領──首都とその周辺──』(日本経済評論社、
　　　2007年)、大門正克「「生活」「いのち」「生存」をめぐる運動」(安田常雄編集・大
　　　串潤児他編集協力『シリーズ戦後日本社会の歴史3　社会を問う人びと──運動
　　　のなかの個と共同性──』岩波書店、2012年)、大串潤児「「戦後」地域社会運動
　　　についての一試論」(『日本史研究』第606号、2013年2月)ほかを参照。
54)　前掲西田美昭・加瀬和俊編著『高度経済成長期の農業問題』、永江雅和「戦後開
　　　拓政策に関する一考察──もうひとつの農地改革──」(『専修経済学論集』第37
　　　巻第2号、2002年11月)、青木健「外地引揚者収容と戦後開拓農民の送出──長野
　　　県下伊那郡伊賀良村の事例──」(『社会経済史学』第77巻第2号、2011年8月)、
　　　伊藤淳史『日本農民政策史論──開拓・移民・教育訓練──』(京都大学学術出版会、
　　　2013年)ほかを参照。
55)　ただし、本書で行う集落、山村などを対象とした分析と、戦後史研究が明らか
　　　にした非世帯主の動向等の関係を問う作業は、筆者にとっても、今後の課題である。

第1章　明治後期〜大正期における政策の執行
――地方改良運動を中心として――

第1節　はじめに

　本章では、明治後期〜大正期における政策執行のあり方について、地方改良運動を中心として検討する。前述のように、地方改良運動については、筒井正夫、大門正克が、政策が貫徹した場合も、貫徹しなかった場合も含めて、包括的に実態を捉えている[1]。加えて、石川一三夫は「名望家自治の脆弱性」、住友陽文は行政村の「部落連合」的性格を指摘している[2]。

　こうした研究動向を受けて本章では、いかなる条件において、地方改良運動の政策意図が貫徹し、いかなる条件において貫徹しないのかを探る。その際、行政村における「名望家自治の脆弱性」、「部落連合」的性格に着目する。

　以下では、「模範事例」を示した後、下久堅村、清内路村の事例を検討する。結論を先取りすれば、本章と次章を通じ、地理的条件によって、政策実施結果、さらには「名望家自治の脆弱性」、行政村の「部落連合」的性格に差異が生じていることを明らかにする。

第2節　「模範事例」

1　松尾村

　地方改良運動の主目的は、行政村の統合力強化を図ることにある。最初に取り上げる松尾村は、竜西（天竜川西岸部）の平坦地に位置している（図1−1）[3]。松尾村では、森本勝太郎村長が地方改良運動を担った。森本は、松尾村3大地

図1-1　松尾村森本勝太郎家の周辺（1946年）

出典：飯田市歴史研究所編『史料で読む飯田・下伊那の歴史　松尾大森本の家と周辺の社会』2009年（原史料は森本信正氏所蔵）。

主の1家であり、田畑20町歩程度を所有する在村地主である[4]。表1-1によれば、森本は15年間、吉川亮夫は17年間にわたり、松尾村長を歴任した。大正期以降、安定的な行政村運営がなされたことがうかがえる。

森本村長は、1916年、各集落に「耕地委員」を配置した。「耕地」とは集落を意味する言葉である[5]。「耕地委員」の役割は、「村治」の向上のために集落を「監督」することにある。具体的には、「租税その他の賦課徴収事務の補助」、「法規並びに村長の命令の伝達」、「村長から委任・命令された行政事務の普及」などを担った。加えて、1918年、地縁組織である組（伍長組）に対して、「村長・耕地委員の指導監督を受けて」、「組内の雑務を処理する」役割を課した。すなわち、行政村主導のもと、集落の組織を整備することによって、徴税などが円滑に進められた。

さらに松尾村では、鳩ヶ峰八幡宮という神社を、行政村の精神的支柱とみなした。そのうえで、神社、および村役場を頂点として、行政村内の組織、たとえば、青年団、女子会、尚武会、農会、産業組合、前述の耕地委員、組（伍長組）などを配置した。これらの組織は、定期的に神社に参拝し、行政村、さらには国家への忠誠を誓った。このように、松尾村では、地方改良運

表1-1　松尾村長

氏　名	就任年次	勤続年数
森本勝太郎	1895	4
a	1899	4
b	1903	4
c	1907	5
d	1912	2
森本勝太郎	1914	15
吉川亮夫	1929	17

出典：松尾誌編集委員会『松尾村誌』（1982年）336～337頁。

動の政策目的である行政村の統合力強化がなされた。重要なのは、行政村主導のもと、集落の組織が整備されていった点である[6]。

2　上郷村

そのほか、強い統合力を持つ行政村の事例として、下伊那郡上郷村を挙げることができる[7]。上郷村も竜西に位置し、平坦部を含みつつ、段丘面が広いという土地条件に存立する[8]。村長は北原阿智之助であり、その在職期間は、1909年以降の19年間に及ぶ[9]。北原の経済階層は、村内最上層である[10]。上郷村では、松尾村と同様、地縁組織としての組に対して納税・衛生事業などを円滑に進める役割が課された[11]。

上郷村には、1,826町歩（大正末期・実測面積）に及ぶ野底山がある。同村は、1889年、野底山の入会権を平等に持つ旧近世村どうしが合併して成立した。（行政）村有財産となった野底山の森林は、昭和戦前期より伐期に達した。上郷村財政（歳入決算）に占める財産収入の割合は、1922年5.3％（長野県平均3.2％）、1927年38.1％（県平均4.0％）、1929年26.8％（県平均3.6％）である[12]。財産収入によって、村営電気事業などが経営され、また、1933年現在、1戸当たりの村税は下伊那郡において最も低額であった[13]。

最後に、松尾村、上郷村ともに、1900年代において、村内のいくつかの小学校を統合し、1村1小学校体制となっている[14]。行政村という範囲における人々の共同性が、小学校という存在によって培われたことは、先行研究によって指

表1-2　下伊那郡内

地帯区分	行政村	組合製糸	設立年次	固定資本比率（％）（1932年）	配分金1貫当（銭）（1928年）	輸出生糸1貫当価格（円）（1934年）
竜西	大島	大島	1920	80 （10）	713 （25）	35 （12）
	大島	元大島	1920	95 （21）	757 （19）	
	山吹	山吹	1913	94 （20）	812 （2）	38.2 （3）
	市田	吉田	1915	87 （16）	799 （6）	35.1 （11）
	市田	下市田	1915	95 （21）	783 （10）	35.6 （8）
	市田	牛牧	1917	86 （13）	795 （8）	33.7 （19）
	座光寺	座光寺	1915	105 （25）	796 （7）	37.3 （5）
	上郷	上郷	1915	68 （5）	822 （1）	37.8 （4）
	上飯田	上飯田	1917	79 （9）	765 （14）	
	飯田			未設置		
	鼎	鼎	1915	98 （23）	741 （20）	35.2 （10）
	松尾	松尾	1911	41 （1）	809 （3）	35.5 （9）
	竜丘	竜丘	1920	128 （30）	765 （14）	33.1 （23）
	川路	川路	1917	115 （27）	741 （20）	33.3 （22）
	三穂	三穂	1916	93 （19）	736 （22）	7.1 （29）
	伊賀良	育良	1921	92 （18）	765 （14）	34.3 （15）
	伊賀良	伊賀良	1917	86 （14）	774 （13）	34.3 （15）
	山本	山本	1917	86 （14）	734 （23）	30.5 （27）
竜東	千代	千代	1918	117 （28）	731 （24）	32.9 （24）
	龍江	龍江	1915	65 （4）	777 （12）	34.5 （14）
	下久堅	下久堅	1916	69 （6）	780 （11）	31.7 （26）
	上久堅	上久堅	1917	238 （33）	699 （28）	―
	喬木	喬木富田	1926	87 （16）	790 （9）	33.8 （18）

出典：田中雅孝『両大戦間期の組合製糸――長野県下伊那地方の事例――』（御茶の水書房、2009年）158～159頁。設
注：（ ）内は順位である。

摘されている[15]。松尾村、上郷村ともに、こうした指摘に沿う事例といえる。

3　産業組合製糸の経営

　地方改良運動の一環として、農業団体の整備を挙げることができる。両大戦間期を中心として、養蚕業地帯であった下伊那郡では、産業組合製糸が設立されていった。表1-2では、田中雅孝の研究成果を組み込み、下伊那郡内のすべての産業組合製糸の経営概況を示した。

　下伊那郡の産業組合製糸は、行政村単位に設立されるものが多い。なかでも、松尾、上郷両村は「模範的な」経営を展開している。すなわち、固定資本比率

産業組合製糸一覧

地帯区分	行政村	組合製糸	設立年次	固定資本比率（％）（1932年）	配分金1貫当（銭）（1928年）	輸出生糸1貫当価格（円）（1934年）
竜東	喬木	喬木	1917	55 （3）	807 （4）	34.1 （17）
	神稲	神稲	1915	83 （11）	764 （17）	40.7 （1）
	河野	河野	1917	77 （8）	799 （5）	38.3 （2）
	生田	生田	1914	118 （29）	677 （29）	33.7 （19）
山間地	会地	扶桑	1918	44 （2）	762 （18）	34.8 （13）
	智里	智里	1917	84 （12）	712 （27）	36.1 （7）
	清内路			未設置		
	伍和			未設置		
	浪合			未設置		
	平谷			未設置		
	根羽			未設置		
	下條	阿南	1915	202 （32）	―	32.5 （25）
	旦開	信三	1919	109 （26）	664 （31）	37.2 （6）
	平岡	平岡	1917	69 （6）	713 （25）	33.5 （21）
	泰阜			未設置		
	神原			未設置		
	和合			未設置		
	売木			未設置		
	富草	大成	1920	―	―	―
	上村			未設置		
	大鹿	大鹿	1917	100 （24）	673 （30）	25.1 （28）
	和田組合	遠山	1927	161 （31）	648 （32）	―

立年次のみ、中島三郎編著『下伊那産業組合史』（下伊那生糸販売購買利用組合連合会天龍社、1954年）117～126頁。

（固定資本の自己資本に対する比率、1932年）について、松尾村産業組合製糸は郡内で1番目、上郷村産業組合製糸は4番目に低い。組合員への繭1貫当たりの配分金額（1928年）について、松尾村は郡内3位、上郷村は1位である。輸出生糸1貫当たりの価格（1934年）について、松尾村は9位、上郷村は4位である。

さらに、上郷村、松尾村産業組合製糸は全額供繭制を1923年に採用しており、郡内の先進事例である。全額供繭制とは製糸業者が組合員に蚕種を配布し、その蚕種から育った繭のすべてを製糸業者が回収するという制度である。全額供繭を達成するためには、奨励金を充実させることのほかに、農村末端において

表1-3 主要生産額（下久堅村・1929年）

（単位：円）

品目	金額
養蚕	589,241
生糸	436,500
水稲	44,190
麦	5,032
和紙	67,268
凍豆腐	8,703

出典：下久堅村『昭和五年四月調　下久堅村勢要覧』。

供繭組合を組織化し、集落の相互監視機能を利用することが効果的であった[16]。行政村レベルの産業組合製糸の経営発展のために、農村末端組織を動員するというメカニズムは、行政村の円滑な運営のために、集落の組織を利用するという、「模範村」運営の手法と同一であった。

第3節　下久堅村

1　存立条件——集落間が「山又は川に依り」区画された行政村——

下久堅村について検討する。同村は、1928年現在、1,012戸によって構成される[17]。表1-3は、1929年の下久堅村における農工業生産額であり、蚕糸業が他を圧倒し、かつ副業として主に和紙を生産している。農業生産の推移について、養蚕・和紙に着目すると、下久堅村は19世紀まで和紙の産地であり、たとえば1880年の生産額は和紙9,960円、養蚕875円である。養蚕を主とする経営に変化したのは、1900年前後であり[18]、養蚕価額の推移をみると、1919年をピークとし、昭和恐慌下において低下した（表1-4）。農地改革前の在村地主保有小作地は約130町、不在地主保有小作地は約26町であり、在村地主地帯である[19]。下久堅村は、7つの集落によって構成される[20]。特徴的なのは、段丘・傾斜地に存立し、集落間が「山又は川に依り」隔てられるという地理的条件を有した点にある（図1-2）[21]。

2　下久堅村の行政村運営

(1) 村長・助役・村会議員

下久堅村の行政村運営はいかなるものであったか。表1-5では、下久堅村長・助役について示した。勤続年数をみると、町村制（1889年）以後における①の勤続年数が際立っている。その一方、明治後期以後において、村長は⑤を

表1-4 下久堅村の養蚕業（1919〜40年）

(単位：町、円)

年次	桑園面積	価額	養蚕価額 （1反当たり）	年次	桑園面積	価額	養蚕価額 （1反当たり）
1919	151.2	774,146	512.0	1930	276.4	359,525	130.1
1920	164.0	388,140	236.7	1931	280.0	194,567	69.5
1921	160.2	379,876	237.1	1932	314.0	136,653	43.5
1922	143.5	464,301	323.6	1933	328.6	349,800	106.5
1923	143.1	485,318	339.1	1934	320.7	155,354	48.4
1924	140.6	462,260	328.8	1935	292.6	198,552	67.9
1925	158.9	749,726	471.8	1936	280.8	250,310	89.1
1926	158.9	596,052	375.1	1937	271.4	261,101	96.2
1927	171.3	361,265	210.9	1938	―	260,150	―
1928	211.3	451,503	213.7	1939	271.3	713,696	263.1
1929	252.9	589,241	233.0	1940	273.0	629,939	230.7

出典：長野県編『長野県史　近代資料編別巻統計(2)』1985年、342頁。
注：養蚕価額（1反当たり）は筆者が算出し、―は不明。

図1-2　下久堅村（飯田市下久堅）の航空写真（1970年頃）

出典：下久堅村誌編纂委員会『下久堅村誌』1973年。
注：天竜川左岸が下久堅村（飯田市下久堅）、右岸の平場が松尾村（飯田市松尾）。

除き、ほぼ1期で退任している。長らく同一の村長が治めた松尾村、上郷村とは対照的である。また、松尾、上郷村長と異なり、村長の経済階層が最上位であったとは限らない。

表1-5　下久堅村長・助役

村長					助役				
氏名	就任時年齢	就任年次	勤続年数	村税等級	集落	氏名	就任時年齢	就任年次	勤続年数	村税等級	集落
①	—	1889	16	—	上虎岩					
②	—	1905	4	—	柿野沢					
③	—	1910	2	—	M			—			
①	—	1912	3	5等	上虎岩					
④	—	1915	4	33等	柿野沢	⑩	38	1915	13	15等	下虎岩
⑤	57	1919	4	16等	下虎岩					
③	—	1924	1	7等	M					
⑤	63	1925	7	16等	下虎岩					
⑥	58	1932	2	—	柿野沢	⑪	43	1928	8	26等	M
⑦	59	1934	3	—	上虎岩					
⑤	76	1938	1	—	下虎岩	⑫	49	1936	4	—	柿野沢
⑧	54	1940	2	—	柿野沢	⑬	51	1940	2	—	柿野沢
⑨	59	1942	4	—	下虎岩	⑭	55	1942	5	—	知久平

出典：下久堅村誌編纂委員会『下久堅村誌』1973年、636頁、下久堅村『職員名簿』、下久堅村「戸別等級表」1913、17、21年度。

注：1）氏名を記号で示しており、村長①、③、⑤については、それぞれ再選していることを示す。
　　2）—、および1914年以前の助役は不明。
　　3）就任時年齢は、下久堅村『職員名簿』に生年月日が記載される場合があり、ここから計算した。
　　4）①は1912年度、④、⑩は1917年度、③、⑤、⑪は1921年度の等級を示した。1912年度全34等級、1917年度全35等級、1921年度全40等級。等級の基準は未記載。
　　5）村長が不在の時期がある。

　その一方、助役をみると、大正・昭和戦前期の⑩、⑪は、勤続年数が長い。かつ年齢も若く、経済的にも上層ではない。以上によって、助役⑩、⑪は「官僚」としての有能さを持っていたことが想起される。詳しくは、次章において助役⑪を検討する（次章以降、助役⑪はM31と呼称）。

　表1-6では下久堅村会議員（1913～37年）について示した。まず経済階層でいえば、村会議員は、最上層から中層によって構成される。時期による変動をみると、村内最上層の村議2名（「い」・「か」）は、1925年以降、村議から退出している[22]。こうした最上層の退出は、M集落においても確認できる。1921年まで、「お」・「た」といった集落内最上層が村議になっていたが、1925年以降、「め」・「も」・「イ」といった中層が選出されるようになった[23]。ただし、下久堅村全体をみても、時期が新しくなるほど、若い年齢の村議が増えるわけでは

第1章　明治後期～大正期における政策の執行　25

表1-6　下久堅村会議員（1913～37年）

1913			1917			1921			1925		
氏名	戸数割等級	出身集落	氏名	戸数割等級	出身集落	氏名	戸数割等級	出身集落	氏名	県税賦課額	出身集落
1級議員			1級議員			1級議員			ふ (42)	46.40	下虎岩
あ	11	下虎岩	す	5	下虎岩	す	6	下虎岩	へ (52)	2.66	下虎岩
い (51)	2	知久平	い (55)	2	知久平	ち	13	下虎岩	ほ (63)	12.50	下虎岩
う	6	知久平	せ (34)	18	知久平	に (36)	10	知久平	ね (46)	9.06	知久平
え	12	小林	そ	12	小林	ぬ	26	小林	ま (37)	16.12	知久平
お	6	M	た (38)	4	M	ね	7	M	み (47)	20.38	小林
か (60)	1	上虎岩	か (64)	1	上虎岩	か (68)	1	上虎岩	と (47)	35.35	柿野沢
2級議員			2級議員			2級議員			む (50)	61.00	小林
き	19	下虎岩	く (40)	15	下虎岩	く (44)	18	下虎岩	め (40)	2.00	M
く (36)	13	下虎岩	ち	12	下虎岩	ね (42)	21	知久平	も (55)	2.72	M
け	19	知久平	つ	17	知久平	の (47)	7	柿野沢	や (38)	21.14	上虎岩
こ	7	柿野沢	て	9	柿野沢	は	13	柿野沢	ゆ (58)	85.04	上虎岩
さ	16	M	と (39)	12	柿野沢	た (42)	3	M			
し	14	上虎岩	な	12	上虎岩	ひ	11	上虎岩			

1929			1933						1937		
氏名	県税賦課額	出身集落	氏名	県税賦課額	出身集落	氏名	県税賦課額	出身集落	氏名	県税賦課額	出身集落
よ (49)	59.72	下虎岩	く (56)	14.80	下虎岩	イ (47)	8.90	M	ク (39)	36.60	下虎岩
ら (48)	18.36	下虎岩	わ (49)	26.90	下虎岩	カ (48)	54.00	稲葉	コ (61)	93.50	下虎岩
ふ (46)	141.76	下虎岩	へ (60)	4.70	下虎岩	ろ (58)	344.50	上虎岩	シ (55)	―	下虎岩
せ (46)	745.00	知久平	よ (53)	25.00	下虎岩	ウ (47)	32.90	上虎岩	ね (58)	9.40	知久平
ね (50)	35.54	知久平	に (48)	120.30	知久平	エ (43)		上虎岩	ス	75.80	知久平
に (44)	166.97	知久平	を (49)	27.70	知久平	オ (58)	25.70	―	セ (55)	28.90	知久平
り (41)	49.74	柿野沢	せ (50)	242.10	知久平				む (62)	431.00	小林
と (51)	131.33	柿野沢	ね (54)	7.00	知久平				サ (67)	275.00	柿野沢
る (50)	49.74	小林	キ (37)	39.50	柿野沢				め (52)	6.68	M
も (59)	10.90	M	ン (53)	17.10	柿野沢				イ (51)	11.95	M
れ (36)	83.26	上虎岩	ア (49)	25.10	小林				ろ (62)	635.00	上虎岩
ろ (54)	530.90	上虎岩	も (63)	4.20	M				ケ (40)	131.00	上虎岩

出典：前掲下久堅村『職員名簿』、前掲同「戸別等級表」1913、17、21年度、同「県税戸数割賦課額表」1926、29、33年度、同「特別税戸数割賦課額変更表」1937年度。

注：1）氏名を記号で示している。
　　2）―は不明。
　　3）カッコ内は年齢であり、判明分を示した。
　　4）村税等級は、それぞれ1912年度全34等級、1917年度全35等級、1921年度全40等級。賦課基準は未記載、1925年度は1926年度の賦課額を示しており、たとえば、賦課額1位の家は386.67円、10位の家は78.95円が課された。同様に、1929年度について、賦課額1位の家は1,528.91円、10位の家は298.72円、1933年度について、賦課額1位の家は879.7円、10位の家は141円、1937年度について、賦課額1位の家は1,657円、10位の家は227円が課された。賦課基準について、1926年度は所得額5：住家資力1：資産見立て4、1929、1933年度は所得額6：資産の状況を斟酌4、1937年度は不明。

表1-7　下久堅村の集落戸数と村議の人数

(単位：戸、人)

集落	戸数	村議の数						
		1913年	1917年	1921年	1925年	1929年	1933年	1937年
下虎岩	302	3	3	3	3	3	4	3
知久平	217	3	3	2	3	3	4	3
小林	72	1	1	1	1	1	1	1
柿野沢	94	1	2	2	1	2	2	1
M	136	2	1	2	2	1	2	2
稲葉	22	0	0	0	0	0	1	0
上虎岩	169	2	2	2	2	2	3	2
計	1,012	12	12	12	12	12	17	12

出典：前掲下久堅村『職員名簿』、同「昭和三年度事務報告書並財産表」(同『昭和四年度村会会議録』)。
注：集落戸数は1928年現在。

表1-8　村会議員の就任回数
(1913、17、21、25、29、33、37年)

回数	人数	村議記号
1	41	
2	11	
3	6	
4	1	く
5	1	ね
計	60	

出典：前掲下久堅村『職員名簿』。

ない。

表1-7では、各集落の戸数と村議の人数を示した。集落戸数に応じて村議の数が決まっていること、すなわち「部落選挙」が実施されていることがうかがえる。ただし、例外として、1917年と1929年のM集落の村議が1名となっている。このうち、1929年といえば、村議選としては初の男子普通選挙であった。しかし、複数の候補が「1票10円」で有権者を買収し、M集落から2名の村議を選出するはずが、1名が落選する結果となった[24]。

表1-8では村会議員の再選状況を示した。全60名のうち、41名が1期で退任している。その一方、「く」のように4期、「ね」のように5期勤めた人物もいる。「く」は、前掲表1-5の助役⑩と同一人物であり、「ね」は次章以降で示すように、村議のなかでも、とくに活動的であった[25]。初当選時の年齢は、「く」が36歳、「ね」が42歳と若く、経済階層は中層である。以上によって、財力を背景としない人物が、村会議員を長く勤めるという傾向があることが推定

される。

(2) 行政村財政

　表1-9は下久堅村歳入出決算（1917年度）である。住民より徴収する村税が歳入の75.0％を構成し、歳出の48.4％を小学校費が占める。小学校について、下久堅村には1890年以来、知久平・上虎岩の2つの集落に小学校があった。地理的条件を理由として、上虎岩・下虎岩集落が1村1校体制に反対したためである。1908年、知久平に1村単位の下久堅村尋常高等小学校が設立され、上虎岩には分教場が設置された[26]。これ以後1950年まで、下久堅村の小学校は、1校1分教場という体制であった。

　そのほか表1-9からうかがえることは、村有財産が少ないなかで[27]、基本財産造成費が一定の割合に達している。さらに少額であるとはいえ、行政村が衛生を担っている。とくに、この年は伝染病患者「多かりし」事態が生じ、臨時部にも「伝染病予防費」が計上された。

　同様に、少額とはいえ勧業関係の歳出が存在する。勧業について、下久堅村『事業報告書』をみると、行政村は次のような活動を担っている。すなわち、行政村は、農家副業であった紙すき（製紙業）について、「視察員を派遣し、ピーター乾燥機等の研究をなし、年製紙法講習の会を開催し」てきた。しかし、製紙業者に、「紙数寸尺等に付一定の確固たるものなくために、不正品等と看做さるる場合なきにしも非ずの状況」であった。そこで、下久堅村役場は、1917年11月、製紙業者を集め、「紙数寸尺」について「規定」を作成し、こうした規定に沿うものに「証紙を貼り、責任を明に」する方針を立てた[28]。なお1917年は、後述のように、行政村単位の下久堅村産業組合製糸が設立された年でもある。

(3) 徴税

　さらに下久堅村では、地方改良運動以後において、村民に納税の観念が浸透している[29]。すなわち、同村では、1913年度に「従来本村納税の状態は甚だ不

表1-9　下久堅村決算（1917年度）

(単位：円)

歳　入			歳出経常部		
財産収入	648.6	(5.8%)	役場費※3	1,929.1	(18.2%)
使用料手数料	155.9	(1.4%)	会議費	44.0	(0.4%)
交付金	403.7	(3.6%)	土木費	205.3	(1.9%)
県補助金※1	30.4	(0.3%)	小学校費	5,126.2	(48.4%)
郡費補助	7.0	(0.1%)	農工補習学校費	154.7	(1.5%)
寄付金※2	328.1	(2.9%)	伝染病予防費	22.5	(0.2%)
繰越金	1,067.0	(9.5%)	隔離病舎費	7.9	(0.1%)
雑収入	156.6	(1.4%)	勧業諸費	25.7	(0.2%)
村税	8,403.1	(75.0%)	警備費	307.3	(2.9%)
			基本財産造成費	1,169.3	(11.0%)
			財産費	5.2	(0.0%)
			諸税及負担※4	496.3	(4.7%)
			神社費	15.0	(0.1%)
			歳出臨時部		
			伝染病予防費※5	513.0	(4.8%)
			補助金※6	210.0	(2.0%)
			積立金	108.1	(1.0%)
			雑支出※7	17.5	(0.2%)
			土木費	121.9	(1.1%)
			財産費	121.4	(1.1%)
計	11,200.7	(100.0%)	計	10,601.0	(100.0%)

主な内訳
※1　県補助金：教育費補助5.0、荒廃地復旧工事補助25.4
※2　寄付金：基本財産指定寄付99.9、小学校基本金・備品費寄附210.0、荒廃地復旧指定寄附18.0他
※3　役場費：村長報酬156.0、助役報酬156.0、収入役給料204.0他
※4　諸税及負担：郡費負担440.7他
※5　伝染病予防費：医師給料101.1、消耗品費140.3他、（患者多かりしに依る）
※6　補助金：教育費補助50.0、村農会補助140.0他
※7　雑支出：地方改良費（優良村視察費、講話会費）17.5

出典：下久堅村「大正六年度歳入出決算表」（同『村会成議案』1918年度）。
注：小数第2位以下四捨五入。

良なる」事態を受けて、「村税納入表彰規程を設定し」、集落ごとに「戸主会を開き、納税義務の重んずべき理由を懇々説示し、各戸に納税袋を配布し」た。翌年度になると「滞納の弊風」の「矯正」は「漸次良好の成績を示すに至り」、1914〜19年度において、村税完納を果たしている。

その後の村税納期内納入率（判明分）は、1925年度87％、1926年度88％、1928年度85％、1929年度91％、1934年度69％である。村税滞納の要因として、不況[30]、村民の抵抗の2点を挙げることができる。村民の抵抗について、社会運動勢力の記述によれば、1924年、下久堅村役場は小学校増築を受けて「無産村民に」村税の「不法搾取を行」い、「大多数の村民は納税滞納」で「応戦」し、役場は「非常手段に訴へ」、村有林を売却し、費用を賄ったという[31]。このように、不況期に滞納が生じやすいだけでなく、村政に対する「反抗の武器」[32]として、滞納という行動が選択される場合があった。しかし、こうした事態を考慮しても、昭和恐慌下の1934年を除き、納期内納入率は85％を超えている。納税の観念は継続したといえる。

　このように、行政村という単位は学校、衛生、勧業などについて一定の役割を果たし、さらに地方改良運動によって、住民に徴税の観念が浸透した。しかし、それでもなお、下久堅村は行政村の統合力が弱い。いわば「部落連合」というよりも「部落割拠」的性格を持っていた。それは、次の土木事業にみることができる。

　表1-10では、土木費に焦点を当てて、下久堅村歳入出決算表（1923～25、1927～36年度）を作成した。決算に占める土木費の割合は教育費に次いで高い。ただし、村債・転貸資金を含めた場合、広範な土木事業の展開は、1930年度、および32年度以降であったことがうかがえる。土木事業について、下久堅村には「慣例」が存在した。1935年に書かれた下久堅村行政文書を引用しよう。

　　本村は地勢上山又は川に依り自然に部落が区画され、各部落の状況を異にする特殊関係あるため、其の事業が他部落に何等の利害を及さざるものは、古来より当該部落の負担のみに依り施行し来れる慣例に基くものとす。而して、土木費としても水路費農道費林道費の如き、当該部落のみに特に必要なるものの費用は、利害関係更に無之他部落に負担せしむるが如き一般村費支出に改め難きのみならず、寧古来よりの慣例に依ることを可と認むる実情に在り[33]。

表 1-10 下久堅村歳入出決算

	1923年		1925年		1927年	
						歳入
村税	26,674	(51.4%)	37,345	(68.0%)	29,136	(64.6%)
義務教育費国庫下渡金	3,353	(6.5%)	3,600	(6.6%)		
土木費県費補助	7,331	(14.1%)			313	(0.7%)
土木費寄付金	(4,584)	(8.8%)	(7,012)	(12.8%)	(300)	(0.7%)
転貸資金償還金						
村債						
財産繰入						
歳入計	51,897	(100.0%)	54,916	(100.0%)	45,135	(100.0%)
						歳出
役場費・会議費	5,012	(11.3%)	5,921	(11.8%)	5,858	(16.6%)
教育費	16,361	(36.9%)	19,154	(38.3%)	21,949	(62.3%)
						歳出
土木費	15,871	(35.8%)			508	(1.4%)
土木費寄付金	699	(1.6%)	8,217	(16.4%)		
転貸資金・貸付金						
村債償還金						
小学校営繕費・土地買収費			12,120	(24.2%)	368	(1.0%)
歳出計	44,319	(100.0%)	50,025	(100.0%)	35,223	(100.0%)

	1931年		1932年		1933年	
						歳入
村税	18,623	(44.8%)	18,412	(25.9%)	16,453	(21.2%)
義務教育費国庫下渡金	10,369	(24.9%)	12,566	(17.7%)	12,140	(15.6%)
土木費県費補助	582	(1.4%)	9,067	(12.8%)	8,584	(11.1%)
土木費寄付金	204	(0.5%)	5,581	(7.9%)	3,307	(4.3%)
転貸資金償還金			3,867	(5.4%)	4,179	(5.4%)
村債			6,200	(8.7%)	9,600	(12.4%)
財産繰入					9,469	(12.2%)
歳入計	41,597	(100%)	70,993	(100.0%)	77,644	(100.0%)
						歳出
役場費・会議費	4,995	(15.2%)	4,723	(7.6%)	3,883	(5.1%)
教育費	21,283	(64.6%)	19,319	(31.2%)	21,817	(28.8%)
						歳出
土木費	1,294	(3.9%)	14,118	(22.8%)	11,352	(15.0%)
土木費寄付金			860	(1.4%)	9,839	(13.0%)
転貸資金・貸付金			5,700	(9.2%)	1,600	(2.1%)
村債償還金			5,296	(8.5%)	5,829	(7.7%)
小学校営繕費・土地買収費			1,838	(3.0%)	8,230	(10.9%)
歳出計	32,943	(100.0%)	61,989	(100.0%)	75,656	(100.0%)

出典:下久堅村「下久堅村歳入出決算書」各年度。
注: 1) 教育費と土木費を中心に示した。
　　2) 土木費県費補助、土木費寄付金は、項・目レベルの金額を集計した。1923〜28年度土木費寄付金」を除した額を( )内に示した。
　　3) 教育費とは小学校費、実業補習学校費、青年訓練所費、青年学校費を集計したものである。

第 1 章　明治後期〜大正期における政策の執行　31

(1923〜25、1927〜36年度)

(単位：円)

1928年	1929年	1930年
入		
30,685　(52.1%)	33,782　(60.3%)	24,727　(29.5%)
8,755　(14.9%)	7,864　(14.0%)	9,910　(11.8%)
1,266　(2.2%)	1,083　(1.9%)	5,296　(6.3%)
(4,315)　(7.3%)	2,841　(5.1%)	7,130　(8.5%)
		28,600　(34.2%)
58,880　(100.0%)	56,065　(100.0%)	83,737　(100.0%)
(経常部)		
6,756　(12.4%)	6,327　(11.9%)	5,459　(6.9%)
21,478　(39.3%)	23,869　(44.8%)	23,965　(30.1%)
(臨時部)		
3,024　(5.5%)	2,936　(5.5%)	17,527　(22.0%)
15,194　(27.8%)	11,799　(22.2%)	8,403　(10.6%)
		18,900　(23.8%)
	661　(1.2%)	
54,606　(100.0%)	53,237　(100.0%)	79,533　(100.0%)

1934年	1935年	1936年
入		
20,399　(29.1%)	18,062　(30.1%)	17,710　(30.6%)
11,400　(16.2%)	11,819　(19.7%)	10,634　(18.4%)
1,495　(2.1%)	870　(1.4%)	300　(0.5%)
4,084　(5.8%)	2,430　(4.0%)	1,784　(3.1%)
4,269　(6.1%)	4,626　(7.7%)	4,654　(8.0%)
8,900　(12.7%)		800　(1.4%)
70,164　(100.0%)	60,023　(100.0%)	57,897　(100.0%)
(経常部)		
5,153　(8.1%)	5,079　(9.0%)	5,469　(9.5%)
22,667　(35.6%)	22,361　(39.8%)	23,750　(41.2%)
(臨時部)		
7,127　(11.2%)	4,595　(8.2%)	1,200　(2.1%)
4,097　(6.4%)	2,071　(3.7%)	3,212　(5.6%)
5,900　(9.3%)		800　(1.4%)
5,981　(9.4%)	6,422　(11.4%)	6,470　(11.2%)
63,643　(100.0%)	56,210　(100.0%)	57,657　(100.0%)

寄付金（歳入）については、款「寄付金」から項「基本財産指定

下久堅村では、土木事業によって利益を得る集落のみが負担するという「慣例」が存在する、と記されている。ただし、こうした慣例は同村だけに限らない[34]。下久堅村は、集落間が「山又は川に依」り「区画」されているという地理的条件に存立した。こうした条件ゆえ、各集落が均等に利益を得ることが難しく、他村に比して強く、こうした「慣例」が要請されたことが想起される。事実、土木事業が行政村の主要業務となった昭和恐慌期において、こうした「慣例」が遵守されなかったことを契機として、集落を単位とした村税滞納が発生した。詳しくは、第2章第3節において述べる。

3　下久堅村産業組合製糸の設立と運営

　こうした地理的条件は、行政村単位の産業組合製糸の設立・経営においても桎梏となった。「模範事例」の松尾村・上郷村同様、下久堅村でも1村単位の産業組合製糸の設立気運が生じた[35]。その際、組合製糸工場をどの集落に設置するかが問題となった。下久堅村では、自らの集落に誘致する運動が、知久平・下虎岩・Mという3つの集落で生じた。M集落の動向は、次のとおりである[36]。

　1916年11月19日のM区会では、集落「有志」より、製糸「工場の位置をM区へ設置したい旨申し出があり」、「満場異議なく賛成」し、原案作成委員6名が選出された。21日のM区会総会では、「下久堅共同製糸組合設立」に関する決議が行われた。その内容は次のとおりである。

1　「養蚕家と否とを問わず」、M集落住民は「一致の歩調を採る事」。
2　「従業員を有する者は本組合へ出勤する事」。
3　「敷地は何人の所有を問わず」、「貸与する事」。

　23日の区会では、この決議事項に対する「賛成調印」を、集落各戸から集めることが決定し、また、組合製糸設立「専務委員」8名を選定した。24日の

M区会では、下虎岩集落に対して、工場設立の「意志を」探るため、下虎岩に「親戚知己」を持つ3名を派遣することが決まる。12月2日の区会では、他の集落の有力者に「内々運動の必要」が生じ、「運動員」をそれぞれの集落に派遣した。

12月14日のM区会総会では、「M共同製糸設立に付誓約要項」が決議される。

1　M区内に共同製糸の設立を期する為め、M区民たるものは養蚕家と否とを問わず苟も製糸に関しては自由の行動を禁止し、総て一致行動を取ること。
2　共同製糸を株式組織とし、M区民をして独立の生計を営むものは、株主たるの義務を負うべきこと。但し、其資力なきものは其義務を特免す。
3　M区内の養蚕家は、年内集繭高の全部を供給し得る株数を最低限度として、株の負担を定め、収繭全部をM共同製糸に供給し、加工せしむること。
4　M区民にして、工男工女たるもの等総て製糸に直接関係あるものは、M共同製糸に従属すべき義務を負ふべきこと。
右の通り決議しM区民一同誓約す。

「下久堅共同製糸」という名称が、「M共同製糸」という表現に変化している。この時点において、下久堅村の工場を誘致するというよりも、それとは別に、M集落を基盤とした工場を建設しようとしていたことがうかがえる。その誓約は、集落住民に対して、職業選択の「自由」さえも「禁止」するものであった。

同時に、「M共同製糸株式会社設立規定要項」が決議され、「M区民たるものは」、20円を基準として「其資産に応じて」、「積立金をなす」こと、出資金として「毎年6月9月の2回」において、それぞれ「2円50銭宛払込」むことが定められた。

1917年1月17日の「区会」では、「区総会の決議を遂行する為め」、集落各戸

表1-11 下伊那地方における営業製糸特約組合（1932年）

地帯区分	地域	特約組合数	加入戸数	収繭量（貫）
竜西	大島	2	60	1,200
	山吹	1	100	3,000
	座光寺	1	15	830
	上郷	1	6	450
	川路	1	20	2,500
	伊賀良	3	78	1,500
竜東	河野	1	15	750
	神稲	3	56	2,000
	生田	3	100	3,000
	下久堅	6	150	5,000
	上久堅	6	88	8,000
	龍江	8	118	―
山間地	阿南	10	79	6,580
	遠山	14	170	3,000
	大鹿	3	305	―
	智里	3	20	1,060

出典：『信濃大衆新聞』1933年5月25日。
注：組合製糸工場の供繭区域における特約組合数を示したものであり、その区域外である清内路、浪合、平谷、根羽村等の情報は含まれていない。

「の調印を採」ることが決議される。しかし、25日の区会では、「調印」が揃った組は「僅か3、4組あるのみにて、其他は積立金又は出資金等に付き議論百出して、協議纏まらざるにより」、「到底成立の見込み立たざる」状況となり、M区会は、組合製糸の建設を断念した。

このように集落有志、および区会は、M集落を基盤とする組合製糸工場建設を目指した。しかし、集落主体でこれを建設することによって、農家1戸当たりの積立金や出資金が高額になり、住民のリスクが高くなる。集落を基盤とする組合製糸工場の建設は、集落住民の同意を得ることはできなかった。

下久堅村産業組合製糸は下虎岩集落に設立された[37]。下虎岩は水利に恵まれ、工場立地として適していた。ただし、下久堅村の北端に位置した。下久堅村産業組合製糸の経営概況をみると、固定資本比率（1932年）は69％と郡内で4番目に低く、組合員への繭1貫当たりの配分金額（1928年）は郡内11位、輸出生糸1貫当たりの価格（1934年）は郡内26位である[38]。他村の組合製糸に対して「模範的」とはいえないものの、安定的な経営がなされていたことがうかがえる。

ただし、下久堅村産業組合製糸は課題を抱えていた。それは、全額供繭制を実施しえない点である。表1-11では、下伊那郡内の営業製糸特約組合について示した。下久堅村は、産業組合製糸ではなく、営業製糸に供繭する農家が、郡内のなかでは多い。1932年現在、村内で生産された繭の約13％が営業製糸に

供繭された[39]。下久堅村産業組合製糸が全額供繭制を導入したのは、1935年と郡内において極めて遅かった[40]。このように、産業組合製糸経営をみても、「山又は川に依り」集落間が隔てられていることにより、行政村としてのまとまりを欠く側面をうかがうことができる。

4　地方改良運動──区会の存続──

　下久堅村では、地方改良運動以後においても、区会が存続した。下久堅村では1895年、「組合并区会規程」を定め、村内7つの集落ごとに区会が設けられた[41]。区会とは、町村制において、集落が「区域広濶又は人口稠密」の場合に限り、集落に設置することが認められた組織である。区会が存在することは、行政村における集落の力が強いことを意味すると理解しうる[42]。

　その後、M区会（下久堅村M集落）は1910年11月、「組合并区会規程」を「廃止」し、新たに「M区会改正規定」を制定した。「組合并区会規程」と「M区会改正規定」とを比較しよう。前者の一部は次のとおりである（下線筆者）[43]。

　　i　区会議長及評議員は名誉職とす。但し営造物管理等の為め、特別の職務に任ずるものは、区会の評決により若干の報償を与ふることを得。此場合に於ては収支の予算を定め直に村長に届出べし。
　　ii　<u>区会は、評議員半数以上出席</u>するにあらざれば、評決を為すことを得ず。
　　iii　<u>区会は、議事細則を定め村長に届出べし。</u>
　　iv　議長は議事録を製し、評決若くは通達等の概略並に、出席評議員の指名等を摘記し、議長外評議員2名以上之を自署すべし。
　　v　<u>区会は村長の監督を受けるものとす。</u>

後者、すなわち、「M区会改正規定」の一部は次のとおりである。

　　①　営造物管理等の為め、特別の職務を任ずるものは、区会の評決により

若干の報酬を与ふることを得。又場合に依ては収支の予算を定め置くこと。
② 区会は、評議員3分の2以上出席するに非らざれば、評決を為すことを得ず。
③ 評議員は其の職務を尽さず、区内及組内の不利と認むるときは、区長は区会の評決を経て之を解任し、更に選挙を為さしめ或は時宜により之を指名することあるものとす。但、区長より区会の通知書を留め置くものは、1回に金30銭宛の科料として出金せしめ、尚回達の上区会に出席せざるものは金15銭宛を科料として出金せしむ。
④ 区会は議事及評議細則を定め、議長は議事録を製し、評決若くは通達等の概略並に出席評議員の氏名を摘記すべし。
⑤ 〔議事〕を記録する為め、書記1名を置き筆墨料として1カ年に金1円を与ふ。
⑥ 議事録評議録は永久保存し、区長及評議員交代毎に署名捺印し、諸帳簿と共に後任者に引継ぐべし。
⑦ 此議事録及規定は、本区の区民に限り一覧を得。他区民には一覧を禁ず。

　以上を整理すると、村長が区会を「監督」することが明記された条文（ⅰ・ⅲ・ⅴ）が、後者において削除され、議事録を「他区民」が閲覧することを禁じるようになっている（⑦）。加えて、後者では、区会が成立するための出席率を「半数」から「3分の2」に引き上げ（ⅱ→②）、新たに、区会役員の解任に関する規程や、区会への欠席に対する罰則規定を設けている（③）。さらに、議事録作成に関する規程を詳細なものとし（ⅳ→④⑤⑥）、後者の制定後、『M区会議録』が書き残されるようになった。
　このように後者、すなわち「M区会改正規定」において、区会は行政村の「監督」に関する事項を取り払い、また、区会の合意形成機能を強化したことがうかがえる。
　1938年度であるが、下久堅村における、それぞれの区会の財政が判明する

（表1-12）。歳入をみると、「平均割」とは各家より同じ金額を徴収する分、「等級割」・「地価割」・「地租割」等とは各家の所得・資産等に応じて徴収する分であり、後者の割合が高い区会が多い。加えて、財産収入（部落有財産から得られる収入）はほとんど存在しない。

歳出をみると、土木、水利といったインフラ整備費、および神社費として用いられる傾向にある。加えて、戦時体制直前期であるため、出征軍人留守家族扶助に関する費用も一程度存在しており、詳しくは本書第3章において述べる。

5　下久堅村M区会の運営

(1) 区会の議案数

区会の運営はいかなるものであったか。下久堅村M区会を事例に検討する。表1-13では1912～35年のM区会における協議件数を示した。区会運営に関する協議を除けば、水利・道路・橋など、インフラ整備が区会の主な協議事項であり、昭和恐慌期においてその傾向が著しくなっている[44]。

(2) 区会役員の属性

区会役員は、執行部と組長によって構成される。表1-14、表1-15において、区会執行部のポスト（1917年、1935年）を示した。役職や定員に変化があり、最も大きな違いは、管見の限り、1929年より道路委員（土木委員）が設定された点にある。区会執行部には、いかなる人物が就任したのか。数度の改選があるため、判明の限り[45]、執行部は173ポストが空く（1914～44年）。これに32人が就任し、32人のうち、28人が再選・兼任している。

表1-16では、区会執行部になった家と、そうではない家を苗字別に区分した。これによると、集落における伝統的な苗字である「橋上」、「青野」、「宮島」から区会執行部が選ばれる傾向がある。数家しか存在しない苗字の家からは、選ばれていない。ただし、「高井」、「萩山」からは本家と思われる一家が選出されている。さらに、1937年のデータと突き合わせると、経済階層が比較的高いにもかかわらず、区会執行部に就いたことがない苗字の家がある（小宮山、筒

表1-12 1938年度の区会

下虎岩区会			
歳 入		歳 出	
平均割	115	土木費	978
等級割	1,208	水利費	30
財産収入	30	衛生費	10
		警備費	35
		神社費	60
		事務費	40
		軍人後援費	120
		修繕費	20
		その他	60
計	1,353	計	1,353
1戸平均	5.5		

知久平区会			
歳 入		歳 出	
平均割	100	土木費	120
等級割	572	軍人優待費	200
財産収入	189	修繕費	38
		備品費	10
		警備費	21
		神社費	300
		勧業費	60
		事務費	9
		会議費	51
		雑費	16
		その他	28
計	861	計	853
1戸平均	4.5		

M区会			
歳 入		歳 出	
地価割	30	土木費	655
段別割	211	水利費	360
平均割	121	警備費	20
等級割	550	神社費	20
財産収入	21	事務費	10
其の他	304	軍人後援会費	157
		その他	162
計	1,237	計	1,384
1戸平均	12.2		

稲葉区会			
歳 入		歳 出	
平均割	34	土木費	60
等級割	32	教育費	10
寄付金	135	衛生費	5
		警備費	30
		神社費	40
		勧業費	5
		事務費	20
計	201	計	170
1戸平均	9.4		

出典：下久堅村長→長野県総務部長「昭和十三年度部落協議費調ノ件」1939年7月8日（下久堅村見）[46]。

　以上によって、集落のなかで伝統のある家が、区会執行部に就くという傾向を見出すことができる。区会執行部のなかに氏子惣代、檀徒惣代という、伝統を背負う役職があることが、こうした傾向を強める要因となっている[47]。

　しかし重要な留保が必要である。まず、区会執行部のメンバーが固定的であるといっても、少なくとも32名もの持ち回りである。少数の有力者による「専制」ではない。M集落の田畑所有（1944年）をみると、集落在住者の所有計

決算（下久堅村各区会）

（単位：円）

小林区会				柿野沢区会			
歳入		歳出		歳入		歳出	
地価割	10	土木費	10	等級割	800	土木費	279
平均割	5	衛生費	5	財産収入	24	水利費	20
地租割	12	警備費	12			衛生費	10
等級割	75	神社費	125			警備費	150
財産収入	7	勧業費	7			神社費	116
戸数割	10	事務費	2			事務費	205
等級割	15	出征兵士送迎費	10			その他	44
寄付金		出征兵士慰問費	55				
		その他	15	計	824	計	824
計	134	計	241	1戸平均	10.5		
1戸平均	3.7						

上虎岩区会			
歳入		歳出	
等級割	1,750	土木費	1,172
財産収入	14	衛生費	15
		警備費	250
		神社費	65
		事務費	55
		軍人後援会	127
		その他	80
計	1,764	計	1,764
1戸平均	10.0		

『自昭和十三年報告書綴』）。

43町2反、不在者の所有計16町4反であり、その序列は、上位から4町2反、3町4反、2町9反、2町7反、2町1反、不在地主2町、同2町の順である[48]。明白な階層社会であるものの、突出した所有規模を持つ地主が存在するわけではない。この点こそ区会運営が少数「専制」とならない要因であると考えられる。また、後掲の表1-17のように、区会のもう1つの役職である組長には、区会執行部に就いたことがない人物（☆）が多数選ばれている。

表1-13　M区会における協議件数（1912～35年）

年次	会議数	区会運営	インフラ（道路・水利・電気）	農蚕	森林	村政補助	寺社・祭	青年会	防災防犯	銃後	保健衛生	他
1912	14	4	1	1	7	1	2			1	1	4
1913	19	5	13	4		9	6					1
1914	12	8	9			1			4			1
1915	14	2	10			4			2			
1916	15	6	12	7	1	3	4		4		1	1
1917	8	3	5	2	1	1		1	2	1	1	1
1918	9	7	12		2	2	2			1	2	1
1919	12	11	25			1	1			3	2	
1920	7	7	11	1		4	1				1	2
1921	8	7	9			3	3					1
1929	27	2	31		2	3	4	1		2	1	1
1930	29	3	30	4		6	1	6		4		3
1931	14	6	14	4		2	5	1			1	7
1932	22	9	25	1		4	2			5	1	5
1933	15	7	26		2	4			1	2	1	
1934	12	4	13	1	1	2	2			1		
1935	11	11	19	1		2	4		2			4
計	248	102	265	26	16	52	37	10	16	20	12	34

出典：M区『会議録』各年次より集計。
注：1）1922～28年は不明。
　　2）「示達」・「報告」・「その他」は除き、「協議」のみ集計した。
　　3）その他、次のように集計した。「一、A線改修…二、A線資金…」→同じA線に関する協議につき1件。「一、B線改修…二、C線改修」→別路線につき2件。この集計方法により、協議件数が会議数を上回る場合がある。

表1-14　M区会執行部（1917年）

役職名	人数
区長	1
区長代理	1
会計	1
会計監査	2
氏子惣代	3
檀徒惣代	3
大井評議員（水利係）	6
計	17

出典：M区『会議録』1910～22年。

表1-15　M区会執行部（1935年）

役職名	人数
区長	1
区長代理	1
会計	1
会計監査	1
区有金貸付係	1
氏子惣代	3
檀徒惣代	3
大井係（水利係）	9
道路委員	10
計	30

出典：M区『会議録』1928～36年。

表1-16　M区会執行部（苗字別・1914～44年）

苗字	全体（家）	執行部（人）	苗字	全体（家）	執行部（人）	苗字	全体（家）	執行部（人）
選出			未選出					
橋上	41	16	藤井	5	0	藤崎	2	0
青野	15	9	筒見	4	0	新田	1	0
宮島	13	4	中尾	3	0	日田	1	0
			佐山	3	0	清瀬	1	0
			平本	3	0	佐々岡	1	0
本家のみ選出			斉木	3	0	松田	1	0
高井	8	1	小宮山	2	0	林田	1	0
萩山	5	1	片岡	2	0	三瀬	1	0
			吉塚	2	0	植木	1	0
			岩本	2	0	平井	1	0
						全体計	122	
						区会委員計	31	

出典：前掲M区『会議録』、前掲下久堅村『職員名簿』。
注：1）1家のみ、単独の苗字を有しながら区会執行部に就き、1937年以前の段階で絶家している。
　　2）苗字の2字目を、実際とは異なるものにしている。たとえば、実際の苗字が「坂口」の場合、「坂井」などに変えている。

(3) 区会における合意形成過程

　さらに、区会における合意形成過程をみると、有力者が「専制」できない方法が用いられている。それは組の単位で多数決を採るというものである。Mには15の組が存立しており、以下では合意形成過程の詳細を追跡しよう。

　1922年、M青年会は「社会事業の一端として」、M区公会堂の建設を提起した[49]。それは住民の負担を伴うものであり、区会の承認を得る必要があった。その合意形成過程は、次の各段階に分けることができる。

　第1に1922年9月29日～10月6日、青年会員は区長・組長に公会堂建設を「宣伝」した。第2に10月7日、区会においてこの議案が協議された。区会の通常の出席者は、区長・区長代理・組長である。協議の結果、各々の組で意見をまとめることが決議された。これを受けて青年会は、各組長に建設の賛成を「厚願」した。

　第3に10月9日～11日、組ごとに会合が持たれ、その意見がまとめられた。

表1-17 組長（M区会・1913～22年）

組	1913年	1916年	1919年	1922年
1	橋伝	宮太	橋伝	宮太
乙1		☆宮虎	☆中清	宮直
2	橋庄	橋庄	宮辰	橋宗
3	☆橋絹	☆青末	☆平鹿	☆橋兵
4	宮千	橋清	宮千	☆橋秀
6	平米	☆橋喜	☆橋銀	☆吉兼
7	☆青久	青作	青鶴	青滝
8	高浅	☆高福	☆高福	☆高福
9	☆橋栄	高浅	☆高清	青三
10	☆橋銀	青美	☆青直	青政
11	青幸	☆橋弥	青幸	☆橋富
12	青藤	青藤	☆橋貞	☆橋亀
13	橋幸	橋幸	橋幸	☆平伝
14	橋堅	萩房	☆萩兼	萩房

出典：M区『会議録』1910～22年。
注：1）苗字と名前を1字ずつ示している。
　　2）☆は1914～44年において、区会執行部経験なし。

組によって、合意形成過程は異なる。すなわち、ある組では、「道路問題を盾に公会堂後廻しを〇〇氏力説し以上の通り決定す」というように、1人の意見がそのまま組の意見となった。その一方、別の組では「不賛成者ありしも、最後に建設の必要を説」き、「設立に賛成」というように、異なる意見をまとめあげた。

第4に10月12日、区会において多数決が採られた。区長は各組の意見をうかがい、第1番組から順番に組における議論の結果を報告した。その一部を引用しよう。

区長は各組合の意見を聞く。
第1番組　延期　理由は規則的に来る道路とか学校とかは延ばせぬが公会堂は第3位に廻すこと。
乙第1番組　賛成　而し3千円以内で出来れば2カ年以内のうちに設立して措くこと。
第2番組　賛成　而し3千円以内にて位置は旧位置を以てすること。
第3番組　賛成　而し建設を先にし集金は是れより以後3年間位にすること。
第4番組　賛成　而し先に建て半金は先に集め半金は建設後3カ年位に集めること。
第5番組　延期　而し3年間延期のこと。
第6番組　賛成　而し3年間に集金し其の後建設すること。
第7番組　一時延期　理由は後に云うとて云はず。賛成多きときは賛成すること。

第8番組　延期　理由は道路問題を先にしなくてはならぬとのこと。
第9番組　賛成で継続のこと。
第10番組　多数に賛成。
第11番組　多数に賛成。
第12番組　多数に賛成。
第13番組　賛成　而し是れより3年間を集金の後建設すること。
第14番組　賛成　而し是れより3年間を集金後に建設すること。
採点の結果　賛成8組、多数に賛成〔多数の意見に従う〕3組、無期延期2組、一時延期2組。右の大成績を以て公会堂設立に決定す。

多数決の結果は賛成8組、「多数に賛成」（多数の意見に従う）3組、延期（反対）4組であり、公会堂設立が可決された。

第5に10月22〜27日、区会は「多数に賛成」の組、「延期」の組を説得し、全会一致に至ることを目指した。しかし組によっては、その建設に反対し続け、全会一致に至ることはできなかったが、11月9日、建設に向けた話し合いが進められた。

以上のように、決して多数決は建前ではない。20世紀前半期のM区会では4件の議案が多数決により廃案となっている[50]。たとえば1930年8月、村会議員兼区会執行部のある人物が、道路整備を提案した。多数決の結果は、「賛成」計2組、「延期」（反対）計13組となり、この人物の提案は却下された[51]。

また1915年の区会において、運営を妨害した在村地主の謝罪文には、次の文言がある。すなわち、「本区に関する総ての事業及義務負担には拙者の資産地位に応じて区民に恥さる義務を負担可致候。万一之に反する所為行動ありたる時は本区民多数の決議に因る如何なる処置とも何等異議なく応じ可申候」と。集落住民が多数決を重視していたことがうかがえる[52]。

集落における合意形成について、先行研究は次のように捉えている。まず、集落の合議は「疑似デモクラシー」と呼称され、それが合議という形を採りながらも、「部落の支配層である有力者の意思が部落の意思となるのが一般であ

る」という見方が代表的である[53]。こうした傾向のなかで、組が集落における合意形成の一端を担ったことは、北條浩が指摘し、また、高久嶺之介が明治期の滋賀県を事例に示したことがある[54]。突出した地主のいないM集落の検討結果は、北條、高久の知見を引き継ぐものといえる。

さらに集落における議決の方法について、先行研究は2つの見解に分かれる。1つは有力者「専制」によって、(暗黙裡に)全会一致の原則が貫徹しているというものであり[55]、現段階における有力な見解といえる。もう1つは民俗学の知見であり、集落運営において多数決が用いられる場合があるというものである[56]。議決にいたる過程は実証が困難であるため、双方の見解ともに推定や指摘の範囲を出なかった。M集落の事例は、民俗学の知見に沿うものであり、突出した有力者が存在しない代わりに、組単位の多数決という形で物事が決められたといえる[57]。

第4節　清内路村

1　存立条件——部落有林地帯——

清内路村について検討する。同村は上清内路、下清内路という2つの集落によって構成される[58]。また、同村は総面積(2,884町、1934年)の約70%を山林が占めている(図1-3)[59]。その構成(1934年)は、部落有林1,421町、御料林735町、私有林594町であり[60]、部落有林が半数以上を占める。1954年現在の台帳面積であるが、上清内路部落有林約660町、下清内路部落有林約1,065町である[61]。

私有林が住居に近く、部落有林がこれに続き、御料林が奥地にある[62]。私有林の所有状況をみると、判明の限り1936年の下清内路集落では約270町が私有林である。このうち下清内路在住者による所有は202町であり、S・T家15町6反を筆頭に、下清内路に本籍を置く191戸中150戸が所有している[63]。その内訳は5反未満53戸、5反以上1町未満38戸、1町以上3町未満41戸、3町以上

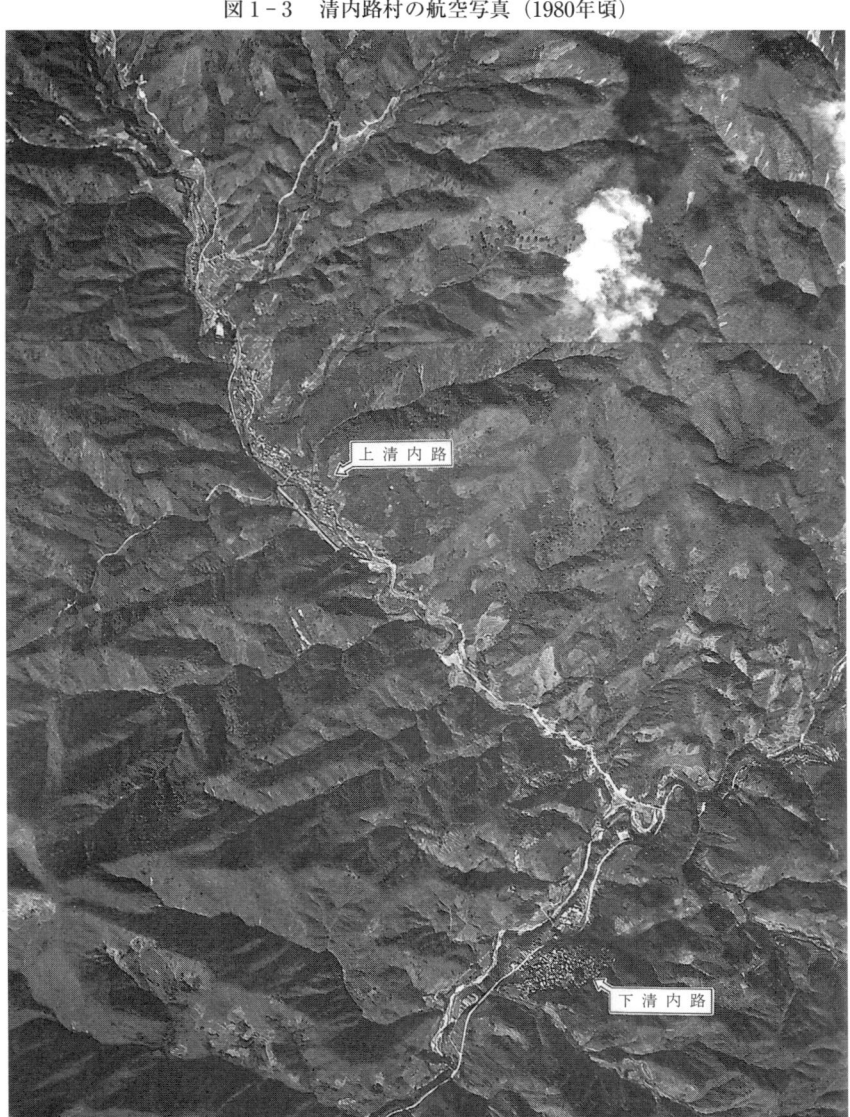

第 1 章　明治後期〜大正期における政策の執行　45

図 1 - 3　清内路村の航空写真（1980年頃）

出典：清内路村誌編纂委員会『清内路村誌』下巻、1982年。

表1-18 清内路村全体の養蚕業（1919～40年）

(単位：町、円)

年次	桑園面積	養蚕価額	養蚕価額（1反当たり）	年次	桑園面積	養蚕価額	養蚕価額（1反当たり）
1919	90.0	188,637	209.6	1930	135.7	60,216	44.4
1920	90.2	96,228	106.7	1931	137.9	56,016	40.6
1921	91.1	109,890	120.6	1932	131.2	53,604	40.9
1922	92.1	164,593	178.7	1933	122.0	89,437	73.3
1923	92.1	166,102	180.3	1934	144.6	36,198	25.0
1924	92.3	205,703	222.9	1935	145.7	64,031	43.9
1925	92.3	271,776	294.4	1936	139.3	61,858	44.4
1926	114.4	193,119	168.8	1937	140.3	83,369	59.4
1927	152.7	93,245	61.1	1938	—	72,455	—
1928	127.0	137,183	108.0	1939	129.8	128,314	98.9
1929	128.3	192,480	150.0	1940	129.4	124,707	96.4

出典：長野県編『長野県史近代史料編別巻統計（2）』（長野県史刊行会、1985年）339頁。
注：―は不明。

5町未満13戸、5町以上5戸である。このように、私有林所有が特定の家に集中していたわけではない。

　ただし、1点留意する必要がある。それは、村外者所有分68町のうち50町は飯田町の米穀商S・Kが所有していた点にある[64]。S・Kが村内の政治に関与した形跡はないが、米穀商が山林を所有していたことは、後述のように、本村の米移入地帯という特質を示している。

　農林業生産について検討する。清内路村は明治前期において「耕地の8割」が煙草耕作地であり、「清内路煙草の名は全国に知られ」た。しかし、1898年より煙草専売制が段階的に強化された。煙草生産は、1908年に途絶え、養蚕が主業となった[65]。

　表1-18のように、桑園面積のピークは1927年、養蚕価額のそれは1925年である。米の作付面積は1919～40年にかけて、最大でも6反である。村民は米を含む食料品を「ほとんど村外」で購入した[66]。同村の農業生産力（1929年）について、1戸当たりの収繭量は下伊那郡平均水準である一方、繭反収・米作反収とも郡内下位層であり[67]、低位農業生産力地帯とみなされる。また、田畑（約120町）の小作地率（1942年）は13％であり[68]、村民のあいだに「他に見るが

如き階級的観念」が「すこしもな」かったという[69]。

林産物生産は、養蚕の副業であった。清内路村における生産額（計13万646円、1932年）の主要構成は、蚕繭糸5万3,730円、桑樹を主とする農産5万12円、林産2万5,146円

表1-19 清内路村全体における山林利用（1934年）

	用材 (石)	薪炭材 (棚)	炭焼き (貫)	その他 (円)	総価額 (円)
部落有林	0	0	138,596 (27,035円)	1,280	28,315
私有林	490	1,200	59,194	150	11,339
計	490	1,200	197,790	1,430	39,654

出典：清内路村『村勢一覧　昭和九年四月調』。
注：史料上「公有林」であるが、部落有林と記した。

である[70]。ただし1930年代後半以降、林産物は高い比重を示した。1938年には蚕繭糸7万2,455円、桑樹を主とする農産1万3,510円、林産8万1,000円に達した[71]。

表1-19は清内路村の山林利用（1934年）であり、林産物総価額は私有林よりも部落有林のほうが高い（私有林の2.5倍）。部落有林における炭焼きの総価格は2万7,035円であり、部落有林における総価格の95％、山林全体における総価格の68％を占める。

2　地方改良運動――部落有林の存続――

清内路村は、地方改良運動以後においても、実質的に、部落有林が存続した。すなわち、同村では、1917年、部落有林は行政村・清内路村に統一されたが、それは形式的なものであった。

1918年1月の「公有林野整理委員会」において、村長・村議・区長とのあいだで次の契約が交わされた。「下清内路、上清内路の各部落より提供し、統合したる村有財産は従前通り、其提供したる財産を各自部落に於て処分するものとす」と[72]。所有権のみ集落から行政村に移動し、利用権は集落が持ち続けたのである。

なぜ形式的ではあれ統一したのか。第1の理由は上級行政機関の指導であり、1910年以来、下伊那郡長は清内路村長に対し、部落有財産統一は「急務たるを以て、此際、鋭意是が遂行を図るべし」と指導した[73]。ただし、こうした行政

指導のみを契機として、政策が実施されたわけではない。第2の理由は下清内路区会の事情であり、長野県林務課「清内路村部落有財産統一調書」1917年度を引用しよう[74]。

> 統一前の林野状況　村長管理に帰属せざりしを以て、適正の管理経営行はれず、依て林野荒廃し、殊に旧下清内路区有の如きは、乱伐、乱採に加ふるに、野火の為め、其大部分の面積は著るしく荒廃せり。故に之れが復旧を計る手段として5、6年前より年植林を続行し来たれり。
> 統一の動機　明治43年以来、不断統一を奨励せるも、克く村民に徹底せず、容易に整理進行せざりしも、大正6年3月に至り、下清内路区は、学校建築の旧債を弁済せんが為め、立木売却の許可を申請せしを以て之を動機とし、極力勧奨の結果、遂に同年4月5日統一を決行するに至れり。

この史料からは、下清内路区会が学校建築に際し、負債を抱えた点、また、山林荒廃を受けて植林の途上にあった点が判明する。なお、史料中の「旧債を弁済」との言葉について、下清内路区会決算（1916年、17年）をみると、立木を売却し、「返済金」に充てていたことが判明する[75]。

部落有林の形式的統一によって、このような状況を打破することが可能になる。つまり、県や国の補助金によって植林できる。まず、部落有林を統一した場合、施業案（植林計画）を樹立し、実施する必要が生じるものの、県の補助金が得られる。清内路村は1923年より施業案を実施した[76]。

次に国の補助については、公有林野官行造林という制度がある。それは国の100％補助で植林し、収益を国と地元で半分ずつ分け合うものである。部落有林を統一した場合のみ、その制度が利用できる[77]。1922年、下清内路100町、上清内路30町について、官行造林契約が締結された[78]。このように山林が荒廃し、かつ負債を抱えるという状況において、区会は、国県の補助を得ながら植林する道を選択した。

3　清内路村下清内路区会の運営

(1) 下清内路区会の組織

このように、清内路村では部落有林が存続した。したがって、部落有林の管理主体である区会もまた、地方改良運動以後においても運営された。以下では、下清内路集落の区会運営について検討する。

表1-20　下清内路集落の組織

集落（区会）	下清内路			
	市場	中	登	清水
組の数	3	3	4	3

出典：下清内路区『規約』1935年4月。

まず、表1-20のように区会の内部は市場、中、登(のぼり)、清水という4つの組織に分かれる[79]。4つの組織の下部には組がある。市場・中・清水はそれぞれ3つ、登は4つの組によって構成される。

(2) 区会議案数・区会規約

下清内路区会の運営はいかなるものであったか。表1-21では下清内路区会における議案数を示しており、部落有林に関する議案が最も多いことがうかがえる。部落有林は、下清内路区会規約に示されたルールに基づいて経営された。

下清内路区会規約は、区会の総会「の協議を経て加除訂正すること」ができる。20世紀前半でいえば、7度改正された[80]。1916年改正規約の条文は次のように構成されている[81]。

> 第1章総則（2条）、第2章選挙法（1条）、第3章会議及職務権限（6条）、第4章賦課徴税（1条）、第5章給与（2条）、第6章共有山取締法（9条）、第7章違約処分法（4条）、第8章炭窯取締法（3条）、第9章節倹法（5条）、第10章附則（3条）

規約第6章のように、区会規約は部落有林の利用に関する規定が中心である。規約では禁伐区域、禁伐木を定め、これらは「村内非常の場合に限り」、区会の「協議を経て伐採」することができた。また、部落有林における開墾は、区会に届出の後、区会「役員現場調査の上、適当と認むる場所」であれば、許可

表1-21 下清内路区会の議案数（1917、21、25、29、33、38、43年）

年次	会議数	議案数	区会	部落有林		インフラ			学校	寺社
				部落有林	炭焼き	土木	水利水道	電気		
1917	21	67	9	16	6	2	4	0	3	3
1921	29	111	13	38	16	5	0	16	8	1
1925	39	94	1	30	0	3	0	0	17	0
1929	11	29	4	3	6	3	1	0	2	3
1933	9	31	1	6	1	7	1	2	2	1
1938	10	35	1	7	2	1	1	0	1	0
1943	6	25	1	6	0	1	1	0	1	0
計	125	392	30	106	31	22	8	18	34	8

出典：下清内路区会『決議及事務録』1917年、同『決議録』1921年（同『決議録』1919〜22年所収）、同『会議録』1925、29、33、38、43年。

注：1）　カウント方法は次のとおりである。毎年、総会（定期会）で実施される決算・予算認定、事業報告、区会役員選出は「区会」として、まとめてカウント1。「一、林道A線資金…二、A線潰地」→同じA線につきカウント1。「一、林道A線…二、B線」→別路線につきカウント2。国県村道・林道・農道にかかわらず、道路整備は「土木」とみなす。
　　　2）　その他の議案は数が少なかったため、表に示していない。

された。大正・昭和戦前期は養蚕が盛んであり、住民は部落有林を開墾し、桑を植樹した。その際、開墾税を区会に納める義務が生じる。区会は地味・アクセスを勘案し、1916年現在、1坪当たり1等地4厘、2等地3厘、3等地2厘と定め、開墾税を課した。

　規約第7章では、部落有林の利用規定に反した場合の処分法が記されている。たとえば、禁伐木を皮剥ぎ、または伐採した場合、1株ごとに市場価格の「2倍を出金」し、部落有林と私有林との境界を刈り込んだ場合、1坪2銭、区会に許可を得ずして開墾した場合、1坪50銭を支払わなければならない。こうした違約処分は、実際に執行されており、大規模なものでいえば、1925年、「公私有林の境界調査」の際、「自己の所有として譲らざる行動」を起こした3名に対して、200〜600円が課された[82]。

　規約第8章の炭窯取締法は、時期によって変化がある。少なくとも1906〜22年の区会規約では、1戸に付き2口、または1口ずつ炭窯を築造し、所有することを許可した（証券窯場制）。区会は1916年現在、1口に付き1円、ないし1円60銭の炭窯税を課した。1929年には、貧困者を優先して炭焼きさせるため、

表1-22 下清内路部落有林における炭焼き従事者（1924年）

（単位：戸、%）

| 階層区分 | 集落戸数 | 炭焼き戸数 | 比率 | 炭窯等級別戸数 |||||
				1等	2等	3等	4等	5等
第1階層	19	10	53	5	2	3	0	0
第2階層	15	10	67	2	2	5	1	0
第3階層	45	26	58	1	8	11	5	1
第4階層	24	11	46	2	2	4	1	2
第5階層	28	12	43	1	1	7	3	0
第6階層	17	9	53	1	1	2	2	3
第7階層	24	10	42	0	0	2	6	2
不明	—	7	—	—	—	—	—	—
計	172	95	—	12	16	34	18	8

出典：下清内路区会『炭窯台帳』1924年度、清内路村「大正十三年度県税戸数割賦課額表」1924年6月、下清内路区会『諸税徴収原簿』1926年を集計・照合。
注：集落戸数は判明分である。

証券窯場制を廃止し、後述のように「炭窯場割当規約」を制定した。

いかなる階層の住民が部落有林を利用したのかを検討する。依拠する史料は、清内路村県税戸数割賦課額等級表（1924年度）である。この等級表は、上から順に1等級から35等級によって構成され、所得5：住家資力1：資力4の割合で賦課額を定めている。本書では、全35等級のうち1～5等級を第1階層、6～10等級を第2階層、11～15等級を第3階層、16～20等級を第4階層、21～25等級を第5階層、26～30等級を第6階層、31～35等級を第7階層と設定する。

表1-22では7つの階層ごとに、下清内路部落有林における炭焼き従事者（1924年）をまとめた。各階層の戸数に対する炭焼き戸数は、比率でいえば第2階層の割合が67%、第3階層が58%と高い。ただし、最も割合の低い第7階層でも42%であり、全階層が50%前後であったといえる。

表1-23は下清内路部落有林における開墾者の経済階層（1926年）である。比率でいえば第5階層の割合が64%、第4階層が58%と高く、第2階層が40%と最も低いが、炭焼きと同様、いずれの階層も50%前後といえる。

表1-24は開墾税賦課額上位20家（同年）である。開墾税を多く賦課された者ほど、地味・アクセスの良い土地を、広く利用していたことを意味する。不

表1-23　下清内路部落有林における開
　　　　墾者の経済階層（1926年）

（単位：戸、％）

階層	集落戸数	開墾戸数	比率
第1階層	19	8	42
第2階層	15	6	40
第3階層	45	19	42
第4階層	24	14	58
第5階層	28	18	64
第6階層	17	9	53
第7階層	24	11	46
不明	—	8	—
計	172	93	—

出典：下清内路区会『諸税徴収原簿』1926年、清
　　　内路村「大正十三年度県税戸数割賦課額表」
　　　1924年を集計・照合。
注：前表に同じ。

表1-24　下清内路における開墾税賦課額上位
　　　　20家（1926年）

（単位：円）

順位	階層	開墾税	順位	階層	開墾税
1	第4階層	27.1	11	第2階層	10.6
2	—	16.3	12	第7階層	10.4
3	第3階層	16.1	13	第5階層	9.2
4	第3階層	15.4	14	第4階層	8.8
5	第4階層	14.3	15	第2階層	8.7
6	第3階層	13.9	16	第6階層	8.7
7	第2階層	13.6	17	第7階層	8.4
8	第7階層	13.2	18	第6階層	8.4
9	第6階層	11.2	19	第3階層	8.3
10	第3階層	11.0	20	第4階層	7.9

出典、注とも前表に同じ。

明を除いて1～6位まで第3、4階層、すなわち中層が独占している。

　以上、下清内路部落有林は、第3・4・5階層、すなわち中層の利用が中心であったものの、全階層的に利用されるものであった。在村者による土地所有が進まず、かつ、低位生産力地帯であるがゆえに、上層も部落有林を利用したといえる。

　さらに部落有林の利用について、着目すべきは、移入者（入寄留）の扱いである[83]。移入（入寄留）とは、本籍地以外の地域に90日以上居住することを指し[84]、1926年現在の下清内路は、本籍191家、移入14家によって構成される[85]。区会規約をみると、1921年版まで、移入者による部落有林での開墾、炭焼きを明記していない。後述の炭窯場割当規約（1929年）、区会規約1930年版からその禁止が明記され、それは1950年版においても同様である。後述のように、昭和戦前期以降は、とくに山林資源の稀少化が懸念された。こうした事態を受けて、区会は部落有林の利用者を限定したといえる。

(3) 下清内路区会役員の属性

　下清内路区会役員は執行部と組長によって構成される。執行部は、区長、副

区長各1名、伍長4名である。伍長は、組の上位組織である、市場・中・登・清水より各1名が選出された[86]。大正・昭和戦前期において、いずれの役職も1〜2年任期であり、また、正副区長は公選制である。

規約どおり、区会役員は頻繁に交代したのか。主要ポストである区長・副区長・伍長に、誰が何度就任したのかを調べてみると、計72ポストに38名が就任した（1921〜32年）。このうち、就任回数1回の人物は21名にのぼる。実際においても、頻繁に役員が交代していた[87]。

表1-25では、区会役員の階層分布を示した。これによれば、1924、27年度ともに、第1〜5階層の人物が就任する一方、第6〜7階層からは選出されていない。すべての階層から選出されたとはいえないものの、少なくとも特定の地主による「専制」は確認できない。

表1-25　下清内路区会役員の経済階層（1924年度、1927年度）

1924年度

	区長	副区長	伍長	組長	計
第1階層			1	1	2
第2階層	1	1		3	5
第3階層			1	2	3
第4階層			1		1
第5階層			1		1
第6階層					0
第7階層					0
計	1	1	4	6	12

1927年度

	区長	副区長	伍長	組長	計
第1階層				2	2
第2階層	1			1	2
第3階層		1	2	7	10
第4階層				2	2
第5階層				1	1
第6階層					0
第7階層					0
計	1	1	2	13	17

出典：下清内路区会『大正拾年度改ヨリ役員名簿』、前掲清内路村『県税戸数割賦課額表』1924年度、清内路村『村税戸数割賦課額表』1928年度を照合。

注：1）1924年度の階層区分については、表1-22、23、24に同じ。
　　2）1928年度村税は「所得に依る資力6：資産の状況を斟酌したる資力4」で課された。35等級であり、7つの階層に分けた。
　　3）1924年度における残り6名の組長、1927年度における残り2名の伍長は氏名が判明しない。
　　4）1927年度について、第3階層のうち1名は副区長兼組長である。

（4）下清内路区会における合意形成過程
①建議書・陳情書

　地主「専制」が存在しないなか、集落における合意形成はいかなるものであっ

表1-26 下清内路区会への建議・陳情項目数（年次別・差出人別、1914～44年、残存分）

	組	個人・有志	壮年団	青年会	その他	計
1915年		4		1		5
1918年		13		1	2	16
1919年	7	16		5	1	29
1925年	3	9	3	4		19
1927年		4	13	2		19
1928年	1		7	1	2	11
1929年	1		5		1	7
1932年		2				2
1934年	11	1	3			15
1935年	30	7	7	1		45
1936年	11					11
1938年	2	5	1			8
1939年		3	3			6
1944年			2			2
計	66	64	44	15	6	195

出典：下清内路区会『通常総会決議録』1915年度、同『建議書綴』1918、19年度、同『会議録』1925、27年度、同『決議録』1928年度、同『会議録』1929年度、同『建議書綴』1934年度、同『定期会建議書綴』1935年度、同『庶務綴』1936、38、39年度、同『会議録』1944年度。

たか。本書では集落住民から区会に出された建議書・陳情書に着目する。1914～44年にかけて、管見の限り195項目の建議書・陳情書が区会に提出された。その内容は、山林56項目（うち炭焼き19）、区会44、インフラ23、学校18等である。建議が可決に至るケースはいくつもある。不明を除けば、88項目中68項目が可決、または一部可決された[88]。

表1-26では年次別・差出人別に建議書・陳情書を整理した。差出人について、以下の点が着目される。まず、地縁組織である組の単位で提出されることが多い。

建議書・陳情書の差出人について、下清内路壮年団の存在も着目される。その結成は1917年であり、男子有志によって構成される[89]。壮年団は区会規約や区会役員選挙法など、集落運営の核たる部分について建議した。これを区会は受け入れる場合があった。

たとえば、正副区長選挙における男子普選・移入者選挙権獲得は、壮年団等による建議を契機とする。1927年以前の正副区長選挙では、本籍者の戸主が投票することしか認められておらず、青年（非戸主）・移入者は排除されていた[90]。こうした状況において、壮年団は、2年以上、下清内路に居住する25歳以上の男性に、選挙権・被選挙権を与えるよう建議した[91]。この建議をもとに、1927年1月、区会は移入者を含む、25歳以上の男性に選挙権を与えた[92]。壮年

団は、移入者を含む男子普選という極めて重要な建議を発し、実現した。

　壮年団は1920年代後半、組は1930年代に数多く建議した。不明な点は多いが、1920年代固有の活発な言論状況のなかで、壮年団が抬頭し、30年代になると、昭和恐慌下の深刻な生活不安が、組という地縁組織から発せられるようになったといえる。

②諮問と答申
　さらに、下清内路区会には、区会が組に議案を諮問し、これを組が答申するという合意形成のルールがある。組から区会宛ての答申とは、次のような文書であり、1927年1月、ある組が区会の諮問を否決（延期）した事例である。

　　決議書　区会よりの諮問案に就ては、未だ期間あるに依り、尤も重大問題であるから研究に研究を加へる必要あると認む。依て処置法は延期する事。

　これは、部落有林の一部を炭窯場として貧困者に開放するという議案を受けた決議である。史料として残る限り、この議案に対して1つの組が否決、2つの組が賛成を表明した[93]。実際に、炭窯場として開放されたのは1929年11月であるため（後述）、この議案は否決に至ったことがうかがえる。

　諮問と答申がなされた議案として、部落有林統一（1917年）、入会解消（1918年）、炭窯場割当（1927年）、救農土木事業（1932年）、行政村の赤字補填（1940年）等を挙げることができる[94]。重要な議案において、諮問と答申が行われる傾向にある。前述のように、組が集落における合意形成の一端を担う点は、北條浩が言及したことがある[95]。下清内路の事例は、これを具体的に示すものである。

　以上、組という地縁組織、壮年団という年齢階梯集団が、区会の意思決定において重要な役割を果たした[96]。また建議・諮問を問わず、文書によって物事を伝達するという、いわば「文書主義」が浸透していた。こうした「民主的な」合意形成の態様は、地主「専制」が存在しなかったからこそ実現しえたと考え

られる。ただし、下清内路の合意形成にも限界面が存在する。それは、区会が建議書・陳情書の提出者を25歳以上の男性と定めている点であり[97]、この範囲において成立する言論空間であった。

(5) 下清内路区会財政

　表1-27は下清内路区会の財政である。収入について、財産収入とは主として部落有林からの収益を指しており、部落有林の利用者に課した開墾税・炭窯税のほか、立木を売却する場合がある。区税は住民から徴収し、1926年現在、本籍者より年間5円、移入者より6円を課している（各家一律の平等割）[98]。「補助金」はすべて行政村からのものであり、「公有林野整理費」などに使用された。年次変化について顕著なことは、昭和恐慌下において炭窯税・開墾税等の予算と決算とが大きく乖離している点である（後述）。

　支出について、「学校費」とは下清内路小学校維持費である。表1-27の支出「学校費」と、表1-28（清内路村財政）の歳出「下清内路教育費」を比べると、区会は行政村の5％弱の支出にとどまる。通例、小学校は、行政村レベルの国庫下渡金、村税によって運営されたといえる。ただし1点に留意する必要があり、それは、後述のように1916年、下清内路小学校の建築によって、区会が負債を抱えた点である[99]。校舎建築時において、区会が相当の負担をしていたことがうかがえる。支出における「その他」のほとんどは、臨時的なものである。表に示していないが、その代表は1916年の「返済金2,386円」と、1928年の「村社諏訪社屋根替1,200円」の2つである。区会は部落有林からの収益を、これら臨時的な経費に充当した[100]。

4　清内路村の行政村運営

　清内路村の行政村運営を検討する。歴代村長・助役については、表1-29に示しており、ある慣行の存在が指摘できる。それは、村長が下清内路出身であれば、助役には上清内路出身の人物が就くというものである[101]。つまり、村長と助役のそれぞれが異なる集落出身者になるよう、村長・助役とも1期で交

第1章 明治後期〜大正期における政策の執行　57

表1-27　下清内路区会決算（1916、19、21、24、28、30、33、35、38年度）

（単位：円）

		1916年	1919年	1921年	1924年	1928年	1930年	1933年	1935年	1938年
繰越金		89	33	214	117	200	295	744	394	508
財産収入	立木売却他	1,918	919	254	1,089	1,734	11	6	21	40
	炭薬税・開墾税他	233	555	561	706 (774)	563 (586)	528 (1,567)	561 (2,681)	781 (4,505)	422 (2,498)
	貸付金	930	735	659	—	—	47 (573)	20 (738)	0 (758)	—
区税		96	179	317	725 (725)	1,021 (1,159)	511 (769)	411 (526)	411 (536)	407 (940)
補助金		—	133	295	244	888	669	639	416	624
その他		194	50	170	460	57	59	44	47	42
収入 計		3,460	2,605	2,470	3,341	4,463	2,120	2,425	2,070	2,043
区会費・会議費		219	244	426	351	272	192	183	192	188
学校費		74	320	378	659	331	319	347	227	399
土木費		175	230	295	5	252	205	247	160	141
神社費		43	236	136	95	136	158	113	138	179
衛生費		50	131	203	179	91	25	27	26	126
公有林野整理費		—	355	116	259	234	306	327	123	274
その他		2,637	1,008	669	1,860	2,884	1,043	651	1,347	501
支出 計		3,198	2,523	2,223	3,407	4,200	2,249	1,895	2,213	1,808

出典：下清内路区会「歳入出決算表」1916年度、同「収支決算表」1919年度、同「収支決算表」1921年度、同「下清内路区歳入出決算表」1924年度（同「会議録」1925年度）、同「歳入出決算表」1928年度（同「会議録」1929年度）、同「収支決算表」1930年度、同「収支決算表」1933年度、同「収支決算表」1935年度（同「庶務綴」1936年度）、同「下清内路区歳入出決算表」1938年度。

注：1）炭薬税・開墾税他、貸付金、区税における（　）内は予算。
　　2）銭以下四捨五入。
　　3）1935年度特別会計を反映させていない。

表1-28 清内路村歳入歳出決算（1916, 18, 22, 26, 30, 32～38年度）

(単位：円，%)

	1916年	1918年	1922年	1926年	1930年	1932年
歳　入						
村　税	4,344 (70.1)	4,092 (72.6)	8,939 (78.4)	7,250 (47.8)	9,897 (23.0)	4,612 (15.9)
義務教育国庫下渡金		578 (10.3)	279 (2.4)	5,262 (34.7)	6,368 (14.8)	7,571 (26.0)
土木費（補助金、村債、寄付金他）	848 (13.7)	698 (12.4)	670 (5.9)	585 (3.9)	14,202 (33.0)	14,144 (48.6)
歳入計	6,194 (100.0)	5,637 (100.0)	11,406 (100.0)	15,166 (100.0)	43,096 (100.0)	29,094 (100.0)
歳　出						
役場費	963 (16.0)	1,388 (25.0)	2,451 (18.0)	2,793 (18.5)	2,478 (5.8)	2,220 (6.9)
下清内路教育費	1,506 (25.0)	1,314 (23.7)	3,598 (26.5)	5,540 (36.7)	6,750 (15.7)	6,326 (19.7)
上清内路教育費	1,356 (22.5)	1,211 (21.8)	2,785 (20.5)	3,955 (26.2)	5,129 (11.9)	4,807 (15.0)
土木費	1,445 (23.9)	679 (12.2)	0 (0.0)	0 (0.0)	23,039 (53.7)	12,735 (39.7)
歳出計	6,035 (100.0)	5,545 (100.0)	13,582 (100.0)	15,085 (100.0)	42,923 (100.0)	32,078 (100.0)

	1933年	1934年	1935年	1936年	1937年	1938年
歳　入						
村　税	5,084 (21.7)	7,375 (21.6)	7,040 (25.8)	6,765 (26.9)	3,585 (17.0)	7,103 (19.0)
義務教育国庫下渡金	7,613 (32.5)	6,626 (19.5)	6,761 (24.7)	5,384 (21.4)	5,369 (25.5)	5,709 (15.3)
土木費（補助金、村債、寄付金他）	7,512 (32.1)	11,038 (32.4)	6,913 (25.3)	4,947 (19.7)	1,296 (6.2)	3,202 (8.6)
歳入計	23,400 (100.0)	34,065 (100.0)	27,320 (100.0)	25,130 (100.0)	21,066 (100.0)	37,363 (100.0)
歳　出						
役場費	2,357 (8.4)	2,427 (7.1)	2,033 (7.4)	2,105 (8.4)	2,116 (10.1)	4,100 (11.9)
下清内路教育費	6,609 (23.6)	5,868 (17.2)	5,582 (20.4)	6,623 (26.4)	6,855 (32.7)	8,193 (23.8)
上清内路教育費	5,021 (17.9)	4,361 (12.8)	4,483 (16.4)	4,657 (18.5)	4,842 (23.1)	5,749 (16.7)
土木費	7,963 (28.4)	5,365 (15.7)	6,807 (24.9)	3,179 (12.7)	1,116 (5.3)	893 (2.6)
歳出計	28,009 (100.0)	34,065 (100.0)	27,305 (100.0)	25,111 (100.0)	20,947 (100.0)	34,484 (100.0)

出典：清内路村『下伊那郡清内路村歳入出決算書』各年次（同『村会議類綴』1917年度、1919年度、1922年度、1927年度、同『村会決議録綴』1932年度、同『決算書綴込綴』所収）。

注：1）主要費目のみ示しており、各費目の合計が100%となるわけではない。
　　2）決算額は銭以下、%は小数第2位以下四捨五入。
　　3）教育費とは、小学校費、実業補習学校費、青年訓練所費、青年学校費を指す。

代し、再選する場合は、1期以上間隔を空けている。集落間のバランスに相当の配慮がなされていることがうかがえる[102]。

清内路村財政について検討しよう。まず徴税であるが、大正期の村税予算額（決算額）をみると、1914年2万2,097円（2万1,875円）、1916年4万3,497円（4万3,498円）、1918年4万969円

表1-29　村長・助役の出身集落

年次	村　長	助　役
1901	原亀松（上）	櫻井卯蔵（下）
1905	櫻井卯蔵（下）	原円二郎（上）
1908	原円二郎（上）	原七郎平（下）→櫻井角太郎（下）
1912	櫻井卯蔵（下）	原竹次郎（上）
1917	原竹次郎（上）	櫻井宗十郎（下）
1921	櫻井房吉（下）	原為之助（上）
1925	櫻井宗十郎（下）	原政市郎（上）→原信寛（上）
1929	原信寛（上）	欠員
1933	櫻井宗十郎（下）	原今太郎（上）
1937	原今太郎（上）	櫻井鎮男（下）→松下胤美（外部）
1939	松下胤美（外部）	欠員→原信寛（上）
1943	原信寛（上）	櫻井鎮男（下）

出典：清内路村誌編纂委員会『下清内路村誌』下巻、1982年、51頁。
注：上は上清内路集落、下は下清内路集落を指す。

（4万926円）であり[103]、予算額と決算額の乖離は、ほとんど存在しない。下久堅村と同様、住民に徴税の観念が浸透している。

そのうえで、前掲表1-28をみると、年度を問わず教育費、昭和恐慌期のみ教育費と土木費が歳出の大宗を占めている。同村では、2つの集落に、それぞれ上清内路小学校、下清内路小学校が存立していた[104]。同村では、国庫下渡金と村税によって構成される教育費の分配をめぐって、集落間対立が生じた。

1918年、下清内路区会は次のように主張した。上清内路住民、下清内路住民の村税負担額に従い、教育費を上清内路小学校4、下清内路小学校6の割合で分配すべきであると[105]。つまり、下清内路小学校費を上清内路小学校費の1.5倍にすべきであると。自らが納めた村税を、自らの集落の小学校のために用いてほしいとの求めである。しかし、下清内路区会の求めた割合は実現しなかった。前掲表1-28によれば、いずれの年度も、下清内路教育費は上清内路教育費の1.11～1.43倍にあたる。

1935年には、上清内路に高等小学校を設置する計画が樹立された。これを受けて、村長・村議のあいだで「覚書」が交わされた[106]。その内容は、「部落的に教育費の争奪乱費紛争等を永久的に防止する為、教育費の歩合を」、「上清内

路学校費」4、「下清内路学校費」6の割合で分配すること、「歩合超過の場合」、各集落において「寄附」すること、「部落的の感情に走り」、「違反」した場合、「学校を直に廃止」すること、である。

　しかし、1937年には紛議が生じた。下清内路区会は、村会における予算議決後、「教育費は其比率に於て、覚書の精神を無視するも甚し」いと主張した。1937年4月の下清内路区会総会では、この件を「警察に届出」たことが報告された。また改善されない場合、下清内路の住民は、「結束して」村税を滞納することが決議された[107]。実際、1937年度のみ村税収入が激減しており、集落を単位とする村税滞納が決行されたことがうかがえる[108]。

第5節　おわりに

　分析結果をまとめよう。第1に松尾村、上郷村の事例を述べた。両村では、1行政村につき1つの小学校が存立し、「模範的な」行政村運営、産業組合製糸経営が展開された。両村では、勤続年数の長い、地主兼村長が行政村を治めた。また、政策が執行しやすいよう、行政村主導のもと、集落の組織が整備された。

　第2に下久堅村の事例を検討した。地方改良運動とそれ以後の行政村運営をみると、松尾・上郷村で確認されたような、勤続年数の長い村長は存在せず、村長は短期間で交代する傾向にあった。たしかに、小学校は1校1分教場体制であったとはいえ、教育・衛生・勧業・徴税をみると、行政村は政策執行主体として機能している。加えて、土木事業をみると、「山又は川に依り」集落間が隔てられるという地理的条件から、集落が自己負担分を設けるというルールが設定されている。

　しかし、次章でみるように、こうしたルールがあろうとも、土木事業を要因とした集落間対立が行政村の円滑な運営を阻害した。また、下久堅村産業組合製糸の経営は安定的であったものの、設立時に集落間対立が生じた。さらに、地理的条件を要因として、全額供繭制は実施しえなかった。こうした集落間が

「山又は川に依り区画」されている行政村ゆえ、集落の力が強く、地方改良運動を経ても、区会は存続した。区会運営をみると、M集落の事例を見る限り、突出した地主が存在しないなかで、組単位の多数決という明確なルールに基づいた利害調整の方法が用いられた。

　第3に清内路村を検討した。同村は、山村的特質が強い部落有林地帯にある。地方改良運動により、大正期において、部落有林の行政村への所有権移動が生じた。しかし、実質的には部落有林、およびその管理主体たる区会は存続した。集落運営をみると、同村下清内路集落では、地主「専制」ではなく、「建議書・陳情書」、「諮問と答申」といった、明確なルールのもと合意形成がなされている。清内路村の行政村運営をみると、村長・助役は、上清内路集落、下清内路集落の人物が1期ずつ交代するという慣例が存在した。小学校は1村2校体制であり、それぞれの集落にある小学校経費の分配をめぐって、集落間対立が顕在化し、1937年には集落を単位とした村税滞納にまで至った。

　以上の事例を、行政村の「部落連合」的性格（住友陽文）、「名望家自治の脆弱性」（石川一三夫）という視点に即して言えば、次のようになる。まず、「名望家」を継続的に村長を担当した地主と捉えるならば、下久堅村、清内路村は「名望家自治」が脆弱である一方、「模範事例」の松尾村、上郷村は、それが強固であったと言いうる。加えて、行政村の「部落連合」的性格に着目すると、下久堅村、清内路村は、「部落連合」を超えて、「部落割拠」的性格を有している。その性格は、部落有林が存続した清内路村において顕著である。

　最後に、下久堅村、清内路村とも、決して「模範村」ではなかったものの、村民に納税の観念が浸透していた、という共通点に着目する必要がある[109]。こうした納税の観念が存在したうえで、集落を単位とした村税滞納という、行政村に対する異議申し立ての手段が存在したといえる。

注
1）　筒井正夫「地方改良運動と農民」（西田美昭・アン　ワズオ編著『20世紀日本の農村と農民』東京大学出版会、2006年）、大門正克「農村問題と社会認識」（歴史学研究会・日本史研究会編『日本史講座第8巻　近代の成立』東京大学出版会、

2005年）325〜326頁。
2）　石川一三夫『近代日本の名望家と自治――名誉職制度の法社会史的研究――』（木鐸社、1987年）、住友陽文「公民・名誉職理念と行政村の構造――明治中後期日本の一地域を事例に――」（『歴史学研究』第713号、1998年8月）。
3）　松尾村は、面積（1940年）6.76km²、人口（1925年）6,353人、現住戸数（同年）1,157戸、米作付面積（同年）139.8町、桑園面積（同年）259.6町。長野県『長野県史近代史料編別巻統計1』（1989年）17、191頁、同『長野県史近代史料編別巻統計2』（1985年）128、338頁。
4）　平野綏『近代養蚕業の発展と組合製糸』（東京大学出版会、1990年）212頁。
5）　向山雅重『伊那農村誌』（慶友社、1984年）273頁。
6）　以上、松尾村誌編集委員会『松尾村誌』1982年、279〜280頁、後藤靖「村落構造の変化と行政の再編過程――長野県下伊那郡松尾村の事例――」（井上清編著『大正期の政治と社会』岩波書店、1969年）117〜119頁、143〜157頁。
7）　上郷村は、面積（1940年）26.4km²、人口（1925年）6,210人、現住戸数（同年）1,104戸、米作付面積（同年）188町、桑園面積（同年）319.5町。前掲長野県『長野県史近代史料編別巻統計1』17、191頁、前掲同『長野県史近代史料編別巻統計2』127、337頁。
8）　上郷村の地理に関しては、西野寿章『山村における事業展開と共有林の機能』（原書房、2013年）138〜139頁。
9）　北原阿智之助は、1909〜23年、1929〜34年において上郷村長。上郷史編集委員会『上郷史』（上郷史刊行会、1978年）843〜844頁。
10）　鬼塚博「日露戦争と地域社会の組織化――長野県上郷村を事例に――」（『飯田市歴史研究所年報』第3号、2005年8月）。
11）　同上。
12）　前掲西野寿章『山村における事業展開と共有林の機能』156頁。
13）　上郷村の1933年度村税戸数割は、1戸当たり6.94円である。郡内で2番目に低額なのは鼎村7.45円、3番目は大下条村8.85円である。『信濃大衆新聞』1933年9月14日（飯田市立中央図書館所蔵）。
14）　前掲上郷史編集委員会『上郷史』822〜823頁、前掲松尾村史編集委員会『松尾村誌』281頁、410〜411頁。
15）　たとえば、大石嘉一郎『近代日本地方自治の歩み』（大月書店、2007年）147頁。
16）　上山和雄「両大戦間期における組合製糸――長野県下伊那郡上郷館の経営――」（『横浜開港資料館紀要』第6号、1988年3月）、平野正裕「一九二〇年代の組合製糸――高格糸生産の問題について――」（『地方史研究』第38巻第2号、

1988年4月)、田中雅孝『両大戦間期の組合製糸──長野県下伊那地方の事例──』(御茶の水書房、2009年) 175頁。
17) 下久堅村「昭和三年事務報告並財産表」(同『村会会議録』1929年度)。以下、下久堅村行政文書は飯田市下久堅自治振興センター所蔵。
18) 下久堅村誌編纂委員会『下久堅村誌』1973年、683〜694頁。
19) 同上、707頁。
20) 下久堅村の集落は、下虎岩、知久平、小林、柿野沢、M、稲葉、上虎岩によって構成される。その戸数は表1-7を参照。
21) 下久堅村長→長野県総務部長「部落協議費に関する件回報」1935年10月25日 (下久堅村『自昭和十年特殊事項臨時調査雑件綴』)。
22) 「い」は上虎岩集落の医師、「か」は知久平集落、および松尾村において、肥料問屋を経営していた。
23) 下久堅村「県税戸数割賦課額表」1926年6月議決。県税の賦課基準は所得額5：住家資力1：資産 (見立) 4。
24) 『M31日記』1929年4月2、3、4日 (M31家所蔵)。
25) 「ね」は、本書第2章、第3章における「Y」と同一人物である。
26) 上虎岩集落、下虎岩集落の児童は、尋常小学校2年まで分教場に通学した。前掲下久堅村史編纂委員会『下久堅村誌』741〜742頁、746〜747頁。
27) 行政村・下久堅村の基本財産は、1925年現在、田5.2反、畑8.2反、山林13.1反、原野315.8反、宅地1.7反、畑荒地376.1反、駐在所14.4坪、現金約1,391円、有価証券100円、小学校営繕費積立約12円、救済資金約114円。建物、敷地、火葬場より構成される無収益地を除く。下久堅村「村有財産表 (大正14年12月末現在)」(同『村会議事録』1926年度)。
28) 下久堅村『事務報告』には、次の記述がある。製紙業は「本村唯一の家庭的副業にして、製紙戸数248戸、障子紙最高位を占め、其他は判紙、滬返、傘紙類等を合せて、本数1万743本、此価5万8,959円、全村804戸に対し1戸平均73円強の生産額なり」と。下久堅村『事務報告』1917年度。
29) 以下、下久堅村「事務報告並財産表」現存分 (1913〜1929、34、35年度) を典拠とする。
30) 史料には「全国的事業不振金融梗塞」とある (同上、1925年度)。
31) 「隠蔽されて居た下久堅村の紛議」(『政治と青年』第13号、1925年1月) 飯田市立中央図書館所蔵。
32) 下久堅村青年会編『下久堅時報』(第11号、1933年5月) 飯田市歴史研究所所蔵。
33) 下久堅村長→長野県総務部長「部落協議費に関する件回報」1935年10月25日 (前

掲同『特殊事項臨時調査』)。
34) 住友陽文『皇国日本のデモクラシー――個人創造の思想史――』(有志舎、2011年) 38〜40頁。
35) 『南信新聞』1916年12月15日。
36) 以下、M区『会議録』1910〜21年。以下、M区有文書はM区民センター所蔵。
37) 『南信新聞』1916年12月26日。
38) 表1-2を参照。
39) 下久堅村信用販売購買利用組合『昭和十二年四月創立満二十周年記念誌　沿革と現況』(1937年) 22頁、『信濃大衆新聞』1933年5月25日 (飯田市立中央図書館所蔵) を照合。
40) 下久堅村信用販売購買利用組合『昭和九年度事業報告書』38頁。
41) 下久堅村『諸規約綴』1887〜95年 (飯田市歴史研究所所蔵)。
42) 行政村のなかに、区会が存在することは、自動的に、行政村の統合力が弱いことを意味しない。この点は、前掲住友陽文「公民・名誉職理念と行政村の構造」、松沢裕作『町村合併から生まれた日本近代――明治の経験――』(講談社、2013年) 181〜182頁、中西啓太「明治後期地方行政の再編――町村条例の分析から――」(『日本歴史』第788号、2014年1月) から学んでいる。ただし、下久堅村の場合、実態として、行政村の統合力が弱いことを、本章、次章、次々章において説明していく。
43) M区「M区会改正規定」1910年11月 (同『会議録』1910〜21年)。以下の番号は、便宜的なものである。なお、M区『会議録』に議事録が書かれるようになるのは、1912年からである。
44) 集落の主要機能として土地基盤整備を挙げた、川本彰、相川良彦等の見解が妥当であることを示している。川本彰『むらの領域と農業』(家の光協会、1983年) 20頁、相川良彦『農村集団の基本構造』(御茶の水書房、1991年) 290〜291頁。
45) 前掲M区『会議録』各年次。「判明の限り」と限定を付けたのは、1922〜28年、1936〜39年の会議録が残存していないからである。
46) 小宮山家は、村税賦課額集落内順位10位、筒見家は13位 (122戸中)。下久堅村「昭和十二年度　村税特別税戸数割賦課額変更表」(同『村会会議録』1937年度)。
47) 1度しか区会執行部に就任していない4名のうち、3名が道路委員 (1919年) である。前掲M区『会議録』1910〜21年、同『会議録』1928〜36年、同『会議録』1940〜50年。
48) M区『所有土地各人別集計簿』1944年 (M区民センター所蔵)。
49) M青年会『記録』1921年12月〜1923年10月 (M区民センター所蔵)。

50) 多数決による否決事例は、以下の4件である。まず、道路改修に関する議案が3件である。黒澤線・中央線（1930年）、大古屋線（1944年）、林道大井線（1947年）。次に、1917年、集落を単位とした組合製糸工場設立計画に対して、住民の賛同調印が得られなかった件（本章にて後述）を1件とみなした（前掲M区『会議録』1910～21年、同『会議録』1928～36年、同『会議録』1940～50年）。
51) 前掲M区『会議録』1928～36年。
52) M区「区会」1915年12月30日（前掲同『会議録』1910～21年）。
53) たとえば、潮見俊隆「法社会学における村落構造論──戦後法社会学史の一齣──」（同他編著『農村と労働の法社会学（磯田進教授還暦記念）』一粒社、1975年）32頁。
54) 北條浩『部落・部落有財産と近代化』（御茶の水書房、2002年）367～373頁、高久嶺之介『近代日本の地域社会と名望家』（柏書房、1997年）第2章。
55) 守田志郎『村落組織と農協』（家の光協会、1967年）第1章、鳥越晧之『家と村の社会学〔増補版〕』（世界思想社、1993年）112～114頁ほか。ただし、大鎌邦雄は、有力者「専制」の内実として、有力者が「目に見えない負担を無償でこなしつつ、『部民の利益幸福の享受』の機会をもたら」している、という側面を見出している。前掲大鎌邦雄『行政村の執行体制と集落』354頁。
56) 平山和彦『伝承と慣習の論理』（吉川弘文館、1992年）171～204頁、竹内利美「ムラの行動」（坪井洋文編著『日本民俗文化体系8　村と村人』小学館、1984年）262頁。
57) なお本書は、多数決と全会一致のどちらが望ましいのかを問うていない。
58) 近世清内路村と近現代清内路村は同一範囲である。ただし近世後期において、入会権の紛争により、上清内路と下清内路の両方に村方三役が設置された。森謙二編著『出作りの里』（新葉社、1989年）16頁。
59) 山林約2,015町。清内路村『村勢一覧　昭和九年四月調』（阿智村清内路下区集会所所蔵）。
60) 同上。
61) 清内路村「財産の調」（同『五ヶ村合併関係』1955年）。以下、清内路村役場文書は、阿智村清内路支所所蔵。
62) 下伊那教育会郷土調査部地理委員会『下伊那の地誌　木曽山脈東麓地域の研究』（1966年）45頁（三浦宏稿）。
63) 清内路村『地区内森林明細簿』1936年11月より集計。
64) S・Kの1910年の営業税額は飯田町において17位（田中雅孝「戦前期飯田町の商工自営業者層の構成」『飯田市歴史研究所年報』第9号、2011年10月、58頁）。S・

Kは、伊賀良、清内路、上飯田各村をまたぐ形で約120町歩を所有していた（『南信新聞』1929年6月2日）。
65) 前掲清内路村「事務監査一件書類」、三浦宏『南信州経済風土記』（信濃教育会出版部、2003年）135〜143頁、竹ノ内雅人「明治前半期の清内路煙草に関する一考察」（『清内路――歴史と文化――』第1号、2010年3月）。
66) 前掲長野県編『長野県史　近代史料編・別巻統計 (2)』130頁。
67) 1戸当たり収繭量100〜130貫、繭反収20〜24反、米作反収2,000〜2,400合。前掲田中雅孝『両大戦間期の組合製糸』77〜81頁。
68) 同上、87頁。
69) 前掲清内路村「事務監査一件書類」。
70) 前掲同『村勢一覧　昭和九年四月調』。
71) 同『村勢一覧　昭和十五年四月調』。
72) 上下清内路公有林野整理委員、上下清内路各惣代、村長及助役「契約書写」1918年1月12日（下清内路区会『大正五年一月改規約』所収）。下清内路区有文書は、阿智村清内路下区集会所所蔵。
73) 清内路村『自明治三十六年度　指示事項綴』。史料引用は、下伊那郡長→清内路村長「指示」1917年3月29日。なお、下伊那郡喬木村でも下伊那郡役所や県による相当な指導があったという。神田嘉延「農民運動と村落構造（上）――長野県喬木村における部落有林野統一事業反対闘争を中心にして――」（『鹿児島大学教育学部研究紀要人文・社会科学編』第36号、1984年3月）255頁。
74) 長野県林務課『部落有財産統一関係綴』1917年度（長野県立歴史館所蔵）。
75) 負債を示す項目として、1916年度は収入・立木売却金1,918円、支出・返済金2,386円、1917年度は収入・立木売却金5,335円、支出・返済金2,030円（下清内路区会「歳入出決算表」1916年度、同「収支明細簿」1917年度）。
76) 前掲清内路村「事務監査一件書類」。
77) 真貝竜太郎『公有林野政策とその現状』（官庁新聞社、1959年）102頁。
78) 清内路村長櫻井房吉「公有林野官行造林契約書に関する件」1922年3月15日（阿智清内路支所所蔵）。
79) 1921年12月まで「仮区会」と呼ばれる場合があったが、その理由は判明しない。
80) 改正年次は1906、12、16、21、30、35、50年。下清内路区会『明治三十九年四月九日　新製規約書』、『規約』（表紙なし、1912年）、同『大正五年一月改　規約』、同『昭和五年二月九日改　規約』、同『昭和十年四月改　規約』、同『昭和二十五年四月　規約』。1921年改正版は1916年改正版に上書きされている。
81) 以下、同史料からの引用。

82）　下清内路区会「処分決定書」1925年5月25日（同『会議録』1925年度）。
83）　史料上は「移住者」であるが、本書では「移入者」と表記する。「移住者」と入寄留は同義である（前掲向山雅重『伊那農村誌』274頁）。
84）　大島栄子「養蚕業の発展と農民層分解」（前掲大石嘉一郎・西田美昭編著『近代日本の行政村』）251頁。
85）　下清内路区会『諸税徴集原簿』1926年度より集計。
86）　同『大正五年改　下清内路区会規約』。
87）　就任回数2回6名、3回8名、4、5、6回各1名。下清内路区会『大正拾年度改　役員名簿』。
88）　下清内路区会『通常総会決議録』1915年度、同『建議書綴』1918年度、1919年度、同『決議録』1919～22年度、同『会議録』1925年度、1927年度、同『決議録』1928年度、同『会議録』1929年度、1932年度、同『建議書綴』1934年度、同『会議録』1934年度、同『定期会建議書綴』1935年度、同『会議録』1935年度、同『庶務綴』1936年度、1938年度、1939年度、同『会議録』1936年度、1938年度、1939年度、1944年度を照合。
89）　前掲清内路村誌編纂委員会『清内路村誌』下巻、250頁、下清内路壮年団「陳情書」1927年1月28日（下清内路区会『会議録』1927年度）。
90）　下清内路区会「定期会」1922年1月15日（同『決議録』1919～22年度）。
91）　下清内路壮年団「建議書」1927年1月28日（下清内路区会『会議録』1927年度）。
92）　加えて区会は、本籍者のうち「1戸を構へたる」20歳以上男子にも選挙権を与えた。被選挙権は、25歳以上男子・本籍者と、移入者のうち、移入「40年を経過し」納税「義務を全うしたる者」、または「200百円以上を当区に即納したる者」となった。下清内路区会「定期会」1927年1月30日（同上）。
93）　以上、下清内路区会『会議録』1927年度。史料引用は、2番組「決議書」1927年1月20日。
94）　同上『会議録』各年度。
95）　前掲北條浩『部落・部落有財産と近代化』367～373頁。
96）　この点、前掲森謙二編著『出作りの里』209頁が、近世清内路村を「年齢階梯制社会」とみなし、坂本広徳「近世南信山間部における村落構造」（『飯田市歴史研究所年報』第6号、2008年8月）が近世期の中老、田中光「清内路下区における青年会の展開」（前掲『清内路――歴史と文化――』第1号）が明治期青年会の集落における役割を評価したことと共鳴するものと考えられる。
97）　下清内路区会「定期会」1922年1月15日（同『決議録』1919～22年度）。
98）　下清内路区会『諸税徴集原簿』1926年度。

99) 負債については、注75を参照。
100) 下清内路区会「歳入出決算表」1916年度、1928年度。
101) 前掲清内路村誌編纂委員会『清内路村誌』下巻、51頁。
102) 吏員（1941年）は上清内路出身の書記2名、下清内路出身の収入役1名・書記1名。前掲清内路村「事務監査一件書類」。村会議員は、1917年上清内路5名、下清内路5名、1921年上清内路5名、下清内路6名、1925年上清内路4名、下清内路7名、1927年上清内路5名、下清内路7名、1929年上清内路5名、下清内路6名、1933年上清内路5名、下清内路7名、1937年上清内路5名、下清内路7名（前掲清内路村誌編纂委員会『清内路村誌』下巻、62頁）。上清内路と下清内路の人口比に応じ、上清内路5名、下清内路6～7名が基本的な配分であったとみなしうる。ただし、なぜ1917年において上清内路5名、下清内路5名、1925年において上清内路4名、下清内路7名であったのかは判明しなかった。
103) 清内路村「歳入出決算書」1914、1916、1918年度。
104) 児童生徒数（1921年）は上清内路小学校127名、下清内路小学校161名。清内路村教育委員会「清内路学校百年のあゆみ」1973年、21頁。
105) 下清内路区会「有力者有志会」1918年4月4日（同『会議録』1918年度）。
106) 清内路村長櫻井宗十郎、村会議員原真寛ほか11名『覚書』1935年2月28日（阿智村清内路支所所蔵）。
107) 下清内路区会「区会議員各種団体の協議会」1937年4月16日（同『会議録』1937年度）。
108) 村税収入は1936年度6,765円、1937年度3,585円、1938年度7,103円（表1-28を参照）。
109) この点、終章において考察する。

第2章　昭和恐慌期における政策の執行
――経済更生運動を中心として――

第1節　はじめに

　本章では、昭和恐慌期における行政村の政策執行について、経済更生運動を中心として検討する。前章と同様、「模範事例」、下久堅村、清内路村について取り上げる。第2節では、先行研究などを用いて、経済更生運動の「模範的な」執行形態を概観する。

　第3節の下久堅村の分析では、序章に示した分析視点を用いる。すなわち、「自治村落論」を継承し、下久堅村の政策執行における集落、組の役割、集落リーダー層の規範とは、具体的にどのようなものであったのかを実証する。その際、言及にとどまっていた、リーダー層の規範の限界面までを含めて実証する[1]。以上の点について、M31（1885～1954年）という下久堅村M集落の人物に着目する。M31は明治大学法学部を卒業し、1928～36年にかけて下久堅村助役であった[2]。なお、本章以降において、M集落の人物をM1……M31……M40のように記している。

　第4節の清内路村の分析では、次の重要な研究史と接続させる。かつて石田雄は、経済更生運動のあり方を「上からの権力的統合」と着想した[3]。これに対して森武麿は、経済更生運動において、中農上層による農民「経営の原理」という、いわば「下からのエネルギー」が存在する点を対置させた[4]。これ以後、森の知見をベースに、行政村内の農村中心人物・農村中堅人物の動向を契機として、経済更生運動が展開されたことが詳細に明らかとなった[5]。

　本書においても、森が示したパターンを有する行政村は存在し、それは本書の指す「模範事例」に位置づく。ただし、それとは別に、本節では山村の窮乏

著しく、山村ゆえ行政村の統合力が弱い清内路村などにおいて、「権力的統合」（石田雄）、とでもいうべき要素を持つ県の介入を契機として、経済更生運動が展開されたことを明らかにする。さらに、県の介入を契機とした経済更生運動とは「満洲」（以下、括弧略）移民送出を指しており、本論において、満洲移民研究に対する位置づけを明らかにしていく。

「おわりに」では、本論を踏まえて、経済更生運動の執行状況について下伊那郡全体の動向を把握する。加えて、行政村における政策執行のあり方が、地理的条件に規定されることを示していく。

第2節 「模範事例」

1 三穂村、大島村

経済更生運動の「模範的な」執行形態について、下伊那郡三穂村・大島村・河野村を事例として概観する。三穂村（1936年度経済更生特別助成村）[6]では、村長と助役による強い指導によって、生活改善（禁酒）、簿記記帳、無尽講の負債整理などが達成されていった。生活改善（禁酒）については、1935年現在、村内の20歳以上男性632名のうち、552名がこれを遵守した[7]。簿記記帳は、村内の58％の家でなされた。表2-1は1937年度の下伊那郡各村の簿記普及率であり、三穂村は下伊那郡内1位である。負債整理（無尽講整理）については、村民の負債総額は4万7,640円であり、行政村は最大3割減額のうえ、返済計画を樹立した。1936年末において、負債の残額は約5,200円となった[8]。

こうした行政村の事業にあたり、集落の地縁組織である33の組が、13の「自治組合」という組織に再編された。再編された組織によって、正確、かつ迅速に行政村から末端への意志伝達がなされた。また「自治組合」は負債整理事業において、事業の末端組織（負債整理組合）となった[9]。

この地縁組織としての組の再編は、大島村（1936年度経済更生特別助成村）でもみられた[10]。宇佐見正史によれば、大島村における組の「主要2機能（徴

税・村民統制）は更生運動期に再編・強化」された。「機能強化を遂げた」組は、同時に、経済更生運動への村民の『参加』意識を培養」し、経済更生運動は「小商品生産の組織的育成という経済的要因に担保される限りにおいて挙村一致を志向」するものであったという[11]。

2　河野村

さらに、原史料を用いて河野村[12]の事例を示す。同村は1938年度経済更生特別助成村の候補になっており、「模範事例」に

表2-1　1937年度の下伊那郡各市村における簿記普及率（上位順）

（単位：％）

行政村	普及率	市村	普及率	行政村	普及率
三穂	58.0	喬木	10.3	清内路	1.5
上郷	37.3	千代	10.0	伍和	0.7
河野	27.5	和田組合	8.9	下久堅	0.7
下條	27.2	豊	8.8	泰阜	0.4
飯田	26.2	山吹	7.0	松尾	0.3
波合	23.4	根羽	5.2	竜丘	0.2
会地	15.4	龍江	5.2	鼎	0.1
山本	14.6	伊賀良	2.8	市田	―
生田	14.0	座光寺	2.6	平谷	―
智里	13.4	大鹿	2.5	旦開	―
大島	13.3	富草	1.7	神原	―
大下条	12.9	平岡	1.7	上久堅	―
神稲	10.9	川路	1.5		

出典：「昭和十二年度農家簿記普及調」（『長野県農会報』第254号、1938年2月）21～22、24頁。
注：1）調査主体は帝国農会、長野県農会であり、農家戸数に対する簿記記帳農家の割合を示している。
　　2）―は0％と推定される。

該当する。以下では、当時、河野村会議員であった胡桃沢盛の日記などを用いる[13]。

1935年8月、河野村において第1回経済改善委員会が開催され、「県より指示されたる20項目につき研究」が開始された[14]。河野村では経済更生運動の実施にあたり、部門別に課を定めた。その構成は次のとおりである。

　　生産部：耕地事業課・普通農事課・養蚕課・畜産課・副業課・林業課
　　経済部：負債整理課・金融改善課・販売購買課・利用課
　　社会部：教育課・精神作興課・生活改善課・移民課[15]

また、河野村経済更生運動では、更生組合という組織がつくられた。同村には、米麦の生産・流通を担当した農事実行組合（河野村農会の下部組織）と、養蚕の生産・流通を担当した養蚕実行組合（河野村産業組合の下部組織）が、

地域末端において並立していた。1936年10月、河野村では農事実行組合と養蚕実行組合を統合し、村内に19の更生組合がつくられた[16]。なお、下久堅村では、1938年の段階で、農事実行組合と養蚕実行組合が並立していたことにより、会合の数が多く、「農民の労働力に支障を来」し、さらには組合間で「対立気分」さえ生じていた[17]。更生組合の設立は、こうした事態を回避するものであった。

河野村経済更生運動では、負債整理が行われた[18]。村民全体の負債額は約69万8,000円にのぼっていた。1936年1月の経済更生委員会では負債整理の方法を取り決めた。その骨子は、経済的に下層の家ほど「返済額を漸次」減じるというものである[19]。河野村有数の地主であった胡桃沢盛は、約4,500円の債権などを有していた[20]。7月には河野村産業組合総会において、「土地を処分して負債整理をなさんとする者に対しては」、河野村産業組合において「其の土地を引き受くる事」が決議される[21]。8月には「無尽講整理の第1回の集金が」行われ[22]、「分配金」が交付された[23]。新聞報道によれば、1936年のいずれかの時点において、河野村における負債整理の達成率は26.8%であり、郡内6位の好成績であった[24]。

また、河野村では、経済更生運動によって簿記が普及した。1936年1月、「記帳研究会」が開催された。胡桃沢盛日記には「皆熱心にやって呉れるらしい態度。ここから農家の経済更生は行われるのだ」とある[25]。前掲表2-1によれば、1937年度における河野村の簿記普及率は27.5%であり、前述の三穂村、上郷村に次ぐ郡内3位の成績である。

ただし詳細は不明であるが、河野村経済更生運動において、以下のような「統制上」[26]の問題が生じた。1937年7月の「更生組合総会」では、「役員間の不統制」、「一部組合員の異分子問題」について話し合われた。その結果、「現役役員」を支持することで決着し、「冷酒1杯を挙げて今後の親睦を誓」った[27]。同年9月、胡桃沢盛は「更生組合内の不徹底なる家を一巡」し、「相当の地位にある者の方が却って成績が悪い」と認識した[28]。「相当の地位にある者」、つまり村内上層の家が経済更生運動の進展にあたり、足かせとなった側面がみてとれる。

なぜ村内上層の家は、経済更生運動において足かせとなるのか。この点、史料からは判別できないが、たとえば、経済更生運動の1つである負債整理事業の実施にあたり、村内上層の家（債権者となる場合が多い）は、村内中～下層の家（債務者となる場合が多い）に譲歩する必要が生じる。前述のように、河野村の負債整理事業では、経済的に下層の家ほど「返済額を漸次」減じている。つまり、上層の家の妥協によって更生運動は成り立つのであり、経済更生運動において、村内上層の意欲を引き出すことは難しい。

このような問題を内包していたとはいえ、河野村経済更生運動は成功したといえる。前述のように、負債整理達成率は郡内6位、簿記普及率は3位である。胡桃沢盛は次のように記した。「本村の如く実行組合の統制的活動の盛んなる産業組合はないと思う。此の点、郡下の他組合を断然リードしている」と[29]。

以上、三穂・大島・河野各村について概観した。3つの村の共通点は、経済更生運動が執行しやすいよう行政村主導のもと、集落レベルの組織が再編され、行政村を単位として、住民が統合されていった点にある。

最後に、昭和恐慌期において「模範事例」となった行政村は、地方改良運動以来の「模範事例」である松尾村、上郷村とは異なる性格を持っていることがうかがえる。それは、端的にいえば、村長の就任期間に示されている。三穂・河野村の村長の在職期間は、とくに昭和戦前段階になると、1期程度である[30]。村長の就任期間の長い松尾・上郷村では、村長の「名望家」的な特質が生かされ、行政村が運営されたことが想起される。その一方、三穂村・河野村では、村長が「名望家」というよりも、「官僚」として、リーダーシップを発揮していたことが想像される[31]。史料的にこれ以上の議論はできないものの、同じ「模範事例」であっても、地方改良運動期と昭和恐慌期では、行政村レベルのリーダーの性格が異なる場合があることが指摘できる[32]。

第3節　下久堅村

1　土木

(1) 広範な土木事業の展開

　下久堅村の政策執行について、土木、税務、経済更生運動に焦点を当てて検討する。前章でも示したように、昭和恐慌期の下久堅村では土木事業が広範に展開された。まず、失業救済臨時対策低利資金融資（1931年執行）について検討する。下久堅村では低利資金融資によって、荒廃桑園改良、小設備改良が実施された。その実施過程について、次の3点が着目される。第1に集落の合議機関である区会が資金の受け皿となっている[33]。第2に、M31（下久堅村助役、M集落在住）はM集落分の申請書を作成している。すなわち1931年2月のM区会において、「事業計画書作成はM31に委任」することが取り決められた。第3にM区会は、「失業救済」という政策意図を組み替え、借入金の一部を区債（区会が有する債務）償却に充当している（表2-2）。後述のように、区会は南原橋（村道黒澤線）改修の結果、1931年初頭の段階で約1,700円の負債を抱えていた[34]。

(2) 上虎岩集落における村道嵯峨坂線改修

　表2-3は下久堅村の道路改修一覧（1930～36年度）であり、以下では、上虎岩区会『記事録』を用いて、村道嵯峨坂線をめぐる集落内部における合意形成の一端を示そう[35]。

　　1930年8月5日「嵯峨坂2期工事承認の件、延期説の組合あり、決定にいたらず保留とす」。
　　同年8月10日「嵯峨坂線2期工事承認の件、決定に至らず」。

このように区会において議論は膠着している。また、「延期説の組合あり」という表現からは、組を単位として、住民の合意を図っていたことがうかがえる。

1930年8月21日　嵯峨坂線2期工事承認の件。左の条項により承認することに決定。
イ　右道路に対する入費は地元側の負担となし、他の組合は各自の随意寄附によること。
ロ　第2期道路は年度繰上工事に付其費用は地元篤志家の融通により支弁し、景気恢復まで徴集を猶予すること。
ハ　道路第2期起工については、前回の例に依らず受渡し又は人夫使用等は最も公平になし、失業者救済の意味を区民一般充分周知せしむる様、夫役を使用すること。
ニ　道路と神社は元来並行する約束につき、道路1期に対する神社費は必ず徴集し、神社費に充当すること。
ホ　道路神社の会計は極めて明瞭にし、適当の時期に於て一般に報告すること。
ヘ　以上、申合せ事項を実行し、区の平和を永遠に維持するべし。

このように、いくつかの条件を付すことによって、合意が果たされている。すなわち、受益者負担（イ）、神社費徴収（ニ）を確約し、かつ、費用を「地元篤志家」が立て替えており（ロ）、とくに費用の立て替えは、集落における上層の役割であったことがうかがえる。こうした合意形成を経て、「区の平和」を「維持」し、道路改修が執行された。

表2-2　失業救済資金借入高（M区会・1931年）

（単位：円）

使途	借入高	借入主体
荒廃桑園改良	370.5	T小組合
	490	H小組合
	57.5	個人（M・M）
	1,376	M区（区債償却）
計	2,294	
小設備改良	225	個人（S・M）
	774	M区（用水路改修）
計	999	

出典：M区『土木費会計簿』1930〜36年。

表2-3　下久堅村における道路改修（1930～36年）

(単位：円)

年度	路線	関係集落	工事費
1930	村道滝平・嵯峨坂線 村道黒澤線（南原橋）	上虎岩 M	14,070 3,244
1931	村道亀平橋	下虎岩	220
1932	県道飯田和田線 村道滝平・嵯峨坂線 県道粟沢時又線	柿野沢 上虎岩 下虎岩	5,530 3,180 —
1933	村道滝平・嵯峨坂線 県道飯田和田線 林道大井線 県道粟沢時又線	上虎岩 柿野沢 M 下虎岩	2,500 2,301 1,410 —
1934	県道飯田和田線 村道滝平・嵯峨坂線 林道大井線 県道粟沢時又線	柿野沢 上虎岩 M 下虎岩・知久平	6,056 1,594 — —
1935	林道大井線 県道飯田和田線 県道粟沢時又線	M 柿野沢 知久平・M	3,935 600 —
1936	林道大井線 県道粟沢時又線	M 知久平・M	600 —

出典：下久堅村「長野県下伊那郡下久堅村歳入出決算書」各年度、
　　　同「事務報告並財産表」1934、35年度、下久堅村誌編集委員会
　　　『下久堅村誌』1973年、717、718頁。
注：―は不明。

(3) M集落における林道大井線改修

　林道大井線改修について検討しよう。1932年11月12日のM区会では「多年当区の懸案たる大井線の開発を林道として申請すること」が提案され、「区民一般の諾否」を図ることが決議される。11月15日の区会では「各組内の賛否」が発表され、16ある組のうち「14組は賛成の意向なるを以て前回の方針により開発申請をなすことに決定す」る[36]。このように組という単位で多数決を採ることによって、合意形成を果たすという手法こそ、M区会の特性である（詳しくは第1章参照）。

　林道大井線は改修延長3,982m、総工費3万1,856円（県費補助4分の3、集落負担4分の1）、1933～37年度救農土木事業として村会を通過し[37]、1933年6月には、同年度施行分の県費補助1,600円の交付が決定した[38]。

　翌1934年度には総工費1,200円、200mを改修し[39]、救農土木事業が停止された1935年度については、次のように執行された。すなわち1934年8月22日、県からの「低利資金3,000円を貸与」するという打診に対して、M区会では「大いに熟考を要すべき問題」につき、組に図ることが決議される。8月24日の区会では組の意見が集約され、「意見もありしが結局大多数を以て借入ることに決定」し[40]、預金部低利資金3,000円（年利3分2厘、15年償還）を借り入れ、

265mを改修した[41]。

　林道改修にあたっては、M31助役が県職員と交渉し[42]、また、低利資金の借入は、M31が区長に「強要」し、区会に提案されたものである。すなわち、「林道開発促進」のための「低利資金3,000円借入の件に付き区長と会見し、今晩の区会へ提案のことを強要する所ありたり」と[43]。なお、M31は借入を区会に強制するのではなく、借入について区会に提案することを区長に「強要」しており、集落における合意形成のルールに則って物事を進めたことがわかる。しかし事業施行直前において、新たな問題が生じる。1934年12月、計画路線上の地権者6名より異議申し立てがなされたのである。交渉は難航を極めており、1935年1月には、区会において次の取り決めがなされた。

　　林道敷地問題に関する件　前回の決議により引続き敷地所有者に交渉せしも、解決の曙光を見る能わず。依って最後としてM16、M24両氏に依嘱し交渉すること[44]。

　M16は集落上層の貸金地主であり[45]、M24はM集落の中心部に存立するE寺の住職である。このように集落において最も財産や権威を有する人物が交渉役となった結果、異議を唱える者は2名となり、2名に対して区会は各々150円を支払うことで潰地問題は解決した[46]。

　以上をまとめると、事業の段階ごとに、区会において住民間で合意形成が果たされており、M集落の場合、組単位で多数決を採るという手法が用いられた。また、申請に際して、M31が県職員との交渉役を担い、さらに、難航する地権者との話し合いを財産や権威を有する人物が担当した。区会は、こうした手法を用いることによって道路改修をなし得たのである。

(4) 南原橋（村道黒澤線）県道編入運動

　このような特質は、南原橋（村道黒澤線）県道編入運動においても見出される。南原橋を渡った対岸の竜丘村では、1927年に伊那電気鉄道・駄科駅が開業

しており、南原橋は駄科駅とM集落を結ぶ「須要の路線」となるため[47]、1930年度に改修工事が施行された。前述のように、これにより1931年初頭の段階で、区会は約1,700円の負債を抱えた。県道への編入は、県が道路の維持・管理の主体となることを意味するから、その実現は切実であり、M区会は県道編入運動を開始した。その運動の特質は2つあり、1つは1930年において、前述の貸金地主M16が約155円の費用を立て替えていた点にある[48]。もう1つは、助役であるM31が県職員等との交渉役を担った点にあり、交渉の最終局面について、M31日記を引用しよう。

　　1934年9月9日　昨夜関川県議等と打合の結果に依る関係隣接村より提出の陳情書草案を起草し……関川氏の添削を乞ふべく明日郵送の手配を完ふせり。
　　同年10月27日　M橋県道編入陳情運動のため出県……代田竜丘村長と共に……関川県議全乗じ3人連となり……長野駅に着せり……〔長野県土木部〕道路課に立ち寄り課長と会見し代田氏と共に陳情。
　　同年12月18日　多年運動を続け努力しつつありし彼の駄科停車場南原線〔南原橋県道編入〕も、幸県会へ提出され、諮問案も本日の県会を通過せる旨吉川県議より電報ありたれば、早速吉川関川両議員に村長名義を以て感謝の電報を発送せり。斯くて重大責任を果したる感起り歓喜に堪へず。

このようにM31が村助役として県議、県職員と交渉することによって、はじめて運動が成功したことがうかがえる。以上、道路改修における区会の機能について、上虎岩、M集落を事例に検討した。両集落の共通点は、組という単位で合意形成を図ったこと、集落上層が費用を立て替えたことにある。その一方、両集落の相違点は、M集落の場合、道路改修にあたって、M31による誘導が伴っていた点にある。こうした誘導は行政村運営に何をもたらしたのか。この点は、次に検討する。

2　税務

(1) 課税

　まず、下久堅村税の課税方法について述べる。たとえば、1934年度における村税2万131円の構成は次のとおりである[49]。

　　地租付加税1,619円、特別地税付加税591円、営業収益税221円、家屋税付加税1,678円、特別税戸数割1万6,022円

　このうち、特別税戸数割1万6,022円の内訳をみると、約9,845円（61％）は所得額に応じて課し、約6,177円（39％）は資産状況を斟酌して課している[50]。資産状況はどのように測定するのか。下久堅村は次のように説明する。

　　納税義務者の所有資産、債券、株式、山林立木価格、預金、負債、無尽の掛返及貸金の有無、其他の状況を調査して、其の資産状況の良否を測定し、其の資力に相応する賦課額を配当する次第なるも、之が調査に関しては非常に苦心を要し、各種の方面について測定する同時に、各区〔区会〕に之を諮問するものとす。而して各区に於ては区内の自治組合〔組〕の審議に附して各人の状況を測定せしめ、之に基き当該区の者の分を其区に於て再調査の上意見を附して、村長に答申せしむるの方法に依り之等を主たる参考資料として資力を測定するものとす[51]。

　その模様をM31日記によって再現すれば、「夜は戸別等級割諮問につき、組合協議会」すなわち、組の会合「を自宅に開き、本年度異動すべき者の調査をなし、組合員の意見を決定」（1937年4月16日）し、3日後に「区会へ出席し、戸別等級の審議をなす。各人の利害問題のこととて非常に時間を費し、12時頃に及び決定」するという手順となる。すなわち、「各人の利害問題」であるにもかかわらず、組、区会が、家同士の資産を把握し、賦課額を決定し得たこと、

換言すれば、課税という局面において、集落が機能したことがうかがえる。

(2) 村税滞納

前章でみたように、下久堅村では地方改良運動以後、村民に納税の観念が浸透した。ただし、昭和恐慌期において村税滞納が生じた。1934年1月現在、滞納額は約5,700円に上り、教員給与が支払不能となりつつあった[52]。これを受けて翌月、村会は「下久堅村納税奨励規程」を議決した[53]。その内容は、村税完納が果たされた組に1戸当たり30銭の奨励金を与えるというものである。つまり、納税という局面において、組を利用することが計画された。

しかし効果はなかった。1935年になると「村税滞納甚しく」、財政は「其例を見ざる程窮迫」した[54]。こうした事態を受けて9月、村会は「村税其の他徴集に関する条例」を議決した[55]。その内容は、期日までに納入しない場合、「納期限後20日迄に催促状を発」し、「30日目迄に滞納処分に着手す」という強硬なものであり、11月には「滞納者500名に対し、催促状を発送」した[56]。このように、村税滞納は、地縁組織としての組を利用することによっても解決されなかった。

(3) 滞納の要因

村税滞納の要因は何か。それは昭和恐慌を受けた村民の「窮乏」[57]だけでなく、下久堅村における政策執行のあり方にも求めることができる。前述のように、同村では、集落間が「山又は川に依」り「区画」されていることにより、とくに土木事業において、各集落が均等に利益を得ることは困難であった。したがって、事業によって利益を得る集落のみが負担するという「慣例」が存在したが、それにもかかわらず問題が生じた。村政に対する「反抗の武器」として、集落を単位とする村税滞納が発生したのである。

村税滞納者率を集落別にみると、集落間で著しい違いがあり、最も滞納者率が高い小林集落は89%であるのに対し、最も低いM集落は15%である[58]。両集落の差は、土木事業の恩恵の差にあり、小林の道路は、1930～36年度におい

て1度も改修されていない。Yという村会議員[59]に対して、M31は次のような「詰問書」を認めた[60]。

　「本村の方針として、林道は砂防工事と仝様に本村の特種事業として、村名義を以て施行する場合も、其筋よりの交付金以外の事業費は全額関係者負担として、村費支出を要せざることを村会に於て先年協定されたので、M区に於ても已を得ず負担を覚悟して、其条件の下に林道開設に着手し、今日迄協定を確守して年継続施行し」てきたにもかかわらず、Y村議は、行政村「当局が小林部落に林道計画を実施せざりしことを非難し、而も公然と林道M稲葉線の計画を彼是批判」されていますが、「小林部落に於ても本村の協定に基く条件を確守して、其負担を覚悟」することができていますか。

　林道、砂防工事は村費を出さず、集落が自己負担するという協定が「先年」より存在しており、こうした協定によって、集落間の平等が担保されていたこと、それにもかかわらず、小林の住民はMの道路改修に不満を抱いたことがうかがえる。その一方、最も納税成績の良いM集落において、1936年1月、区会はM31に次のような感謝状を贈った。

　君は本村助役就職中黒澤駄科停車場線の県道編入を始めとし、多年の懸案なりし大井線を林道として新設に着手し、粟沢時又線の改修等の交通問題に、或いは大井取水口の新設、大井〔用水路〕の改修等の為め、職責上とは雖犠牲的精神を以て時には私財を投じ、画策運動せられ、本区の交通政策、耕地改良事業の為め、尽力せられたる功績誠に大にして筆紙のよく尽す能はざる処なり[61]。

　さらに、住民にとってM31は日常的に「相談」できる存在であった。『M31日記』を示せば、「帰宅後区長来訪され、耕地事業費割当の件につき相談を受

くる所あり。之が交渉方法等に関して意見開陳し、区長は直に関係部落打合会に出席すべく役場に至る」(1934年5月23日)、「早朝、○○来り、自作農創設資金借入申請の件につき、書類調査を乞はれ之がため1時間余りを費せり」(1936年3月20日)と。

　すなわち、昭和恐慌対策として補助事業が広範に展開し、これを融通する主体として、行政村の集落に対する役割が高まる[62]。行政村は国県からの政策を受け止めるというだけの存在ではない。とくに土木事業について、村内のどの箇所において工事するのかについて、行政村は、ある程度の裁量の余地を有している[63]。

　政策執行に際しては、いわゆる技能を要する。その技能とは、地域の課題を解決するのはいかなる政策か、その政策はいかに交渉し、申請すれば、採択されるのかを熟知し、行動することを指す。M31は、こうした技能を有する突出した存在であった。M31は、M有志による「後援」会を擁し(後述)、M区会執行部でもある[64]。したがって、集落間の平等が協定され、それが遵守されていても、M31の技能によって、M集落に利益がもたらされる。それゆえ、集落間で不平等が生じ、集団的な村税滞納が発生したといえる。

　M31助役は本家筋であるものの、経済的には中層である。明治大学を卒業した、いわばエリートであり、優秀な「官僚」であったといえる。ただし、「山又は川に依り」集落が隔てられるという地理的な制約によって、行政村を単位とした行動が選択しにくかったといえる。

　最後に、下伊那郡内各町村のなかで、下久堅村の村税納入率はあくまで中位であったことに留意する必要がある。すなわち、下久堅村における1934年度納期内納入率は69％であり、下伊那郡内43町村中21位(うち2村不明)であった[65]。下久堅村における政策執行のあり方は、下伊那郡内においていかに位置づくのかは、本章「おわりに」で考察する。

3 経済更生運動

(1) 下久堅村

経済更生運動の執行過程について検討する。M31助役からみれば、経済更生運動の執行にあたり、村長は無力であった。

> 村更生計画樹立問題に及びたるも村長として何等の方針もなく、3氏〔村議3名〕より反対に指導さるる傾向にて見兼たれば、余が計画についての意見を発表し、3氏の同意に基き、近く〔経済〕更生委員会を組織すると同時に実行にかかることとなりて散会せり[66]。

こうしたなかで1936年3月、下久堅村経済更生計画が樹立された。その項目は「一般金融の改善」・「負債整理」・「生産及び販売の改善」・「商工業の振興」・「生活改善」である[67]。結論を先取りすれば、下久堅村における行政村単位の経済更生運動には見るべきものがない。政策執行の初期段階で次のような問題が生じたからである。1つは集落間対立であり、経済更生運動開始早々、「知久平及虎岩区長等より」、経済更生「特別委員選任洩の不満の叫び」が起きている[68]。

もう1つは、村役場吏員の規範の欠如である。この問題を契機として、M31は助役を辞任しており、以下ではその経緯について説明しよう。1934年9月の段階で、「村長の外他の吏員は午睡をなし、且つ囲碁に熱中し、事務を困却する」有り様であり、村役場は吏員の勤務態度を監視し、矯正する機能を有していなかった。こうした事態は「村民の知る所となり、役場吏員に対する批判の声」が噴出した[69]。一部の村議は「私設村会」を開き、吏員の「刷新」について話し合った（1935年10月24日）。「私設村会」に招集された村長は、吏員批判に終始し、村長と吏員のあいだに大きな溝が生まれた（11月18日）。村長と吏員の対立は、村長とM31助役との対立を意味した。村長は、ある村議に対して「自己の任期を全ふせんとする目的より助役」が「余を非難すること甚しく、

現助役が勢力を有する中は後任村長たる者なきが如き暴言を吐」いたという（12月11日）。

1936年4月1日の経済更生委員会では、「更生の一歩として、吏員の改革方針」が議論された。3日、M31は「書記等と雑談」したところ「Y氏の村長支持の内意等を耳にし」、村長の背後で、Y村議が暗躍していることが判明した。Yとは前述のように道路改修において、M31と対立した人物である。4日の経済更生委員会において、M31は「余が意見と決心とを」述べて、「村長の意志」を探ろうとしたところ、村長は「例に依り愚痴が出るのみ」であった。5日、M集落内において「余が後援者協議会」が開かれ、有力者5名が集った。ここでは「余が採るべき途」が協議され、「此際辞表を呈出し、以て村長の処理方法に応じて対策を樹つることに決定」した。

7日、M31は辞表を提出する。村長は「非常に面を喰らいたる態にて」、「余を馬鹿者呼ばわりして狼狽の余り大声を発し」たが、M31は「其のまま帰途に就」いた。24日、村会においてM31の辞表が受理された。Y村議が他村から助役を招聘しようと、村長にM31の辞表を受理するよう促していたのである。M31は「今回の辞職に付ては、村長〇〇、村議Y両氏の自己主義に依る策に乗せられたる由なるものにして永久忘るべからざる」と認めた。

M31の辞職によって、行政村単位の経済更生運動は支柱を失った。M31は次のように認める。「昨夜の更生委員会の状況聞き、余りに委員等の熱意なき様子を察し、本村の更生計画」は「最早や力説の反響もなきが如し」と（1936年5月3日）[70]。M31の表現を用いれば、経済更生運動では「第1に立案者当局」、すなわち行政村が「一身を省ずして血と汗とによる大勢力の決心がなければ村民を動かすことは六ヶ敷、遂には死物とな」ったといえる[71]。

(2) M集落

その一方、1936年4月よりM集落では、集落独自の経済更生運動が展開された[72]。その中心人物、すなわちM集落経済更生委員会のメンバーはM31に加え、前述の貸金地主M16、住職M24、さらにはM40（M31の甥、農地改革

前13.8反所有地主)、M72（村議、農地改革前3.4反所有小自作）の5名であったが[73]、やはり政策執行の技能を有するM31の果たした役割は大きかった。更生運動の内容は（ⅰ）「所在土地所有者調」、（ⅱ）区会「予算編成並区費賦課徴収規程起草」、（ⅲ）区有金貸付整理、（ⅳ）負債整理、（ⅴ）副業導入（和傘製作）の5点であり、（ⅰ）・（ⅱ）・（ⅲ）は達成する一方、（ⅳ）・（ⅴ）は挫折している。以下、その各々について検討しよう。

（ⅰ）「所在土地所有者調」は、M31が原案作成、土地測量の両方を担っており、1937年3月に「先日来測量せるもの全部の計算を完了」している[74]。（ⅱ）区会「予算編成並区費賦課徴収規程起草」は、1937年1月、M31が「着手」した[75]。「従来の」区会会計は、「乱雑」であり、「会計を統一するに非常に困難」が生じたが、2月10日には、その「立案」を終え[76]、1937年度「より実施することにな」った[77]。

（ⅲ）区有金貸付とは、少なくとも1902年には存在していた、区会運営において生じた剰余金を、集落住民に低利で貸し付ける制度であり、その金額は少額であった[78]。1936年12月、M31は「来年度全額償還半額割引、以後1年を経る毎に割引歩合を5分減じ」、「5ヶ年間に整理を完ふすべき方針」を立案し、区会において「満場一致を以て承認された」[79]。その後、1938年11月12日のM31日記には、「区有金貸付整理のため委員として、○○氏と全伴にて催促に廻り8時半頃帰宅」とあり、整理が進行していることがうかがえる。その後、1939年までの間に整理が完了したものと推定される[80]。

挫折した（ⅳ）・（ⅴ）について検討しよう。（ⅳ）負債整理について、下久堅村全体の負債額は約92万円であり、全605中602戸が負債を抱えていた（1935年)[81]。M31は「無尽整理草案につき、1人研究」し、M区会更生委員会において「無尽整理立案の件を諮り」、「一定の方針」が「確立」する（1936年12月22日)[82]。翌日には「一任されたる本区の無尽講整理規定原案の起草に着手し、午前中を費して完結」し、区会においてその実行が決議された[83]。

しかし、1937年1月10日のM区会更生委員会では「M16氏が今後更生委員脱退の旨にて明日辞職の意志表示あり」、「一全は之に取合はずして協議を進め、

無尽整理案実施綱領等を決定」するという事態が生じた。さらに「M16氏に面談の上、時局問題に対する意見を問ひ、区の更生運動の件に及びたるも、元来方針を異にせる氏の意見に耳を傾ける要を認めざれば論ずるに及ばず」(1937年1月17日)といった状況となり、M16は経済更生運動から離脱した。前述のようにM16とは集落上層の貸金地主であり、林道大井線の潰地問題をめぐって交渉役を担い、また、南原橋県道編入運動の費用を立て替えた人物である。なぜM16は離脱したか。これを直接的に示す資料は存在しないが、先行研究が明らかにしたように、負債整理事業は集落上層(貸し手)の「譲歩」によって解決される[84]。M16はこうしたリスクを早々に回避したことによって、集落全体の負債整理が挫折したものと推定される。

　(v) 副業導入(和傘製作)について、最も熱心だったのはM40である。M40、M31は「鶴亀紙製作」について村農会技手と相談し(1936年9月28日、10月1日)、「調査」のため、隣村を視察した(12月20日)[85]。さらにM40の自宅において、技手とともに「家庭工業として適否」を「研究」し、副業として和傘製作を導入することを決議した(12月23日)。これを受けて、M31は「M区授産事業施設組合規約草案」を作成した(1937年1月4～9日)。

　しかし、M40、M31によって準備された和傘製作は、「失業者多きにも係らず傘の希望者意外に少なき」ことが判明し(2月7日)、また「更生運動に対し区民の理解なきこと」が露呈し(2月9日)、「遺憾ながら区の〔更生〕計画より分離」することになった(2月24日)。その後、和傘製作講習会参加者に対して「僅1日10銭足らずの工賃」を支払い(3月4日)、M集落において和傘の話題は消滅した。このように、M集落の経済更生運動は、「乱雑なりし会計」や、区有金貸付等を整理することによって、その後の区会運営の効率性を高めたという意義を持つ一方、経済更生運動の眼目といえる負債整理や副業導入は挫折した。こうした点は何を含意しているのか。本章「おわりに」で考察する。

第2章　昭和恐慌期における政策の執行　87

第4節　清内路村

1　部落有林を用いた「政策」

(1) 炭窯場割当

　本節では清内路村の経済更生運動にいたる過程を検討する。昭和戦前期の清内路村では、養蚕業の不振によって貧困対策が課題となった。1927年には、次の建議がなされている。「繭価下落の為め、区民各自の経済上莫大の影響を及ぼし、収支の欠損甚だしき者多し。此時に当り施業案実施の為め、共有山炭窯場は停止され、職を求むるに職なく、区民（殊に所有林なき者）は、生活上の恐怖の度を増すこと甚敷」、「故に、炭窯場開放の速進運動を起し」てほしいと[86]。県と交渉し、施業案区域内を炭窯場として開放するよう求めたのである。

　この要求は実現し、1928年、「県当局の諒解により、其一部の開放を見」ることができた[87]。開放箇所での炭焼きについて、区会は規約を制定した。それが、下清内路区会「炭窯場割当規約」（1929年11月8日）である。この規約は、「下層民救助の意味を以て、之が窯場の割当に重きを置き、区民全般の生活状態を円滑ならしむるに勉め」ることを目的とした[88]。下清内路におけるはじめての長期的な貧困対策であった[89]。ただし、実質的に、炭窯は本籍者にのみ割り当てられた[90]。

　炭窯場割当規約では、村税戸数割等級（全35等級）に基づき、住民を4階層に区分した[91]。そのうえで、向こう25年間に第3階層、第4階層（最下層）は各々8回、第2階層は6回、第1階層（最上層）は3回にわたり、炭焼きの機会を与えた。小島庸平は、次の現象や視点を見出している。第1に炭窯税は木炭1俵に対して1等地6銭、2等地5銭、3等地4銭であり、炭窯税を滞納した場合、炭窯の抽籤権が停止された点である。第2に、炭焼き開始前に炭窯税の3割を徴収する方式が採られた点である。第3に、第1・2の利用方式によって、下層の炭窯割当への参入が困難となり、中層が最も炭窯を利用する結果

となった点である[92]。

　また、次の点が指摘しうる。炭窯場割当規約第9条では「自ら製炭に従事せざるものは自己の名義を以て他人」に炭窯を貸与することを禁止した。しかし、1934年の建議書・陳情書には、「移住者〔移入者〕にして施業案割当窯場を買受け、製炭しつつある者に対しては、区の割当窯場の規定に依り、速に処分をなすこと」という記述がある[93]。これにより、割り当てられた者と、製炭していた者とは別の人物であること、すなわち、実際において、利用資格を有さない移入者が製炭していたことが判明する。

　こうして、炭窯場割当を実施したことにより乱伐が生じた。ある住民は、「貧民救済の意味を以て」炭窯場割当が実施されたが、「愛林思想の念なくして、現今の所乱伐に等しく」、このような「愛林思想の観念無き行動」によって「山林の特質、才能を失」ってしまうと訴えた[94]。加えて、炭窯場割当規約第11条では、育林の観点から「10年以下の樹木」の伐採を禁止している。それにもかかわらず、「真面目に禁伐木を保存したる者に対し、奨励金を交付すること」という建議が存在しており[95]、禁伐木が伐採されていたことがうかがえる。

　清内路村は県に対して、次のように報告した。「本村の山林は、大正年間は相当植林されたるも、現在に於ては皆伐採せられて山林収入も激減し、施業案の実施を痛感す」と（1938年）[96]。ただし、1点の留意が必要である。それは、1937・38年の段階において林産物生産額は、1931～33年の段階よりも上昇した点である[97]。乱伐が生じながらも、禿山には至らなかったといえる。

(2) 立木売却

　炭窯場割当は炭窯税の滞納を招いた。同時に、開墾税などの滞納も著しかった。炭窯税・開墾税等の区会予算と決算の差は、昭和恐慌期において大きくなっている[98]。

　こうした事態を受けて区会は、1935年、滞納整理、貧困対策のために、禁伐区域の立木を売却した。住民は「時局不況の為め、農村〔への〕影響は甚大で有ります、況や吾村の如きは貧弱村なる為、其の打撃は重大化し、実に経済難

局と相成り、実に困り居り候」という理由から、立木売却を建議した[99]。こうした要求を背景として、実施されたと考えられる。

　前述のように、禁伐木は区会規約において「村内非常の場合」、区会の「協議を経て」伐採すると規定された。区会は、恐慌下の窮乏を「非常」と判断し、1935年10月の区会において、立木を売却し、その収益を集落住民に配当することを決議した[100]。配当金は計9,332円、185家に対し50円、「新戸」6家に対し10円である（1戸当たり）[101]。また、とくに救済を要する2家に対して、それぞれ11円が追加された[102]。これにより、住民の区会に対する負債についてのみ、ほとんど解消された。ただし、移入者は配分の対象外となっている[103]。

　翌1936年、さらに住民は建議した。「多量の積雪」により山稼ぎが十分にできず、また、救農土木事業は、「各人の体質により適不適は免れざる」ものであるから、立木を売却して欲しいと[104]。この建議は保留になったが、1940年になって区会は、もう1度立木売却を実施した[105]。

2　急速な統合——県の介入を契機とした経済更生運動の執行——

　部落有林を用いた恐慌対策には限界があった。1936年の長野県調査によれば、清内路村民のほとんどが負債を抱え、1戸平均負債額は800円にのぼった。負債の主な要因は「繭価暴落」37％、「米価高」27％、「事業不振」12％である[106]。同村は米移入地帯であることから、「米価高」も負債の要因となった。なお、1936年の1戸平均負債額は800円、35年の立木売却配当金は1戸50円である。立木売却はある程度の意味を持ったものの、集落住民の生活を安定化させるものではなかった。

　このような状況において、県は清内路村に介入した。1936年8月、長野県経済部は、下伊那郡43町村（組合村を1村とすれば39町村）のうち、清内路村を含む10村を「貧弱村として、其の内容を詳細に調査」した[107]。10村とは清内路、平谷、浪合、豊、神原、泰阜、和田組合（和田、南和田、八重河内、上村、木沢）、富草、上久堅、大鹿各村である。「貧弱村」10村は、いずれも山村に該当する。前述のように、下伊那郡は、その地理的条件から、竜西・竜東・山間地

に区分することができる。竜西は天竜川西岸部、竜東は天竜川東岸部を指し、この地域を囲む形で山間地の各村が存立する。「貧弱村」10村のうち、9村は山間地、1村は竜東の奥地に位置する[108]。

長野県経済部は、「貧弱村」の共通性として、以下を挙げた[109]。山村という「地勢の関係上、従来、国県その他指導機関の指導・奨励の普及・徹底を期せられざりしこと」、山村ゆえに「耕地面積狭小にして、主要食糧の自給を欠き」、「耕地は一般に地味にして、農業収入の主軸をなす耕地収入少な」いこと。

同時に長野県経済部は、「貧弱村」において、行政村の統合力が弱いことを問題とした。具体的には「中心人物に乏しきこと」、「村民の自覚不充分なること」を挙げ、経済更生「運動は〔行政〕村当局者の熱意に比例するもの」であるが、これら「貧弱村」は行政「村当局者の更生運動に対する意気を欠きたる」と。

さらに、長野県経済部は、これら「貧弱村」に対して「更生指導に当らんとす」ること、「貧弱村経済更生特別指導村を設置」することを構想した。このように、県の介入を受けた行政村は、恐慌下の山村窮乏という条件に、行政村の統合力が弱いという条件が重なっていた。

「貧弱村」指導が開始された1936年9月の時点で、満洲分村移民は計画されていなかった[110]。その後、同年11月、長野県経済部(下伊那出張所)は、満洲分村移民に関して協議した。ここでは、「経済更生にからまった移民」であること、「下伊那へも5カ村位の配当がある」ことが示された[111]。同年12月、長野県経済部は、「貧弱村」5村を「満洲集団移民村」に選定した。5村とは清内路、上久堅、泰阜、和田組合、浪合各村である[112]。また、同月、すべての「貧弱村」10村を対象として、満洲移民送出の「徹底を期す」ための講演会、座談会を開催した[113]。以後の経緯は不明であるが、「貧弱村」より、1938年度には清内路村が、1939年度には泰阜村、上久堅村が経済更生特別助成村に指定された。いずれも満洲分村移民が更生計画に含まれた。

清内路村では、1937年7月13、14日、県職員10名が来村した。その構成は、県地方事務官1名、県属2名、県企画課技師1名、県林務課技手2名、県経済

部下伊那出張所3名（所長含む）、蚕業取締所員1名である。県職員と、清内路村民50名は、「疲弊せる同村の今後生きるべき途、即ち更生計画に就て」、「熱心に講究、検討し」た。その結果、産業組合の設立が「目下の急務」と判断され、「急速に設立を行ふこととなった」[114]。

　また、清内路村、泰阜村をみる限り、県職員が更生主事という役職に就いて、経済更生運動の事務を担当した。清内路村の更生主事には、下伊那郡喬木村の人物が着任した。この人物は、喬木村の負債整理事業を「独力で」推進した実績を有し、「其の手腕を買はれて」清内路村に配属された[115]。これも、県の介入を示す事例である。

　表2-4は、清内路村経済更生運動の計画と実績であり、行政村単位の産業組合など各種施設が整備された。満洲移民については、その後、分村移民こそ中止となったものの、近隣4村からなる分郷移民により、村民の18.9％（369名）が渡満した。その送出率は、上久堅村と並び、下伊那郡内で最も高い[116]。

　清内路村では、1938年11月、経済更生運動の執行のために、行政村単位の「村民大会」が開催された。村民の多くが参加し、負債整理を行政「村一同として解決」することなどが決議された[117]。行政村単位の産業組合が新設されたことと合わせると、経済更生運動によって、行政村の統合力が強化されたことが示唆される[118]。

　清内路村のような経済更生運動のあり方は、同村に限ったものではない。前述のように、県指定「貧弱村」は、清内路村を含む10村である。実際に、県の「貧弱村」指定を経て、経済更生特別助成村になったのは、3村である（清内路村、泰阜村、上久堅村）。いずれも、恐慌下の山村窮乏という条件、行政村の統合力が弱いという条件を有する。恐慌下の山村窮乏について、具体的にみておくと、1戸当たり負債額は上久堅村1,446円（「貧弱村」10村中1位）、泰阜村890円（同4位）、清内路村800円（同6位）である[119]。行政村の統合力が弱い点について、3村のいずれも、行政村有林がほとんどなく、部落有林が存続している[120]。

　「はじめに」で述べたように、かつて石田雄は、経済更生運動のあり方を「上

表 2-4　清内路村経済更生運動の計画と実績

(単位：円)

特別助成		
計　　画		実　　績
経済委員会運営	460	完了
部落常会設置	60	1940年完了
養蚕技術員設置	2,100	―
更生主事設置	980	完了
負債整理	150	1942年度完了見込
記帳奨励	875	―
改良和牛増殖計画	3,900	―
サイロ原型設置	60	―
満洲分村移民	19,500	分郷に変更
共同収益地設置	4,000	1942年完了、事業費3,808円
農林道場設置	2,210	中止
産業組合購買・販売・利用部事務所建設	13,072	1940年完了、事業費13,149円
共同木牧場設置	3,702	中止
木炭倉庫設置	3,008	1940年完了、事業費5,082円
蚕種冷蔵庫、催青所設置	1,510	1941年完了、事業費3,285円
農産加工場設置	1,500	1942年完了、事業費6,343円
医療施設拡充	2,100	1942年完了、事業費5,270円
別途助成		
林道開設	210,000	中止
堆肥舎設置	8,000	―
移動製材機設置	1,850	―
水路改修計画	2,000	―

出典：清内路村『清内路村経済更生計画及び其の実行費』1938年、同『昭和十三年度指定経済更生特別助成経済更生計画と其実績』、清内路村誌編纂委員会『清内路村誌』下巻、1982年、109～116、130～134頁。
注：―は不明。

からの権力的統合」と着想した。これに対して森武麿は、経済更生運動において、中農上層による農民「経営の原理」という、いわば「下からのエネルギー」が存在する点を対置させた。こうした研究動向と、本書を照合すると、森が示したパターンを有する行政村は存在し、それは本書の指す「模範事例」である。ただし、それとは別に、山村窮乏著しく、行政村の統合力が弱いという条件において、「権力的統合」（石田）とでもいうべき要素を持つ県の介入を契機として、経済更生運動が執行されたといえる。

下伊那郡でいえば、経済更生特別助成村は8村である。推定を交えると、森説が妥当するパターンは大島村、三穂村、川路村、千代村、根羽村の5村であり[121]、石田の着想が体現されたパターンは清内路村、上久堅村、泰阜村の3村である。

さらに、先行研究整理を付け加えると、経済更生運動は第1期（1932～35年）、第2期（1936～38年）、第3期（1939～41年）に分かれる[122]。県の介入を契機とした経済更生運動は、特別助成が開始された第2期に登場している。高橋泰隆は、政府資料を用い、特別助成制度によって「窮乏町村」が更生村に指定されるようになったことを指摘する[123]。高橋に対して本書では、こうした「窮乏町村」の存在を具体的に示しただけでなく、「窮乏町村」が指定を受ける背景には、県による「介入」が存在したことを明らかにした。

さらに農林省は、「町村民克く融和」していることを、特別助成を受ける要件とする一方[124]、下伊那地方では清内路村、泰阜村、上久堅村という、行政村の統合力が弱い村も、特別助成村に指定されている。こうした政策と実態の乖離は、長野県が「貧弱村」指定を行ったことから、県の段階で政策変容が生じたといえる。

介入した側、すなわち、長野県庁といえば、満洲移民送出を農政の根幹に据えていたことが知られているが[125]、本書で明らかにした、県の介入、すなわち「貧弱村」の設定・指導と、満洲移民との連関は、いかなる研究も言及していない[126]。しかし、清内路村、上久堅村、泰阜村にとって、その介入は移民送出の決定的な契機となった。今後は、同じ満洲分村移民であっても、県の介入を契機とした行政村と、それを契機としない行政村では、その計画段階に限り、区分して論じる必要がある。

第5節　おわりに

1　分析結果

　分析結果をまとめよう。第2節では、「模範事例」について述べた。すなわち、行政村主導のもと、経済更生運動が実施され、生活改善（禁酒）、負債整理、農業経営の多角化などが行われた。その際、政策が執行しやすいよう、集落の組織が再編され、行政村という単位で住民が統合された。

　第3節では、下久堅村の事例を検討した。同村では、経済更生運動の検討だけでなく、昭和恐慌期における行政村の政策執行において、集落や地縁組織としての組がどのように機能したのか（しなかったのか）を実証した。その際、集落リーダー層の持つ規範がいかなるものであったのかに着目した。

　下久堅村の政策執行において、集落（区会）や組は、道路改修における住民の利害を調整し、家々の資産を把握し、村税賦課額を決定するという機能を有した。その一方、村税滞納整理や経済更生運動といった問題について、集落や組は機能しなかった。

　集落リーダー層が持つ規範はいかなるものであったか。下久堅村、なかでもM集落の事例からは、M31の知識や技能だけでなく、集落リーダー層の規範が明らかとなった。すなわち、財産や権威を有する集落リーダー層は、集落を単位とする事業の費用を立て替え、難航する地権者の説得を担当した。加えて、上虎岩、M集落では、区会において組の単位で意見を突き合せるという手法で合意を形成しており、とくにM区会では、組単位の多数決原理が貫徹していた。これは、資金（貸金地主M16）、権威（住職M24）、知識（助役M31）を有する集落リーダー層が、集落住民の合意を得ながら物事を進めていたことを意味する[127]。その一方、こうした集落リーダー層の規範は、リーダー個人の利益に反しない政策においてのみ発揮されるものであり、M集落の負債整理事業は、M16の離脱によって挫折した。集落リーダー層は経済更生運動の

担い手たりえず、集落を単位とした経済更生運動は挫折した。

　第4節では、清内路村の事例について検証した。昭和恐慌期において集落は、部落有林を用いた貧困対策を実施した（炭窯場割当、立木売却）。しかし、山村の窮乏著しく、その効果は限定的であった。こうした状況において長野県庁は、清内路村に介入し、経済更生運動を執行した。下伊那郡の経済更生特別助成村でいえば、大島村含む5村では、森武麿等が示したように、行政村内の農村中心人物・農村中堅人物の動向を契機として、経済更生運動が展開された。本書で言う「模範事例」に該当する。その一方、清内路村、上久堅村、泰阜村の3村では、「権力的統合」（石田雄）、とでもいうべき要素を持つ県の介入を契機として、経済更生運動が執行された。このように、森武麿説が該当する経済更生運動と、石田雄の着想が体現された経済更生運動の両方が存在したのである[128]。後者の清内路村、上久堅村、泰阜村の経済更生運動は、恐慌下の山村窮乏という条件に、行政村の統合力が弱いという条件が重なって生じた。県の介入には、満洲分村移民政策が内包されていた。県による「貧弱村」設定・指導と満洲移民との連関を明らかにしたのは、本書がはじめてである。

2　含意

(1)　農村再編の3パターン

　経済更生運動は、「模範事例」において、行政村主導のもと進展した。その一方、県指定「貧弱村」の10村、なかでも清内路村、泰阜村、上久堅村では、県が介入し、経済更生運動が執行された。県指定「貧弱村」に比べれば、行政や村の経済が安定していた下久堅村は、県の介入を受けることなく、経済更生運動に挫折している。

　森武麿の論考[129]、および大石嘉一郎、西田美昭等の共同研究[130]は、ともに昭和恐慌期を農村再編期と位置づけている。これに対して本書では、農村再編、ひいては、農村統合のあり方は、決して一様でなく、①「模範事例」、②下久堅村、③清内路村に代表される県指定「貧弱村」の3種類に分かれることを示したといえる。

(2)「自治村落」と行政権力

　前述のように、下久堅村では、道路改修における利害調整、家の資産の把握・村税賦課額の決定という局面において、集落、組は機能する一方、村税滞納整理、負債整理、副業導入といった事業について、集落、組は機能しなかった。

　以上の分析結果を先行研究と接続させれば、齋藤仁、大鎌邦雄は、政策執行における集落の限界面について指摘している。齋藤は近代集落について、小農の「生産と生活の外延部分を結んでいるにすぎなかったのであって、その意味で根底からの共同体ではなかった」と述べる[131]。大鎌は、経済更生運動のうち、生活改善運動を事例に、「衣食といった「家」の深部に直接触れる」事業は成功し難かったと指摘する[132]。

　下久堅村の場合、農家経営の「外延」と「家」の「深部」（内包）とはどこで線引きされるのか。同村では、課税の局面において集落・組が機能し、納税の局面において機能しなかったことから、課税までを「外延」の事柄、納税からを「家」の「深部」の事柄と区分することができる。「自治村落」（集落）の力によっては、「家」の「深部」に介入できなかったのである。その一方、「模範事例」をみると、負債整理、簿記記帳、生活改善（禁酒）など、「家」の「深部」の事柄を、経済更生運動の執行によって解決している。「模範事例」と下久堅村の違いは何か。それは、行政権力、言い換えれば、行政村レベルにおけるリーダーシップの有無である。さらにいえば、こうした行政権力（行政村レベルにおけるリーダーシップ）[133]が極めて弱い場合、清内路村のように、県という行政権力が登場し、介入した。

　以上、本章では、（ⅰ）「自治村落」（集落）の規範に依拠して達成される政策、（ⅱ）「自治村落」の規範だけでなく、行政権力が加味されなければ達成できない政策の両方が存在することを指摘した。こうした意味で政策執行における集落の有効性は限定的に捉える必要がある。

(3) 差異を生む要因——地理的条件——

　それでは「模範事例」、下久堅村、清内路村をはじめとした「貧弱村」は、いかなる条件において存立するのか。前述のように、下伊那地方は、その地理的条件から、竜西・竜東・山間地に区分することができる。竜西は天竜川西岸、竜東は天竜川東岸を指し、この地域を囲む形で山間地の各村が存立する。竜西が最も平坦地が多く、竜東がこれに続き、その呼称のとおり、山間地が最も平坦地が少ない。表2-5では、竜西・竜東・山間地に分けて、経済更生運動における「模範事例」と、県指定「貧弱村」を記した。

　これをみると、竜西に「模範事例」が集中している。その一方、山間地に県指定「貧弱村」が固まっている。下久堅村のある竜東は、竜西・山間地の中間地帯であり、「模範的な」行政村もあれば（河野村、千代村）、県指定「貧弱村」（上久堅村）もある。

　このように、地理的条件に応じて、政策執行のあり方が異なっている。なぜ地理的条件により異なるのか。それは、前章と本章で示してきたように、「山又は川に依り」集落間が隔てられるほど、政策執行主体たる行政村は、統合力を持つことが困難になるからである。

　さらに、竜西・竜東・山間地を比較しよう。表2-6は農業生産力、表2-7は地主的土地所有の展開度（小作地率）を行政村別に示したものである。これをみると、農業生産力は竜西が最も高く、山間地が最も低い傾向にある。また、地主的土地所有は、竜西ほど進行している。竜東は、いずれの指標においても、中間地帯といえる。

　農業生産力や地主的土地所有の差は、何を要因とするのか。これも地理的条件である。すなわち、平坦地を含んだ竜西では、農業生産力が高く、地主的土地所有が進行している。その一方、山間地では農業生産力が低く、地主的土地所有が相対的には進まない。

　農業生産力の高い、経済的に豊かな行政村ほど、行政村運営は円滑なものとなるだろう。また、有力な地主兼村長は、地主的土地所有の進行した行政村において、誕生しやすいだろう。その一方、地主的土地所有が、相対的には進行

表 2-5　経済更生運動等の状況、集落組織再編の様態（下伊那郡各町村）

地帯区分	行政村	経済更生運動等の状況	A 農事実行組合（農家組合）数	B 養蚕実行組合数	C 農事・養蚕の組合長が異なるもの	D 部落常会数
竜西	大島	○1936年経済更生特別助成村	26	26	16	29
	山吹		23	24	16	28
	市田		31	30	20	47
	座光寺		14	12	4	15
	上郷	○1937年経済更生基準村	29	29	0	47
	鼎	○1938年経済更生特別助成村（候補）	21	21	1	34
	松尾	○1938年内務省より「模範村」として表彰	11	10	1	11
	竜丘		22	21	2	30
	川路	○1938年経済更生特別助成村	8	8	0	8
	三穂	○1936年経済更生特別助成村	13	13	0	14
	伊賀良		33	30	4	34
	山本	○1938年経済更生特別助成村（候補）	28	28	0	28
竜東	千代	○1939年経済更生特別助成村	21	18	10	11
	龍江		39	29	18	31
	下久堅		45	14	31	44
	上久堅	1936年県指定「貧弱村」→1939年経済更生特別助成村	22	22	4	22
	喬木		65	67	21	59
	神稲		29	39	14	20
	河野	○1938年経済更生特別助成村（候補）	19	19	2	19
	生田		16	16	1	17
山間地	清内路	1936年県指定「貧弱村」→1938年経済更生特別助成村	8	8	0	10
	会地		10	10	0	20
	伍和		13	10	1	10
	智里		13	13	4	13
	浪合	1936年県指定「貧弱村」	9	9	9	9
	平谷	1936年県指定「貧弱村」	11	7	4	12
	根羽	○1937年経済更生特別助成村	21	19	19	21
	下條		24	14	8	28
	富草		23	14	22	20
	大下条	1936年県指定「貧弱村」	29	29	0	29
	豊	1936年県指定「貧弱村」	11	11	7	18
	旦開	1936年県指定「貧弱村」	15	12	10	15
	神原	1936年県指定「貧弱村」	7	7	4	7
	平岡		16	16	—	21
	泰阜	1936年県指定「貧弱村」→1939年経済更生特別助成村	21	19	16	20
	大鹿	1936年県指定「貧弱村」	26	25	25	25
	和田組合	1936年県指定「貧弱村」	35	40	21	53

出典：「部落農業団体調査（昭和十五年十二月調）」（下伊那生糸販売利用農業協同組合連合会天龍社『蚕と絹の歴史──協同の礎伊那谷の天龍社──』1984年、289頁）、長野県『市町村下部組織整備状況』1942年8月、8～10頁、農林省農政局「農山漁村経済更生特別助成町村名一覧」1942年3月（楠本雅弘編著『農山漁村経済更生運動と小平権一』不二出版、1983年、602頁）、『信濃大衆新聞』。

注：1) 地帯区分は筆者が追記した。
　　2) 飯田市は記載なし。
　　3) —は不明。
　　4) ○印は「模範事例」を指す。
　　5) 農事実行組合、養蚕実行組合については1940年12月現在、部落常会については1942年3月現在の数である。

表2-6 収繭量（1戸当たり）・繭反収・米作反収を指標とした下伊那地方各町村の農業生産力（1929年）

養蚕高位、米作高位	竜丘、川路、松尾、上郷、上飯田、鼎、伊賀良、座光寺（以上、竜西）、河野（竜東）
養蚕平均、米作高位	市田、大島、飯田、山本（以上、竜西）、生田、千代、喬木（以上、竜東）、会地（山間地）
養蚕高位、米作低位	三穂、山吹（以上、竜西）、龍江、下久堅（以上、竜東）、下條（山間地）
養蚕平均、米作低位	上久堅（竜東）、伍和、清内路、泰阜（以上、山間地）
養蚕低位、米作低位	智里、富草、平岡、浪合、根羽、旦開、神原、和田、大鹿（以上、山間地）

出典：田中雅孝『両大戦間期の組合製糸—長野県下伊那地方の事例—』（御茶の水書房、2009年）77～81頁。
注：1）地帯区分は筆者が追記した。
　　2）収繭量（1戸当たり）は150貫以上、130～150貫、100～130貫、80～100貫、80貫未満の5区分。繭反収は30貫以上、24～30貫、20～24貫、20貫未満の4区分。米作反収は3,000合以上、2,400～3,000合、2,000～2,400合、2,000合未満の4区分。
　　3）すべての町村を示しているわけではない。

していない竜東・山間地では、有力な地主兼村長が現出しにくいものと推定される。ただし、地主的土地所有が進行することと、「模範事例」が現出することとの因果関係は実証が困難であり、推定にとどめる。

(4) 集落の組織再編からみた農村統合の態様

前述のように「模範事例」では、集落の組織が、経済更生運動において再編されていた。以下では、集落の組織再編について、下伊那郡内各行政村の動向を検討する。集落の組織として、農事実行組合、養蚕実行組合、戦時部落常会（部落会）を取り上げる。

前掲表2-5の右半分では、農事実行組合数・養蚕実行組合数（1940年12月現在）、部落常会数（1942年3月現在）について、行政村ごとに示している。Aの行「農事実行組合数」と、Bの行「養蚕実行組合数」が同数の場合、農事実行組合と養蚕実行組合が統合されていることを意味する。Cの行「農事実行組合と養蚕実行組合の組合長が異なるもの」が0の場合、両組合長が同一人物であり、両者がより強く統合されていることを意味する。したがってA・Bが同数かそれに近い、または、Cが0、ないし0に近い行政村は、行政村主導のもと、集落レベルの農業団体再編が進行していると判断できる。

表2-7　下伊那郡町村別小作地率（1942年、上位順）

(単位：％)

地帯区分	行政村	小作地率	地帯区分	行政村	小作地率
竜西	上郷	58	山間地	下條	39
竜西	大島	56	竜西	三穂	36
竜西	飯田	55	山間地	大下条	36
竜西	市田	55	竜東	千代	36
竜西	鼎	54	竜東	龍江	36
竜西	山吹	53	山間地	大鹿	34
竜西	松尾	53	竜東	生田	32
山間地	会地	52	山間地	泰阜	31
竜東	河野	49	山間地	上村	25
竜西	山本	48	山間地	豊	24
竜東	上久堅	48	山間地	根羽	23
竜西	座光寺	47	山間地	和田	23
竜西	竜丘	47	山間地	智里	20
竜西	川路	46	山間地	平谷	17
竜西	伊賀良	46	山間地	木沢	17
山間地	旦開	46	山間地	平岡	16
竜東	喬木	45	山間地	神原	14
竜東	神稲	45	山間地	清内路	13
山間地	伍和	41	山間地	浪合	13
山間地	富草	41	山間地	八重河内	13
竜東	下久堅	41	山間地	南和田	9

出典：前掲田中雅孝『両大戦間期の組合製糸』87頁（原史料は、長野県知事官房課『長野県ノ農家ト耕地』1942年）。
注：1）地帯区分は筆者が追記し、また、上位順に並べ替えた。
　　2）田畑小作地率を指す。

続いて、Aの行「農事実行組合数」、Bの行「養蚕実行組合数」、Dの行「部落常会数」の3つが同数であれば、農事実行組合と養蚕実行組合が統一され、それがそのまま部落常会の範囲になったことを意味する。すなわち、戦前段階において集落レベルの組織が再編され、それが戦時統制組織（部落常会）となるパターンである。

「模範事例」のうち上郷、鼎、松尾各村、「貧弱村」清内路村では組織が整備されているものの、それがそのまま部落常会の範囲になったわけではない。「模範事例」の三穂、川路、山本、河野各村、「貧弱村」上久堅村では再編された組織がそのまま部落常会の範囲になったといえる。ただし、千代村のように「模範事例」でも整備が進まない村、会地村のように、そうでなくとも再編が進んでいる村もある[134]。下久堅村は、集落レベルの組織統合が最も進行していない。前述のように、同村では農事実行組合（45組織）と、養蚕実行組合（14組織）が並立しており、会合の数が多く「農民の労働力に支障を来」し、さらに組合間で「対立気分」さえ生じた[135]。行政村の統合力が弱く、集落の組織再編が最も進まなかった。次章では、下久堅村と、集落レベルの組織再編が最も進んだ河野村の戦時体制を比較する。

補　節　1920・30年代下伊那地方の農村社会運動

1　1920年代[136]

　補節として、1920・30年代における下伊那地方の農村社会運動について検討する。前章では明治後期、大正期、本章では昭和恐慌期を対象としているが、1920年代の固有性をどう捉えるのかという課題を残している。先行研究は、1920年代の農村社会運動によって、地主・小作関係が変化したこと、これを契機として、社会運動勢力が行政村・集落運営に参入する場合があったことを明らかにしている[137]。

　下伊那地方は、全国有数の農村社会運動、なかでも青年運動が展開された地域である[138]。しかし、結論を先取りすれば、下伊那地方の農村社会運動が行政村・集落運営のあり方を変化させることはほとんどなかった。それはなぜなのか。この点について、同地方の農村社会運動が、いかなる性格を有し、いかなる課題を解決しようとしたのかを検討することによって明らかにする。

　下伊那青年運動は、「思想運動」（社会主義受容）という性格を有し、思想という位相において青年層は、戸主層、とりわけ地域を治める在村地主と対立した。下伊那地方の在村地主は、彼ら独自の「教化」思想を有しており、それは平田国学（平田篤胤を系譜とする学派）、実行教（教派神道の一派）を系譜とする[139]。具体的には、農地改革前における下伊那地方の「5町歩以上の地主156名のうち、其の8割までが明治初年伊那谷を風靡した、平田門人又は実行教会員であったことは本郡の特色」であった[140]。彼らは1924年における下伊那国民精神作興会の設立を契機として、社会主義を受容した青年達を抑圧した。その代表的人物として、松尾村の森本洲平（村議、前述の森本勝太郎村長子息）、上郷村長・北原阿智之助等の在村地主を挙げることができる。とくに、松尾、上郷両村では、こうした在村地主が社会主義に目覚めた青年層に介入したことが知られている[141]。

青年層は、農村社会のいかなる課題を解決させようとしたか。それは「あらゆる資本主義的構成分子が生む、不正」であり、具体的には、村営電気設立運動（上郷村）、電灯料値下運動（郡内全域）に結実した。ただし、同時期において在村地主層も村産業組合製糸設立、村営電気設立という形で資本家と対抗しており、在村地主層と青年層の運動対象は同一であった。青年運動家は次のように自己批判している。村営電気設立運動は「ブルジョア会社に対する村全体の利益を目標としたもの」であり、「この村の内部に於ける階級的性質はその侭『大衆』の名にぼやけてしまっ」たと[142]。

　小作問題はいかなる展開をみせたか。たしかに地主小作間の紛擾は存在し、1924～26年、郡内において3つの農民組合が成立する（富草・大下条、大鹿、山本各村）。しかし、こうした動きは例外、かつ一時的なものであり[143]、地主小作間の関係変化を契機として、行政村・集落運営のあり方が変わるという動きはほとんど生じなかった。行政村レベルでは、富草村、大下条村において、1925年村議選に農民組合推薦候補が当選するにとどまった[144]。

　こうした動きはなぜ低調であったのか。それは「下伊那の農民は農民と云ふても、養蚕業や製糸業の発達の為に、所謂企業家の趣が多分にあるから、純粋な小作人は数へる程しかいない、従って小作農民が団結して地主に当ると云ふ様な事が出来な」かったからである[145]。すなわち、「お蚕さまの御蔭で1反歩当たり収入は相当なもので、米の3石から4石獲れる立派な水田を惜し気もなく桑園に転換し、高い小作料を支払ってもなお余り有る状態だったから小作争議は少なかった」といえる[146]。

2　1930年代

　1930年代下伊那地方の農村社会運動は、農村社会におけるいかなる課題を解決しようとしたのかを検討する[147]。以下、小作争議、産業組合青年連盟運動（産青連運動）、経済更生運動への青年層の進出について述べる。

　長野県全体をみると、1932年現在、小作料滞納は桑園において顕著であり、「滞納の多い地方は2割5分の」下伊那郡、東筑摩郡、上水内郡であった[148]。

こうした状況において、下伊那地方でも小作争議が噴出し（表2-8）、1932年10月には、1920年代における青年運動の担い手、いわば青年運動の旧勢力によって、下伊那農民組合連合会が創立された。さらに、青年運動の現勢力のあいだに「農民組合に急進会員が走る」傾向が生じた[149]。1930年代において、下伊那青年運動は小作問題に関与し始めた。なかでも竜西の山吹村、伊賀良村の争議は、相対的に規模が大きいものと推定され、後者は伊賀良村青年会長が調停役の1人となった[150]。ただし、表2-9のように、小作争議件数、農民組合設立状況ともに、下伊那地方が顕著であったわけではない。

産青連運動とは産業組合経営の拡充を通して、昭和恐慌からの打開を目指す運動である。下伊那地方では、1933年12月、青年運動の「曽ての闘士」が「返咲」き、産業組合「拡充刷新」のための研究会が開催され[151]、彼らを中心として1935年4月、下伊那郡産青連が結成された[152]。

運動に向かう動機について、青年Zの思想と行動を検討しよう。Zは1911年に生まれ、高等小学校卒業後、1926〜43年にかけて、ある村の産業組合書記であった。1931年には、日本プロレタリア作家同盟に所属した。さらに1932年より産青連に参加し、1939年には郡産青連副委員長に就任した[153]。Zの日記を用いて、その思想と行動を分析しよう[154]。

Zは、村の産業組合書記として働きながら、マルクス主義経済学を熱心に勉強し、「マルキシズム的批判力」を体得する（1930年10月30日）。若くして父を亡くしたため、自らを「中産階級（没落貴族）」と規定し（1931年3月9日）、「労働者階級」を援助し、「ブルジョワジー一切」を闘争の対象と定めた（1930年4月10日）。加えて、Zは村産業組合役員を「老人連中」（同年11月13日）、「古物的存在」（同年12月11日）と呼称し、これに自己を対置させた。さらにZは「産業組合精神」の「徹底」による産業組合振興を目指した（同年11月1日）。ただし、「官製産業組合の理論」は否定し（同月26日）、「階級性に自覚したる団結と統制」を有するソビエトの協同組合を「偉大なる手本」とみなした（同年2月20日）。Zは1932年3月、村産業組合内部に研究会を設け、産青連運動を開始した（1932年3月13日）。

表 2-8 下伊那地方における小作

出　　典	地帯区分	行政村（集落）	社会運動勢力
『南信』1930年5月22日	竜東	喬木村	
『南信』1930年5月22日	竜東	喬木村（伊久間）	
『大衆』1931年11月7日、28日	竜西	市田村	○
『大衆』1932年4月27日	竜西	座光寺村	○
『大衆』1932年4月29日	竜西	山吹村（田沢）	○
『民友』1932年4月29日、『大衆』同年4月30日	竜西	伊賀良村（中村、三日市場）	○
『大衆』1932年7月3日、10日、12日、『民友』同年7月12日	竜西	山吹村	○
『大衆』1932年10月27日	竜西	伊賀良村（中村）	○
『大衆』1933年1月14日	山間地	下條村	
『大衆』1933年2月3日	竜東	下久堅村	
『大衆』1933年2月11日、16日	山間地	旦開村（程野）	
『大衆』1933年3月3日、20日	竜東	神稲村（林）	○
『大衆』1933年6月18日	竜西	上郷村（別府）	
『大衆』1933年10月9日	山間地	和田組合村	
『大衆』1933年10月18日	竜東	神稲村	○
『大衆』1933年10月27日	竜西	松尾村	
『大衆』1934年1月26日	竜東	下久堅村（小林）	
『大衆』1934年10月13日	竜東	市田村	
『大衆』1934年10月13日	竜西	山吹村	
『大衆』1934年11月15日	竜東	上久堅村	
『大衆』1935年4月5日	竜西	市田村（下市田）	○

出典：『南信新聞』、『信濃大衆新聞』、『信濃民友新聞』のみ長野県編『長野県史近代史料編 8（3）社会運動・社会政策』
注：1）『南信新聞』は『南信』、『信濃大衆新聞』は『大衆』、『信濃民友新聞』は『民友』と略した。
　　2）『信濃大衆新聞』は上飯田町に本社を置く日刊新聞であり、労働農民党系の社会運動家により発行された
　　3）社会運動勢力の関与が確認できた紛議については○を付けた。

問題紛擾記事一覧（1929～35年）

概　　要
小作人10名による申立て。下久堅村在住・地主Hの祖父が原野100余町歩を永小作の契約にて解放。小作人は開墾費1万余円を地主に求める。Hは御館の子孫。
小作人申立て。上記の下久堅村・地主H外2人が無断開墾したことを受けて、入会権の確認、原状回復を求めて訴訟。
県立農業試験場が土地取り上げ。全国労農大衆党下伊那北部地区委員会後援。
土地取り上げ、小作人変更。全国労農大衆党（中間派の社会主義政党）下伊那支部後援。
土地取り上げ。全国農民組合長野県連下伊那支部準備会、全国労農大衆党、日本プロレタリア作家同盟長野県支部が小作争議応援対策協議会開催。
山本村、伊賀良村が大明神原開墾を計画し、1928年より着手。山本村は7カ年分の小作料を免除する一方、伊賀良村において中村、三日市場両区会は小作料を徴収しており、区会がその滞納分を整理しようとしたことを受けた争議。1932年4月に区会側勝訴、これに対し全国農民組合本部派伊賀良支部農民組合は争議本部設置。
山吹村の貸金地主Hが債務者約200名に及ぶ負債整理を断行しようとしたことを受けて、1932年7月、同村農民組合結成。組合員は村民の半数以上の300名。農民組合は「整理の延期を交渉」。
地主Nが「無謀なる稲田差押」。伊賀良村農民組合、農民組合郡連合会準備会が小作人側を応援すべく調査に着手。Nは小作人側と交渉を進めていたが、農民組合の調査に「驚き」、差押解除。
小作人17名申立て。家督相続権争いをする3名に対して、新地主を決めるよう調停。
小作人申立て。小作料100円滞納による土地取り上げを受けて。
地主申立て。「田数筆」の小作契約継続、小作料減額という小作人側の要求が認められ調停成立。
土地取り上げに対して、社会大衆党神稲班が争議団協議会開催。
新地主が小作人変更。村内有力者の調停により、小作人変更を回避。
地主（和田組合村長）申立て。小作料滞納。
土地取り上げに対して、下伊那農民組合連合会幹部が交渉し、永耕作権獲得。
下久堅村在住の不在地主申立て。松尾村の小作人に対して滞納小作料80余円請求。調停成立し、減免の上支払い、小作継続が確定。
小作料滞納による地主申立て。小作人3名のうち2名は小作料減免、1名は「労役を以て小作料とする」ことで調停成立。
地主申立て。滞納小作料136円を減免の上支払うことで調停成立。
地主申立て。「小作料400円を150円に仕切り、これを今年より向ふ15カ年間に支払」うことにより、小作継続が確定。
10数名の地主対20余名の小作人。小作料1割減で調停成立。
土地取り上げに対して、社会大衆党下伊那支部後援。5カ年間の耕作権確立。

1984年、189～190頁。

という経緯を持つ。機関誌ではないとはいえ、社会運動勢力による報道であることに留意されたい。

表2-9　長野県郡市別小作争議件数（1930～33年）、農民組合設立状況（1933年）

郡市	農家世帯数(1930年)	1930年	1931年	1932年	1933年	地主組合 組合数	地主組合 組合員数	協調組合 組合数	協調組合 組合員数	小作人組合 組合数	小作人組合 組合員数
南佐久	9,762	5	5	1	3	—	—	1	63	10	605
北佐久	13,315	9	6	2	2	—	—	1	41	11	859
上田・小県	19,018	14	11	8	8	—	—	—	—	22	1,542
諏訪	13,917	5	4	—	—	—	—	—	—	2	167
上伊那	19,998	9	5	7	8	—	—	—	—	13	636
下伊那	22,199	—	—	5	6	—	—	—	—	3	273
西筑摩	6,339	—	—	—	—	—	—	—	—	—	—
松本・東筑摩	21,894	3	4	5	3	—	—	—	—	21	2,645
南安曇	9,134	3	6	4	5	—	—	—	—	5	305
北安曇	9,356	—	—	1	—	—	—	—	—	—	—
更級	11,789	4	7	2	1	—	—	3	631	14	1,616
埴科	7,339	8	14	3	5	3	88	1	86	10	1,084
上高井	7,046	4	7	10	6	—	—	—	—	10	500
下高井	9,266	1	—	—	1	—	—	2	107	6	207
長野・上水内	19,251	—	2	2	5	—	—	—	—	12	762
下水内	5,142	1	2	—	—	—	—	—	—	2	184
計	204,765	66	73	50	54	3	88	8	928	141	11,385

出典：協調会編『小作争議地に於ける農村事情』1934年、104～105頁、107～108頁。農家世帯数のみ長野県編『長野県史近代史料編別巻統計(2)』1985年、38～42頁。

　このようにZにとって産業組合運動は、徹底した思想的鍛錬の具体的表現であり、産業組合運動とマルクス主義は共存していた。Zに限定して言えば、少なくとも初期において、産青連運動も大正期青年運動と同様、「思想運動」という性格を有するものであった。

　産青連の地域における活動をみると、郡レベルでは、各村産業組合製糸の産業組合製糸郡連合会天龍社（1934年設立）への統合を後援した[155]。行政村レベルについては、22組織が成立した[156]。このうち、下久堅村産青連（1935年4月発足）を事例に検討すると、その発足と同時に、村組合製糸における「多年の懸案たる全額供繭」促進運動を提起した[157]。この運動は、次の青年会員の記述が示すように、戸主（組合員）との対立を伴った。村産青連「が投げかけた全額供繭制の巨弾は、各所にさくれつの火花を散らせつゝ興味深き」、村産業組合「総会を迎えた」、「本議案に入るや俄然賛否両論怒号罵声の騒然たる総会風景展開」、全額供繭のための「調印取りは刑法問題だ恐喝罪とは恐れ入

つた見解」と[158]。こうした対立を経ながらも、供繭率は向上した。すなわち、1936年度は「全額供繭奨励の効果を得て、前年に比し約3千貫の供繭増をしめし、最早、組合員中の8割は全額供繭の状態に化しつゝあ」った[159]。下久堅村産青連は、運動組織として停滞するものの[160]、運動初期において、営業製糸に供繭していた戸主層との対立を伴いながら運動し、産業組合製糸の供繭率を高める一要素となったことが推定される。

青壮年層の活動について、もう1事例を加えておこう。「模範事例」の上郷村では、経済更生運動にあたって次の対策が講じられた。すなわち、1935年の同村経済更生委員会では、農事実行組合（集落レベルで経済更生運動を担う組織）を代表する委員35名を選出した。その選出にあたっては、「40才以下の活動盛りの人物を挙げ、この青壮年級の革新意見を尊重して更生案を樹立」したという[161]。

また、下伊那青年運動の中心人物であった北原亀二を、負債整理事業に関する「常任」の役職に抜擢した[162]。北原は、上郷村の負債整理事業の中心に立ち、その実績は、戦後改革期の北原亀二共産党村政誕生の重要な前提となった[163]。先行研究、なかでも大門正克は、経済更生運動において、青年層が抬頭したことを指摘しており[164]、上郷村の事例はその指摘に沿うものである。

注

1） 齋藤仁『農業問題の展開と自治村落』（日本経済評論社、1989年）第11章、大鎌邦雄「経済更生計画書に見る国家と自治村落――精神更生と生活改善を中心に――」（同編著『日本とアジアの農業集落――組織と機能――』清文堂出版、2009年）。
2） M31家は本家筋、経済的には村内中層であり、略歴は次のとおり。1924～48年M区会委員、1924～29年、1937～42年下久堅村会議員、1939年下伊那郡伊賀良村助役、1946～48年下久堅村農民組合委員長。1934年における村税戸数割賦課額の集落内順位111戸中46位、所有・経営とも農地改革前2.2反。M区『会議録』1910～21年、1928～36年、1940～50年（M区民センター所蔵）、下久堅村『職員名簿』1916～26年、1926～47年（飯田市下久堅自治振興センター所蔵）、『M31日記』1929～46年、1948年（以下、M31関係史料は、M31氏蔵）、M31「生存期間一覧表」、

下久堅村「昭和九年度下伊那郡下久堅村税各人納額議決書」同『自昭和九年度村会事件簿』、下久堅村農地委員会『世帯票M』1947年（飯田市下久堅自治振興センター所蔵）。以下、下久堅村行政文書は、飯田市下久堅自治振興センター所蔵、M区有文書は、M区民センター所蔵。

3）　石田雄『近代日本政治構造の研究』（未来社、1956年）64頁。

4）　森武麿『戦時日本農村社会の研究』（東京大学出版会、1999年）33、194頁。

5）　代表的な見解として、森武麿の議論に、世代論を組み込んだ大門正克『近代日本と農村社会——農民世界の変容と国家——』（日本経済評論社、1994年）314〜316頁等がある。

6）　三穂村は、面積（1940年）約11.77km²、人口（1925年）2,254人、現住戸数（同年）399戸、米作付面積（同年）約150.3町、桑園面積（同年）約102町。長野県編『長野県史近代史料編別巻統計1』1989年、17、191頁、同『長野県史近代史料編別巻統計2』1985年、129、338頁。

7）　三穂村史編纂刊行会編『三穂村史』1988年、381頁。

8）　同上、381〜382頁、功刀俊洋「昭和恐慌後の部落再編成——模範村長野県下伊那郡三穂村の事例——」（『一橋研究』第6巻第2号、1981年6月）124〜125頁。

9）　前掲功刀俊洋「昭和恐慌後の部落再編成」121〜124頁。三穂村経済更生運動については、経済階層ごとの受益の程度差などに着目しつつ、小島庸平「農山漁村経済更生特別助成事業と農村社会の変容——長野県下伊那郡三穂村を事例に——」（『政治経済学・経済史学会秋季学術大会自由論題報告要旨』2012年）によって再分析が進められている。

10）　大島村は、面積（1940年）約25.5km²、人口（1925年）4,192人、現住戸数（同年）807戸、米作付面積（同年）約132.8町、桑園面積（同年）約290.9町。前掲長野県『長野県史近代史料編別巻統計1』17、190頁、前掲同『長野県史近代史料編　別巻統計2』126、336頁。

11）　宇佐見正史「経済更生運動の展開と農村支配構造——長野県下伊那郡大島村の事例を中心に——」（『土地制度史学』第128号、1990年7月）17〜18頁。

12）　河野村は、面積（1940年）約21km²、人口（1925年）2,821人、現住戸数（同年）541戸、米作付面積（同年）約99町、桑園面積（同年）約154町。前掲長野県『長野県史近代史料編別巻統計1』19、192頁、前掲同『長野県史近代史料編別巻統計2』135、343頁。

13）　胡桃沢盛、および『胡桃沢盛日記』については、本書第3章注7）を参照。

14）　『胡桃沢盛日記』1935年8月8日。

15）　『信濃大衆新聞』1936年8月29日。なお、『胡桃沢盛日記』1937年3月23日には、

「更生委員会。耕地課、移民課、負債整理課及各課主任会を開催」とあり、部課制が機能していることがうかがえる。

16) 『胡桃沢盛日記』1936年10月7日、8日。更生組合数は「部落農業団体調査（昭和十五年十二月調）」（下伊那生糸販売利用農業協同組合連合会天龍社『蚕と絹の歴史——協同の礎伊那谷の天龍社——』1984年、289頁）。
17) 下久堅村長→長野県総務部長「町村行政ニ関スル調査ノ件」1938年7月18日（下久堅村『自昭和十三年報告書綴』）。
18) 負債整理事業の全過程については、座光寺村を事例とした、小島庸平「1930年代日本農村における無尽講と農村負債整理事業——長野県下伊那郡座光寺村を事例として——」（『社会経済史学』第77巻第3号、2011年11月）。
19) 『胡桃沢盛日記』1936年1月11日。
20) 同上、1936年1月29日。
21) 同上、1936年7月7日。
22) 同上、1936年8月20日。
23) 同上、1936年8月31日。
24) 『信濃大衆新聞』1936年12月14日。1936年のいずれかの時点かは不明である。
25) 『胡桃沢盛日記』1936年1月21日。
26) 同上、1937年7月8日。
27) 同上、1937年7月10日。
28) 同上、1937年9月15日。
29) 同上、1936年2月3日。
30) 三穂村長の在職期間は次のとおりである。林小四郎1907〜11年、玉置駒太郎1911〜22年、林小源太1923年、今村祐三1923〜27年、小笠原孝三郎1927〜30年、林造酒1930〜35年、林治郎1935〜38年、林造酒1938〜39年、今村太郎1939〜43年、玉置彦太郎1943〜45年。ただし、林治郎村長は、経済更生運動における突出した指導力が評価され、長野県経済部北佐久出張所長に抜擢されたという経緯がある（林雄三・今村久・森武麿・齊藤俊江・一橋大学森ゼミ「村の経済更生運動——禁酒・厚生館・満州移民——」飯田市歴史研究所編『オーラルヒストリー1　いとなむはたらく飯田のあゆみ』飯田市、2007年、90〜91頁）。河野村長の在職期間は次のとおりである。河野鉄一1909〜26年、小沢初治郎1926〜30年、竹村太郎1930〜34年、河野隆1935〜36年、武田金造1936〜40年、胡桃沢盛1940〜46年。地方改良期における河野鉄一の在職期間が長く、これ以後の村長が短い傾向にある。前掲三穂村史編纂刊行会『三穂村史』645頁、豊丘村誌編纂委員会『豊丘村誌』下巻、1975年、836頁。

31）「名望家」から「官僚」へ、という農村リーダーの時期ごとの性格の違いが表出しているように見受けられる。ただし、三穂村長林造酒、林治郎ともに村内上層であり（前掲功刀俊洋「昭和恐慌後の部落再編成」117頁）、「名望家」的な特質が全くないとまではいえない。

32）こうしたリーダーの性格変化は、先行研究、たとえば、大門正克「名望家秩序の変貌——転形期における農村社会——」（坂野潤治他編『シリーズ日本近現代史3　構造と変動　現代社会への転形』岩波書店、1993年）が指摘するとおりである。本書で用いる「官僚」という言葉は、先行研究の言う「役職名望家」と同義とする。「役職名望家」研究として、安田浩「近代天皇制国家試論」（藤田勇編著『権威的秩序と国家』東京大学出版会、1987年）133頁、黒川徳男「農村自治組織と役職名望家の再検討——栃木県南河内町仁良川上地区の事例——」（『地方史研究』第46巻第6号、1996年12月）ほか。

33）下久堅村長→長野県内務部長「失業救済農山漁村臨時対策低利資金融資成績調査に関する件回報」1931年9月10日（下久堅村『庶務関係書類綴』1931年度）。

34）M区「区総会」1932年1月15日（同『会議録』1928〜36年）。

35）以下、大虎岩（上虎岩）区『記事録』1930〜46年（虎岩交流センター所蔵）。

36）M区「区会」1932年11月12日、15日（同『会議録』1928〜36年）。

37）下久堅村「時局匡救対策林道開設事業施行の件」1932年11月24日議決（同『村会会議録』1932年度）。

38）『M31日記』1933年6月1日。

39）下久堅村「昭和九年事務報告並財産表」（同『村会会議録』1935年度）。

40）M区「区会」1934年8月22、24日（同『会議録』1928〜36年）。

41）下久堅村「起債に関する議決の件」1934年9月19日（同『村会会議録』1934年度）、同「昭和十年度事務報告並財産表」（同『村会会議録』1936年度）。

42）『M31日記』によれば、以下の日付において、M31は県職員と交渉している。1933年2月7日、3月5日、6日、8月18日、9月13日、15日、12月15日、1934年1月8日、5月16日。

43）同上、1934年8月22日。

44）M区「組長道路委員合同会」1935年1月9日（同『会議録』1928〜36年）。

45）M16は1879年、貸金業・仲買商M95家の次男に生まれる。長男死去（1910年）後、単独で経営。村税戸数割賦課額は、戦前期を通して集落1位。ただし、たとえば1932年村税戸数割賦課額は160円（行政村内8位）、2位の家は155円であり、M16の所得・資産のみが突出していたわけではない。M16は1917〜25年下久堅村会議員、1919〜46年M区会執行部を歴任した。M95『明治三十一年一月大福帳』（M95家

所蔵)、下久堅村『職員名簿』、前掲M区『会議録』、下久堅村「昭和七年度村税特別税戸数割賦課資力並賦課額表」(同『村会会議録』1932年度)。

46) M区「道路委員組長合同会」1935年1月18日 (前掲同『会議録』1928〜36年)。

47) 橋伝ほか3名→M区長「建議書」1925年2月 (M区民センター所蔵)。橋伝とは、苗字と名前を1字ずつ示したものである。

48) M区「南原橋県道編入運動費」1930〜34年 (同『土木費会計簿』1930〜36年)。

49) 下久堅村「昭和九年度長野県下伊那郡下久堅村歳入歳出決算書」(同『村会会議録』1935年度)の予算額を示した。

50) 同「昭和九年度下伊那郡下久堅村税各人納額議決書」(同『自昭和九年度村会事件簿』)。

51) 下久堅村→日本勧業銀行松本支店「田畑売買価格及収益調査報告書」1935年6月30日 (下久堅村『自昭和十年特殊事項臨時調査雑件綴』)。

52) 下久堅村青年会編『下久堅時報』第19号、1934年2月 (飯田市歴史研究所所蔵)。村税滞納額は1929年110円、1930年557円、1931年163円、1932年155円、1933年390円、1934年693円、1935年1,053円、1936年576円。1936年度を除き、1935年度までに回収できなかった金額を示している。下久堅村→長野県総務部「市町村財政状況に関する件回報」1936年7月8日 (同『庶務関係書綴』1936年度)、下久堅村→長野県「昭和十一年度市町村税徴収成績及滞納税額調」1937年(11)月 (同『庶務関係書綴』1937年度)。

53) 下久堅村「下久堅村納税奨励規程」1934年2月26日 (同『村会会議録』1934年度)。

54) 『M31日記』1935年2月25日。

55) 下久堅村「村税其の他徴集に関する条例」1935年9月23日 (同『村会会議録』1935年度)。

56) 『M31日記』1935年11月21日。

57) 下久堅村は、滞納の要因として「頽廃2割、窮乏8割」と回答。下久堅村→預金部名古屋支店飯田出張所「町村歳入出決算其の他に関する件」1935年7月5日 (前掲下久堅村『自昭和十年特殊事項臨時調査』)。

58) 他集落の滞納者率は下久岩36%、知久平42%、柿野沢35%、稲葉18%、上虎岩25%。下久堅村『村税徴集原簿』1935年度より集計。小林は「毎戸の如く滞納せる」、「納税成績不良の区」であった (『M31日記』1935年6月22日)。

59) 村会議員Yとは、本書第1章表1-6、表1-8における「ね」村議と同一人物である。5期にわたり、村議を務めており、M31とYは、戦前期下久堅村政における実力者であった。Yは、知久平集落出身であり、小林集落に利益を誘導したというよりも、行政村の「公民」としてM31に対峙した可能性がある。なお、

M31は1936年衆院選では立憲政友会、1937年衆院選では愛国勤労党に投票しており、支持政党は選挙のたびに異なる（『M31日記』1936年2月20日、1937年4月30日）。したがって、YとM31のあいだに政党間対立が存在したわけではないことが推定される。さらに、戦時期において両者は「和解」している（本書126頁を参照）。

60) 1936年6月28日作成。『M31日記』1934～38年版の「補遺欄」。
61) M区→M31「感謝状」1936年1月31日（M31家所蔵）。
62) 庄司俊作「近現代の政府と町村と集落――1930年代の構造変化を中心に――」（『農業史研究』第40号、2006年3月）17～18頁。
63) 下久堅村は、1934年度決算について「経費ノ緩急ノ程度ニヨル区分」を行い、教育費を①「必要欠クベカラザル経費」、土木費を②「同上ノ程度ニ至ラザルモ不得止経費」とする。②は①よりも、国県に対し行政村の裁量の余地があることを意味する。下久堅村「標準的農山漁村財政調査票」1935年（7月）前掲下久堅村『自昭和十年特殊事項臨時調査』。
64) M31は当時、M区会道路委員。
65) 『信濃大衆新聞』1935年6月12日（飯田市立中央図書館所蔵）。
66) 『M31日記』1936年3月14日。
67) 『下久堅時報』第49号、1936年8月。
68) 『M31日記』1936年3月25日。
69) 同上、1934年9月5日。以下も、『M31日記』を典拠とし、日付は本文に示した。
70) 別の人物は1937年2月において、同村経済更生運動を「開店休業」と評している（『下久堅時報』号外、1937年2月）。
71) 『M31日記』1936年6月28日。
72) 同上、1936年4月26日。
73) 同上、1936年12月19、20日、下久堅村農地委員会『世帯票M』1947年。M31を除く4名は下久堅村経済更生特別委員（『下久堅時報』第50号、1936年9月）。
74) 『M31日記』1937年3月31日。
75) 同上、1937年1月25日。
76) 同上、1937年2月10日。
77) 同上、1937年2月16日。M区会決算書は、1938年度以後、M区会計『経常費歳入出予算書決算書』として現存（M区民センター所蔵）。
78) M区「M区有金保管規定」1902年3月7日。1917年には470円を14人、1928年には570円を20人に貸し付けた。前掲M区『会議録』1910～21年、1928～36年。
79) 『M31日記』1936年12月3日、5日。
80) M区『会議録』1940～50年（1936年4月～39年の議事録は残存しない）に、区

有金貸付の記載が存在しないことから整理が完了していると判断した。
81）下久堅村長→長野県経済部長「農山漁家負債調査に関する調査表提出の件」1935年9月26日（前掲下久堅村『自昭和十年特殊事項臨時調査』）。
82）『M31日記』1936年12月22日。
83）同上、1936年12月23日。
84）鈴木邦夫「経済更生運動と民衆統合」（西田美昭編著『昭和恐慌下の農村社会運動——養蚕地における展開と帰結——』御茶の水書房、1978年）。
85）以下、『M31日記』。
86）原源蔵「建議書」1927年1月29日（下清内路区会『会議録』1927年度）。
87）下清内路区長→清内路村長「陳情書」1928年10月27日（下清内路区会『会議録』1928年度）。
88）下清内路区会「炭窯場割当規約」1929年11月8日。
89）下清内路区会による、従来の貧困対策とは、「雑木」を「困窮者と認むるもの」に与えたり、「倒木」を「貧窮者に競売成さしめ」るというものである。下清内路区会「定期評議員会」1921年1月25日、同「区会」1922年5月18日（同『決議録』1919〜22年度）。
90）移入者に対しては、40年以上居住し、納税を全うした者、または、即金で200円を支払う者にのみ割り当てるという、非常に厳しい条件が課された（炭窯場割当規約第2条）。
91）第1階層は村税戸数割賦課額1〜10等級、第2階層は11〜15等級。第3・4階層は16〜35等級であり、第3・4階層の区分は判明しない。
92）小島庸平「1930年代清内路村下区における就労機会の創出と農外就業」（『清内路——歴史と文化——』第3号、2012年3月）108〜110頁。
93）下清内路壮年団「建議書」1934年1月28日（下清内路区会『建議書綴』1934年度）。
94）櫻井等「建議書」1935年1月27日（下清内路区会『定期会建議書綴』1935年度）。
95）第2番組長櫻井喜雀「建議書」1934年1月26日（下清内路区会『建議書綴』1934年度）。
96）清内路村『経済更生計画及び其の実行費』1938年。
97）清内路村の林産物生産額の推移は、1931年12,800円、1932年25,146円、1933年39,654円、1937年75,520円、1938年81,000円。清内路村『村勢一覧』1934年度、1940年度。
98）下清内路区会財政における「炭窯税・開墾税等」の決算（予算）は、1928年563円（586円）、1930年528円（1,567円）、1933年561円（2,681円）である。詳しくは、第1章表1-27参照。

99)　8番組長櫻井亀吉「建議書」1934年1月26日（下清内路区会『建議書綴』1934年度）。
100)　下清内路区会『会議録』1935年度。
101)　「新戸」とは本籍者であるが、転籍してまもない家を指す。
102)　下清内路区会「特別会計収支決算表」1935年度。
103)　以上、下清内路区『滞納整理簿』1935年11月。なお3家のみ、各々2円50銭、2円9銭、6銭の区会に対する負債を残した。
104)　11番組「建議書」1936年1月25日（下清内路区会『庶務綴』1936年度）。清内路村の救農土木事業について、小島庸平は、炭焼きや農業日雇に比べて、救農土木事業が高賃金であったため、全階層にわたる多くの人が救農土木事業に就労する結果になり、1人当たりの労賃が低額にとどまったと推定した。前掲小島庸平「1930年代清内路村下区における就労機会の創出と農外就業」111〜113頁。
105)　ただし、1940年の立木売却は、主として行政村の赤字補填のためであった。下清内路区会「定期会」1940年1月21日、同「区民総会」同年2月21日（同『会議録』1940年度）。
106)　『信濃大衆新聞』1936年8月29日。
107)　同上、1936年8月15、16日。
108)　上久堅村のみ竜東に位置する。
109)　以下、『信濃大衆新聞』1936年8月15、16日。
110)　同上、1936年9月14日に掲載された、長野県経済部による「貧弱村」指導方針に満洲分村移民は含まれていない。その指導内容は次のとおりである。「村民全体の自覚を喚起し指導者村の当局も一身同体になって努力すること、実行の出来ると思われる計画を立て、村民全体に理解せしむるやう仕向けること、其町村の中心人物を中心として更生計画実行をはかること、産業組合の振興をはかること、欠陥となっている事項につき集中的に指導し改善を加へること、部落単位の実行機関の整備に努めること、共同事業による失敗がなきやう予め留意すること、中堅青年を修錬農場等に入所せしめ鍛錬せしむること、中心人物相互の連繋を密接ならしむること」。
111)　同上、1936年11月28日。当日朝刊の報道につき、確定はできない。
112)　同上、1936年12月1日。
113)　同上、1936年12月25日。
114)　同上、1937年7月16日。
115)　小林弘二『満州移民の村――信州泰阜村の昭和史――』（筑摩書房、1977年）89頁、産業組合中央会編『産業組合と負債整理事業に関する調査』1939年、32頁。

116)　清内路村「昭和十三年度指定経済更生特別助成経済更生計画と其の実績」(飯田市歴史研究所所蔵)、飯田市歴史研究所編『満州移民――飯田・下伊那からのメッセージ――』(現代史料出版、2007年) 71頁 (齊藤俊江稿)。
117)　前掲清内路村誌編纂委員会『清内路村誌』下巻、108〜109頁。
118)　ただし、清内路村において、最終的に行政村の統合力が強化されたのは、部落有林の分解が生じた、1970年前後と規定しうる (本書第5章参照)。
119)　『信濃大衆新聞』1936年8月29日。
120)　1919年現在、泰阜村は行政村有林0、部落有林432町、私有林1,313町、上久堅村は行政村有林2町、部落有林516町、私有林595町。下伊那郡役所『下伊那郡勢要覧』1920年 (飯田市歴史研究所所蔵)。
121)　前掲宇佐見正史「経済更生運動の展開と農村支配構造」、前掲功刀俊洋「昭和恐慌後の部落再編成」、森武麿ゼミナール・一橋大学「村役場文書に見る農村経済更生運動――長野県下伊那郡三穂村を事例として――」(『ヘルメス』第59号、2008年3月)、細谷亨「『満洲』農業移民の社会的基盤と家族――長野県下伊那郡川路村を事例に――」(『飯田市歴史研究所年報』第5号、2007年8月)。千代、根羽各村は、県指定「貧弱村」ではないため、森説が妥当すると推定した。
122)　楠本雅弘「解説および史料解題」(同編著『農山漁村経済更生運動と小平権一』不二出版、1983年) 36〜40頁。
123)　高橋泰隆『昭和戦前期の農村と満州移民』(吉川弘文館、1997年) 112頁。
124)　前掲楠本雅弘「解説および史料解題」38〜39頁。
125)　長野県編『長野県政史』第2巻、1972年、386頁。
126)　前掲小林弘二『満州移民の村』、長野県開拓自興会満州開拓史刊行会『長野県満州開拓史総編』1984年、小林信介「満州移民送出における経済的要因の再検討」(『金沢大学経済論集』第29巻第2号、2009年3月)、蘭信三「大八浪開拓団の七〇年の歴史と記憶」(「満洲泰阜分村――七〇年の歴史と記憶」編集委員会『満洲泰阜分村――七〇年の歴史と記憶――』不二出版、2007年) ほか。なお、満州移民送出の重要な要因として、「行政的要因」、とりわけ県の指導が挙げられている。蘭信三『「満州移民」の歴史社会学』(行路社、1994年) 第3章、玉真之介「日満食糧自給体制と満洲農業移民」(野田公夫編著『戦後日本の食料・農業・農村1 戦時体制期』農林統計協会、2003年) 444〜445頁。しかし、長野県を含めて、県庁内部の満洲分村移民実施体制の検討は進んでいない。もちろん、すべての「貧弱村」が自動的に満洲分村を実行したわけではない。したがって、県の介入以後における行政村内部の動向を検討する意義は、依然として存在する。
127)　集落リーダー層の立て替え・寄付行為については、佐藤正「『自治綱領』と小作

争議」(須永重光編著『近代日本の地主と農民——水稲単作農業の経済学的研究・南郷村——』御茶の水書房、1966年) 378〜383頁、前掲大鎌邦雄『行政村の執行体制と集落』231頁が指摘している。また、構成員間の話し合いについては、宮本常一「対馬にて」(同『宮本常一著作集第10巻　忘れられた日本人』未来社、1971年)、栗原るみ『1930年代の「日本型民主主義」——高橋財政下の福島県農村——』(日本経済評論社、2001年) 第4章が描出している。本章では集落構成員の規範という観点から、改めてこれらの現象を捉え、さらに組単位で多数決を採るという合意形成のルールを発見した。詳細にいえば、M集落では多数決による議決後、全会一致を志向するという合意形成の方法を用いており、その詳細は、本書41〜44頁を参照。

128) このように本書では、森説と石田説が両立しうることを示しており、研究段階を石田説が生み出された1950年代に戻すものではない。

129) 林宥一・大石嘉一郎「終章」(前掲大石嘉一郎・西田美昭編著『近代日本の行政村』) 748〜750頁。正確には「危機＝再編期」と規定している。

130) 前掲森武麿『戦時日本農村社会の研究』。

131) 前掲齋藤仁『農業問題の展開と自治村落』341頁。

132) 大鎌邦雄「経済更生計画書に見る国家と自治村落——精神更生と生活改善を中心に——」(前掲同編著『日本とアジアの農業集落』)。大鎌は、集落における農家間の共同関係について、次のようにも述べる。すなわち、「いずれも個々の農家が単独では取得することが困難なものを契機に結ばれたものであ」り、「生産と生活の主体はあくまで個々の農家であった」、「その意味で」、集落の「共同関係は『小農民の生産と生活の限界面の共同関係』にとどまるものであった」と。前掲大鎌邦雄『行政村の執行体制と集落』24頁。

133) 「行政権力」と「行政村レベルのリーダーシップ」とは不即不離のものであると考えており、以下においても、2つの言葉を併記する場合がある。

134) 龍江村のように、経済更生特別助成村(候補含む)にならなくとも、経済更生運動において、組織再編を計画した場合もある。『信濃大衆新聞』1936年4月2日。

135) 前掲下久堅村長→長野県総務部長「町村行政に関する調査の件」1938年7月18日 (下久堅村『自昭和十三年報告書綴』)。

136) 1920年代の記述については、功刀俊洋「下伊那青年運動と農村支配」(『一橋研究』第3巻第4号、1979年3月) より示唆を得ている。

137) 前掲大門正克『近代日本と農村社会』182〜193頁、島袋善弘『現代資本主義形成期の農村社会運動』(西田書店、1996年) 141〜176頁、森武麿『戦間期の日本農村社会——農民運動と産業組合——』(日本経済評論社、2005年) 290〜303頁ほか。

138）　長野県下伊那青年団史編纂委員会編『下伊那青年運動史――長野県下伊那青年団の五十年――』（国土社、1960年）、佐々木敏二『長野県下伊那社会主義運動史』（信州白樺、1978年）。

139）　須崎愼一「地域右翼・ファッショ運動の研究――長野県下伊那郡における展開――」（『歴史学研究』第480号、1980年5月）、粟谷真寿美「大日本実行会の成立――被治者の政治行動――」（『信大史学』第31号、2006年11月）。

140）　下伊那農地改革協議会編『下伊那に於ける農地改革』（下伊那農地改革協議会、1950年）65頁。

141）　後藤靖「村落構造の変化と行政の再編過程」（井上清編著『大正期の政治と社会』岩波書店、1969年）147～148頁、松尾村誌編集委員会編『松尾村誌』1982年、462頁。上郷村では、社会主義に目覚めた青年を抑えて、在村地主に共鳴した青年層が青年会活動を掌握した。前掲上郷村史編集委員会『上郷村史』1360頁。

142）　水木春太郎「下伊那社会運動の煩悶」（『政治と青年』第33号、1926年1月）飯田市立中央図書館所蔵。

143）　いずれの農民組合も1927年末までに消滅している。長野県特別高等警察課『県下ニ於ケル社会運動概要』1930年11月（長野県編『長野県史近代史料編8（3）社会運動・社会政策』（長野県史刊行会、1984年）95～96頁。

144）　宮島義治「那郡に於ける経済行動の使命」（『政治と青年』第23号、1925年6月）。

145）　代田茂「小作争議の勃発」『第一線』1923年11月（飯田市立中央図書館所蔵）。

146）　前掲下伊那農地改革協議会編『下伊那に於ける農地改革』65頁。

147）　1930年代における下伊那地方の小作争議、産青連運動は研究史において未検証である。ただし、全国に広げれば、1930年代小作争議については、林宥一『近代日本農民運動史論』（日本経済評論社、2000年）第5章など、産青連運動については、北河賢三「産業組合運動の展開と産青連」（『季刊現代史』第2号、1973年5月）などの研究蓄積がある。

148）　『信濃大衆新聞』1932年12月19日。

149）　『信濃大衆新聞』1932年10月23、27日。

150）　伊賀良村史編纂委員会『伊賀良村史』1973年、1012～1014頁。

151）　『信濃大衆新聞』1933年12月10日。

152）　中島三郎『下伊那産業組合史』（天龍社、1954年）56～60頁。

153）　Ｚ「履歴書」Ｚ家所蔵。

154）　日記の開始は1930年であるが、1932年以降空白が目立ち、1938年からは現存しない。Ｚ日記には「日記帳の一頁をも白紙で置くまいと眠い夜更に床の中でペンを執つて熱心に正直に若き日の一日の記録を有りのままに書いた頃が可憐である」

(1932年9月1日)、「日記をつけて何になるんだ」、「面倒くさい」(1934年5月18日)とある。

155)　前掲中島三郎『下伊那産業組合史』63〜64頁。

156)　1935年現在の下伊那郡内の産青連は次のとおりである。カッコ内には盟友（会員）数、結成年次を示し、また団体名と行政村名が異なる場合は、行政村名を示した。山吹（83人、1934年）、座光寺（26人、1934年）、牛牧（55人、1935年、市田村）、上郷村（66人、1934年）、鼎村（32人、1934年）、伊賀良村（200人、1934年）、智里村（50人、1935年）、浪合村（13人、1935年）、竜丘村（102人、1931年）、下條村（60人、1934年）、大下条村（31人、1934年）、信三（231人、1933年、旦開村）、遠山（55人、1932年、和田組合村）、平岡（17人、1934年）、千代（150人、1935年）、龍江（203人、1932年）、下久堅（102人、1935年）、喬木（50人、1935年）、神稲（30人、1935年）、河野（50人、1933年）、大鹿（48人、1935年）、生田（180人、1935年）、道契会（100人、1935年）。下伊那郡産業組合青年連盟『下伊那青連ノ概況』1936年、2頁。道契会とは下伊那産業組合講習所の修了生によって構成される団体である。盟友数の多さと運動の活発さは比例しない可能性がある。というのは、1933年3月の下伊那郡「中部青年会研究会」において、龍江村青年会員は、産青連加盟にあたって「〔産業〕組合加盟の農家の青年は強制的に署名させられた」と発言しているからである。清水米男編『千代青年会会史』（千代村青年会、1934年）202頁。

157)　下久堅村信用販売購買利用組合『昭和九年度事業報告書』1935年、24頁。

158)　下久堅青年会編『下久堅時報』第37号、1935年8月（飯田市歴史研究所所蔵）。

159)　下久堅村信用販売購買利用組合『昭和拾弐年四月創立満弐拾周年記念誌　沿革と現況』1937年、18〜19頁。

160)　『下久堅時報』第41号、1935年12月には次の記事がある。「創立早々全額供繭運動に懸命なる奮闘を続け青壮年としてふさはしい意気を示しつゝあったが現在声が無い。最早其の意気さめかけたのかあるひは眠ってゐるのか否眠れる獅子か」。

161)　『信濃大衆新聞』1937年2月24日。

162)　『信濃大衆新聞』1937年7月9日。

163)　前掲上郷史編集委員会『上郷史』846頁。

164)　前掲大門正克『近代日本と農村社会』314〜316頁。

第3章　昭和戦時期における政策の執行
――食糧増産・「満洲」分村移民――

第1節　はじめに

　本章では、昭和戦時期における政策の執行について、食糧増産、満洲分村移民を対象として検討する。前述のように、先行研究、なかでも森武麿、大石嘉一郎、西田美昭等によって、戦前から戦時は、農村統合が完成される過程であることが示されてきた[1]。統合の内実として、これらの論考が重視したのは、昭和恐慌の危機を契機として、集落組織が再編され、政策執行主体たる行政村が、強い統合力を持つようになった点である。また、庄司俊作は、現在を射程に入れた村落論を展開するなかで、昭和戦前・戦時期を「行政村の共同体化」が生じた時期であるという視点を提示した[2]。

　本章においても、農村統合の視点（森、大石・西田等）や、「行政村の共同体化」という視点（庄司）を継承する。先行研究と異なるのは、本章において、戦時における行政村の統合力、「行政村の共同体化」の態様は、行政村によって異なることを、比較を通じて明らかにすることにある。

　たしかに、昭和戦時期といえば、統制政策が一様になされたという印象が強いものと考えられる。それゆえ、戦時行政村を比較するという作業それ自体が、どれほど有効であるのかが問われるだろう。しかし、坂根嘉弘は、戦時農地政策の統制実態が、地域や法令の種類によって異なることを実証している[3]。また、伊藤淳史は、戦時統制政策の意図と実際の受け止め方の齟齬について、農業共同作業に即して明らかにしている[4]。両論考は、戦時統制政策の貫徹の程度を問うたのであり、こうした研究段階にあって、戦時行政村を比較することは、一定の意味を持つものと考えられる。すなわち、本章は、戦時統制政策の

貫徹の程度について、行政村運営を題材に探るものである。

　さらに本章では、長原豊、大鎌邦雄等によって、集落が戦時統制政策の受け皿になりえたことを、戦時ゆえの限界面まで含めて示されていることに着目し[5]、こうした視点を組み込んでいく。

　対象地域は、長野県下伊那郡河野村、下久堅村である[6]。利用史料について、河野村の分析では、胡桃沢盛（くるみざわもり）という人物の日記を用いる。胡桃沢は、所有5町1反という河野村有数の在村耕作地主であった。地元の農学校を卒業後、村会議員、助役を経て、1940年、36歳にして河野村長に就任した[7]。下久堅村の分析では、前章に引き続き、M31という人物の日記と、M区会の史料を用いる。M31は、戦時において村会議員（1936～42年）、およびM集落の第2部落常会副会長（1940、41年）であった。

　本論の構成は次のとおりである。第2節では行政村の執行体制を比較する。具体的には、部落常会、村長、翼賛壮年団の存在形態を検討する。第3、4節では、両村の政策執行過程と、その結果について分析する。第3節では食糧増産、第4節では満洲分村移民を取り上げる。第5節では、両村の持つ特性について考察し、第6節では、戦後直後における「帰結」について述べる。

第2節　執行体制

1　部落常会の設立過程

(1) 河野村

　部落常会とは、農村末端の戦時統制組織である。内務省訓令「部落会町内会等整備要項」、「部落会町内会等ノ整備指導ニ関スル県依命通牒」（1940年9月11日）により、全国に設立されていった[8]。ただし、河野村のように、内務省訓令以前から部落常会の設立が準備されている場合がある。前述のように、1936年10月、河野村では経済更生運動の一環として、農事実行組合と養蚕実行組合を統合し、村内に19の「更生組合」という組織がつくられた[9]。この19の

組織がそのまま部落常会の範囲になった。このように河野村では、戦前段階において、集落の組織が再編されていた。

(2) 下久堅村

第2章5節で述べたように、下久堅村では、農事実行組合と養蚕実行組合の再編が進まなかった。すなわち、1938年の段階で、農事実行組合（45組織）と、養蚕実行組合（14組織）が並立し、両者の「対立気運」さえ生じていたが[10]、「更生組合」のような組織は設立されなかった。こうした下久堅村でも、M集落を見る限り、多少の混乱はあったものの、部落常会は円滑に運営された。

1940年10月のM区会では、組（15組織）を単位として、部落常会を開催することが取り決められた。ところが、同年12月のM区会では、農事実行組合（5組織）を単位として、部落常会を組織することに改められた[11]。下久堅村全体では44、M集落では5つの部落常会が設立された[12]。

M集落の第2部落常会（25戸）の設立過程をみると、M31、M24（住職）、M40（在村地主）の3名が、その運営を軌道に乗せている。すなわち、1940年12月、部落常会長M24、副会長M31が選出された[13]。翌年3月には、M31、M24、M40の3名が部落常会「組織替」について協議し[14]、4月にはM31、M40が「非常に複雑」な配給肥料の計算を実施した。その作業は、「肥料も多種に亘り、且つ、之が配給方法も稲作、桑作其他に区別の上、各常会員の耕地反別に比例分配のことにしたれば、非常に複雑にして時間を費」すものであった[15]。さらに6月には、M31、M40が国債購入の割当について「協議原案」を作成した[16]。このように、権威を有するM24が頂点に立ち、複雑な事務をM31、M40が担当した。前述のように、M24、M31、M40は、挫折したとはいえ集落の経済更生運動を担った、集落リーダー層である。こうしたリーダー層によって、部落常会運営の円滑化が果たされたといえる。

部落常会のような戦時統制組織が、円滑に運営されたことを当然とみなすべきではない。ただちに比較することはできないが、同時期の中国河北省の農村では、村落における人々の結合が弱いことが一因となり、戦時統制が円滑に進

表3-1　M区会とM集落第2部落常会の開催日数

年次	区会	部落常会
1940	15	—
1941	11	15
1942	8	15
1943	8	21
1944	14	21
1945	8	20

出典：M区『議事録』1940～50年、『M31日記』各年次。
注：役員のみが出席する会合を除き、全戸出席の「部落常会」「臨時部落常会」のみをカウントしている。

表3-2　M集落第2部落常会の会議数・議案数

年度	会議数	食糧増産	部落常会運営	貯蓄国債購入	配給	他	特記なし
1941	15	2	4	2	6	0	2
1942	15	1	1	1	1	1	10
1943	21	8	3	1	0	4	6
1944	21	6	4	0	0	1	10
1945	20	10	2	0	1	2	5
1946	20	8	0	0	2	2	8

出典：『M31日記』1941～46年。
注：M31が部落常会に出席したことのみを日記に認めた場合、「特記なし」とした。

まなかったからである[17]。M集落におけるリーダー層の協調的な行動を見逃すべきではない。

　前述のように、下久堅村には、区会が存在する。区会と部落常会の関係はいかなるものであったのかを、下久堅村M区会を事例にみていく。まず表3-1は、M区会とM集落の第2部落常会の開催日数である。開催日数は、どの年度も部落常会が上回っている。次に、表3-2は、M集落の第2部落常会の議案の推移であり、『M31日記』を典拠とする。つまり、M31からみた部落常会の様子であり、M31にとって印象がない議案については、部落常会が開催されたことだけを記し、議案の内容は記されていない。これによれば、食糧増産、配給問題が、やはり、部落常会の役割であったことがわかる。さらに、表

表3-3 M区会決算 (1940、1942〜45年度)

(単位:円)

	1940年	1942年	1943年	1944年	1945年
収　入					
転貸金償還金	37.38	37.71	32.25	26.25	27.09
雑収入	1,059.34	489.40	181.18	147.22	665.00
寄付金	34.02	136.37	44.83	149.35	28.91
区費	346.00	509.14	268.99	410.54	
土木費	535.36	686.62	373.02		
道路補助金			310.00		
その他	46.98	379.53	348.72	517.16	871.42
計	2,059.08	2,238.77	1,558.99	1,250.52	1,592.42
支　出					
部落費	201.74	46.00	216.56	353.20	92.00
土木費	1,549.25	881.90			
基本金造成費					239.90
臨時費（落葉松製材）					716.00
その他	24.66	223.65	528.16	65.26	235.96
計	1,775.65	1,151.55	774.72	418.46	1,283.86
特別会計					
林道支出計		2,169.47	492.00	3,136.42	
南原橋改修地元負担金支出計					1,191.63
村道支出計			656.61		
水　利　費					
支出計	465.63	1,334.23	228	723.32	610.6

出典：M区会計『経常費歳出入予算書、決算書』1938〜52年。

3-3は、M区会の1940年、1942〜45年における歳入歳出決算である。特別会計、水利費を踏まえると、戦前期に引き続き、土木事業が区会の役割であったといえる。区会は、土木事業という農家経営の「外延」を担当し、農家経営それ自体、すなわち「家」の「深部」に関する問題を、戦時統制組織である部落常会が担当したといえる。

2　村長

(1) 河野村

　村長の存在形態について述べる。河野村では、1940年11月、胡桃沢盛村長が就任した[18]。日記には次のような記述があり、胡桃沢は志気高い村長であったとみなしうる。「変転期の指導者としては没我の気分で行くのだ」[19]、「自分の様な無力な者が村長として立てられ、村内の各機関に在る人達から支持され、或る程度信頼されている事に関しては感激に耐えざる所である。一身を投げ出して御奉公を励まねばならない」と[20]。

　さらに胡桃沢村長は、河野村の政策実施体制を築くにあたって、村長を頂点とした一元化体制を築こうとした。一元化とは何か。日記を引用しよう。

　　時局の進展に伴い、各種団体間の……強力なる統合が必要視されて来るが、これを自治体と産業経済団体と2つに分ける事は、町村自治運営の上に於ていゝ結果を斉さない……町村長に一元化する事が最もいゝと思わる[21]。

　自治体とは河野村役場、産業経済団体とは河野村産業組合・農会を指す。胡桃沢は、自治体と産業経済団体を一元化（統合）しようとした。なぜ、一元化を目指すのか。それは、行政運営にかかわる経費が削減できると同時に、強力な政策実施体制を築くことができるからである。胡桃沢の言葉を用いれば、「行政簡素化と併せ、強力なる態勢樹立」のためである[22]。

　こうした理想は、農業団体法の制定（1943年）を契機として具体化した。農業団体法によって、全国各地の産業組合と農会などが合併し、農業会という組織がつくられることが決まった。農業会とは後の農協である。河野村でも河野村産業組合・農会が統合され、河野村農業会が設立されようとしていた。1943年3月、河野村役場では、胡桃沢村長主導のもと、次の決議がなされた。原文を要約して引用する[23]。

・河野村長と河野村農業会長は同一人物とする。
・河野村会議員と河野村農業会役員を原則として同一人物とする。
・河野村役場と河野村農業会の事務所を合同する。

　以上は、河野村が自主的に決議したものであるため、長野県庁の指示を仰ぐ必要がある。3月11日、長野県地方課（市町村行政を掌る）は、一元化に伴い、村会議員が辞職するのは「困る」と指示した[24]。

　県庁からの指示を受けて、3月17日、河野村役場では次の決定がなされた。河野村長と河野村農業会長は同一人物とし、事務所も同じ場所に設置する。その一方、河野村会議員と河野村農業会役員を同一にする点は、「考慮」すると[25]。この決議は村民の賛同を得たため[26]、胡桃沢村長は、辞表を提出し、河野村長兼河野村農業会長を選ぶことになった[27]。11月、胡桃沢は村会議員の「詮衡」を経て[28]、河野村長兼農業会長に就任した[29]。なお、村会議員と農業会役員を同一とする案は、実施されなかった。

　村役場と農業団体の長を同一人物とする事例は、河野村のほか、喬木村などを挙げることができる。喬木村でも、「村内の諸勢力を結集して、強力なる指導性を確立する」ため、「事務の総合能率化を図る」ために統合が進められた[30]。

(2) 下久堅村

　下久堅村では、1940年4月、新しい村長が就任した。M31は村長と「親戚関係」であったが、「余り期待」しなかった[31]。M31が予期したように、同年12月になると、「村会に於て、村長に対する不満の声が起り、日頃の村会対村長問題」が「遂〔に〕表面化」した。山林問題をめぐる「村長の専断の行為」が問題になったのである[32]。これ以後、1年以上にわたり、村長と村会議員との対立が続き、1942年3月には次のような事態が生じた。村役場において「非常に悪性の領収証」が「発見」されたのである[33]。こうした事態を受けて、村長は「謝罪し」、辞職するに至った[34]。

村長辞職に前後して、村内の対立は解消されていった。1942年4月以降敗戦まで、村長の交代はない。また、前章でみたように、M31とYとは、昭和恐慌期における下久堅村政の最大の対立軸であった。しかしM31とYは、1942年2月、和解に至った。つまり、「多年Y氏と常に対立せるを水に流して、村政に協力すべく誓をなし、国策に順応して自治体の強化を画策」するために、M31とYは話し合い、「和解」した[35]。

さらに、同年5月の村会議員選挙では、波乱のない「部落選挙」が実施された。この選挙は翼賛選挙に該当しており、下久堅村会では、選挙前に「従来の如き無益の競争を避けて、村治の円満を図るため」、村会議員を集落ごとの「割当制に改め」ることが議決された[36]。

もちろん、これ以前から集落ごとに、均等に村議を選出する慣行は存在した。しかし、戸数が少ない稲葉集落から村会議員が選出されることは、1913年村議選からみる限り一度しかなかった[37]。こうしたなか1942年4月には、稲葉集落と隣のM集落のあいだで、村会議員の「割振り」が協議された。その内容は、①M・稲葉から1名ずつ選出する場合、②Mから2名選出する場合の2パターンを設定し、この先において、①→②→②の順番で村議を選んでいくというものである。1942年村議選では①が実施され、全集落から村議が選出された[38]。Mと稲葉は近世M村の範囲であり、村議の「割振り」という側面において、近世村の範囲が生かされたと考えられる[39]。

3 翼賛壮年団

翼賛壮年団とは、地域の中堅層によって構成される組織であり、「国策を底辺まで徹底」させるために、さまざまな活動を行った[40]。全国のほとんどの市町村で結成されたが、活動が形骸化する場合もあった。

河野村翼賛壮年団は、1941年1月に結成され[41]、その活動は活発であった。『信濃毎日新聞』には、河野村「翼壮〔翼賛壮年団〕幹部の殆ど全部が内原訓練所の錬成を経てゐる」という記述がある[42]。すなわち、河野村翼賛壮年団幹部は、満蒙開拓青少年義勇軍内原訓練所での「錬成」を経験した。こうした人

物は、当時、「農村中堅人物」と呼ばれた[43]。その代表は、筒井甚一、滝川素一であり、2人は村の要職に就任していった[44]。

　河野村翼賛壮年団は、食糧増産、農業共同経営を実施し、また、それにかかわる講習会を開催した[45]。より重要なことは、村常会（行政村レベルの戦時統制組織）はもちろんのこと、村常会準備会の段階から、翼賛壮年団幹部が種々の提案を行った点である。たとえば、1941年8月の村常会準備会において、翼賛壮年団は「食糧増産、肥料、農業共同経営に関する研究等の問題呈出」を実施した[46]。こうした行政村レベルの戦時統制組織に、翼賛壮年団が積極的に参加したことは、翼賛壮年団が強い勢力を持った他の村でも確認できる[47]。

　次のように、胡桃沢村長は、翼賛壮年団に期待した。「壮年団作業を視察に行く。勤人等も総て1日を休みて作業に奉仕。作業中は黙として一言も開かず。真に翼賛精神を顕現せるもの。新生河野はこゝより出発す」と[48]。

　新聞には、胡桃沢村長を頂点とし、翼賛壮年団を「底辺」とした、河野村の体制は「たくましい」とある[49]。河野村では胡桃沢村長を「農村中心人物」、翼賛壮年団幹部を「農村中堅人物」とした、政策執行体制が「確立」したといえる。

　ただし、翼賛壮年団幹部は満洲移民に積極的だが、胡桃沢村長は消極的であるという亀裂が存在した。1942年10月、翼賛壮年団主催の懇談会が開かれた。主な議題は満洲移民であった。この日の胡桃沢日記には、満洲移民という「論じ易い遠くの問題へ飛び、無責任な発言のみ多」い、「俺も今少し強引に行けなくては自分が嫌になる」とある[50]。

　なお、下久堅村でも、翼賛壮年団は結成されている。ただし、1940年より敗戦の間、『M31日記』には1回[51]、M区『会議録』には2回、翼賛壮年団が登場するのみである[52]。下久堅村翼賛壮年団の活動は、盛んではなかったと推定される。

第3節　食糧増産

1　河野村——村外者・村内非農家による勤労奉仕——

　1と2では、勤労奉仕について検討するが、両村の比較は行わず、それぞれの史料から判明したことを述べる。河野村の史料からは、村外者・村内非農家による勤労奉仕の模様が判明する[53]。これを表3-4にまとめた。郡内中学生、商業報国隊、御牧ヶ原修練農場「修錬生」、朝鮮農業報国青年隊など勤労奉仕者は多岐にわたる。

　なかでも、朝鮮農業報国青年隊の存在が着目される。朝鮮農業報国青年隊とは、農繁期に朝鮮人青年を、日本の農家に派遣する制度である。その構成メンバーは、朝鮮の「中流以上の農家の子弟」かつ、朝鮮の「公立訓練所、実業補習学校卒業生」のなかで「選抜」された者である[54]。朝鮮総督府などが実施主体となった。1940～44年まで、全国各地に派遣された[55]。長野県では河野村、小県郡中塩田村、東筑摩郡島内村、上伊那郡飯島村が選ばれた[56]。

　1943年4月、長野県農政課森本技師より、河野村において朝鮮農業報国青年隊を受け入れるよう打診があった。胡桃沢村長は、「面白い事と思う」として、「受諾」した[57]。5月25日、朝鮮農業報国青年隊員30名が来村し、青年隊員1名につき、1戸の農家が受け入れた[58]。

　6月4日、朝鮮農業報国青年隊員と、河野村青年団員が座談会を開いた。そのなかで、朝鮮農業報国青年隊員は、次のように発言した。以下、「内地」とは日本、「半島」とは朝鮮を指す。

・「内地へ入りて見て、国家に尽す奉仕の点が、半島と天地の差があると思った」。
・「内地の経営は其の規模が小さいが、収量に於ては非常に多い。半島は作業が能率的であり、内地は集約的（特に人的に）であると思う」。

第 3 章　昭和戦時期における政策の執行　129

表 3-4　村外者・村内非農家による勤労奉仕（河野村）

期　間		勤労奉仕者	備　考
1941	10月20～22日 10月28～30日	郡内中学生 〃	約20人 「桑株」堀り
1942	6月13～17日 10月19～23日 10月23～24日 10月30～11月2日	〃 〃 商業報国隊 御牧ヶ原修錬農場「修錬生」	約25人か、麦刈り 約25人か、（稲刈り） 約20人、稲刈り 16人
1943	5月25～6月24日 6月27日 11月16～19日 10月16日 10月22～23日	朝鮮農業報国青年隊 郡内中学生 御牧ヶ原修錬農場「修錬生」 郡内中学生 商業報国隊	30人 56人 45人、「反当85貫」の甘藷供出手伝い、堀越地区配水工事 ― 30人
1944	6月19～30日 6月25、26日 10月15～30日 10月17～22日 ―～11月20日	郡内中学生 村内非農家 飯田中学校 飯田警察署・蚕業試験場 飯田支場講習生ほか 村内非農家	― 70人 100人 45人 のべ409人、労賃1工80銭
1945	5月10日 6月20～7月5日	疎開者、女子青年団員 村内非農家、疎開者	疎開者4人、女子青年団員28人、稚蚕共同飼育

出典：『胡桃沢村長日誌』、『胡桃沢盛日記』。
注：―は不明。

・「朝鮮は頭の良きもの、学校を出たもの等皆百姓を嫌って官吏になりたがる。内地では立派な方が百姓を真剣にやって居る」。

　青年隊員について胡桃沢は、「内地の青年に劣らない。相当はっきりした物の観察をやっている」と評価した[59]。ただし、その受け入れが、かならずしも順調であったわけではない。

　1943年6月5日、胡桃沢村長は、受け入れ農家を巡回し、「村内に3、4、〔青年隊員と〕ぴったり行かぬ処もあるらしいが、何れも平素村内に於ても良く言われぬ家である。経営振りが如何によくても、自分の家の事、自分の事だけをよく仕様と云う家は……駄目だ」と認識した[60]。さらに、6月17日、胡桃沢村

長は、受け入れが不十分な農家に入った青年は、日本人農家とかえって「溝」をつくっていることを観察した[61]。

6月24日、朝鮮農業報国青年隊帰還式が行われた。胡桃沢は、青年隊員に対する「親しさが一層増」しており[62]、青年隊との別れは「感激深き」ものとなった[63]。その時、青年隊員がいかなる気持ちを抱き、帰国したのかまでは判明しない。

最後に、村外者・村内非農家による勤労奉仕は、戦時末期において限界に近づいていたことがうかがえる。1945年6月、疎開者全員（人数不明）が、勤労奉仕を行うことが決議された。その際、「1人と雖も徒労者なからしむる事」が徹底された[64]。前掲表3-4のように、1943・44年に、勤労奉仕者数が増えていることと合わせると、戦時末期になるに従い、労働力不足が著しくなったことがうかがえる。

2　下久堅村M集落——出征軍人留守家族に対する労力奉仕——

下久堅村M集落の史料を用い、集落住民による労力奉仕について検討する。1937年9月、M区銃後奉公会が設立された。これは出征軍人留守家族に対する労力奉仕、慰問などを担当する組織である[65]。1938年3月、次のように「勤労奉仕計画」に関するルールが策定された。

> M「区農民は、義務的に1工宛は原則として、全部に渡り一巡すること。一巡したる後は、村税戸数割による等級に基き、4階級に分ち、1級無報酬、2級20銭、3級40銭、4級60銭の割合により、区後援会費の内より支給すること。区全般に渡り奉仕一巡したる後は、1級より順次出勤せしめること」[66]。

1940年7月には、「勤労奉仕支給手当」が増額され、「1級無報酬、2級40銭、3級80銭、4級1円20銭」と定められた。それは「一般労働日給」が「2円50銭位」まで高騰したためである。労力奉仕（1940年）の階層別出役者数は、1

級(最上層)20名、2級23名、3級17名、4級(最下層)24名である。このうち、出役が2回に及ぶのは、1級4名、2級7名、3、4級とも0であり、下層(3・4級)の出役が少ない[67]。労賃が相場よりも低く設定されており、下層が積極的に労働するための動機がなかったといえる。以上によって勤労奉仕は、労賃を目当てとするものではなく、集落住民の規範によってなされたものと判断しうる。

表3-5は、M集落における労力奉仕の具体例である。たとえば、1組に住む

表3-5 集落住民による労力奉仕の具体例(下久堅村M集落)

1組所属T家に対する労力奉仕		
時　期	労力奉仕者	内　容
1937年12月	5組1名、6組3名、8組1名	桑園づくり
1938年4月	2組2名	桑園春肥
1938年6月	1組2名	桑畑草かき
1938年7月	1組1名、2組1名	桑畑耕作

11組所属K家に対する労力奉仕		
1938年4月	11組1名	春肥
1938年6月	7組1名	畑除草
1938年7月	8組1名、12組1名	―
1938年11月	9組1名、11組1名	
1939年4月	6組1名	春肥
1939年6月	5組1名、8組1名、9組1名	草かき
1939年7月	1組1名	畑天地返し
1939年11月	4組1名、9組1名	

出典：M銃後奉公会『自昭和十二年　M銃後奉公会記録』。組の所属については、M区『昭和十年度以降土木費徴集原簿、昭和二十二年以降部落費徴集原簿』。

注：1)たとえば、「5組1名」とは、5組に所属する1名が奉仕したことを示す。
　　2)―は不明。
　　3)1組所属T家は所有9畝・経営1反5畝、労働可能家族人員男性0、女性2。11組所属K家は所有・経営とも2反、労働可能家族人員男性1、女性3。

T家に対する奉仕をみると、1937年12月には、5組に住む1名、6組の3名、8組の1名、翌年4月には、2組の2名が従事した。このように、かならずしも近隣の家どうしで、奉仕を行っているわけではない。集落全戸が、順番に奉仕するというルールがあるためである。勤労奉仕における家々の共同関係と、従来の生産・生活互助における家々の共同関係とは、ずれが生じている可能性が高い。

表3-6は、出征軍人留守家族に対する奉仕工数(日数)の推移である。戦時末期になるに従い、出征軍人留守家族は増加する一方、奉仕対象農家数は減少している。このような状況において、1944年10月、「農繁期の勤労奉仕は、非農家を〔行政〕村より割当ることに」変更され、集落住民による勤労奉仕は

表3-6　出征軍人留守家族に対する労力奉仕工数（日数）の推移（下久堅村 M 集落）

年	月	出征軍人留守家族総数	労力奉仕対象農家数	労力奉仕工数（日数）	1家当たり工数（日数）
1938	5		5	21	4.2
	6		9	25	2.8
	7		11	24	2.2
	10・11	13	10	42	4.2
1939	5		13	19	1.5
	6		13	30	2.3
	7		11	22	2.0
	10・11	13	10	29	2.9
1940	4		12	21	1.8
	5		11	15	1.4
	6		11	22	2.0
	7		12	24	2.0
	10・11	15	11	28	2.5
1941	4		11	19	1.7
	5		10	26	2.6
	7		9	14	1.6
	10・11	22	15	23	1.5
1942	4		16	22	1.4
	5・6		6	16	2.7
	10・11	21	—	—	—
1943	4		10	21	2.1
	10・11	28	9	21	2.3

出典：前掲 M 銃後奉公会『自昭和十二年　M 銃後奉公会記録』、同『自昭和十七年　M 銃後奉公会記録』。
注：—は不明。

「中止」となった[68]。集落住民の規範に依拠した活動は、限界に達したのである。

3　食糧供出

食糧供出について、河野村と下久堅村を比較する[69]。1943年12月20日現在の供米成績（表3-7）について、河野村は最上位のグループ、下久堅村は中位のグループに属する。また、翌年12月末日現在の供米成績について、河野村は最上位のグループ、すなわち、12月30日までに供出完了を見込んでいる。その一方、下久堅村は完了の目途が立っていない[70]。このように、河野村と下久堅村では、供米成績に差がある。なお、農家1戸当たり水稲作付面積（1944年）

は、河野村約3.3反、下久堅村約1.7反である[71]。

ただし、いかに成績が良くても、食糧供出は困難が伴った。河野村では、最初に供米が課された1940年において、警察や県職員が何度も介入した後に、割当が達成されている。すなわち、同年5月には、供出成績がおもわしくないため、「犬飼警部補」、「県武井属」が来村し、供出を「督励」した[72]。また同月、村役場職員全員が、県職員とともに、農家にどれほどの米が残っているかを、「徹底的」に調査した[73]。6月には、県職員が来村し、農家に対して供出を要求した。その際、村民の「感情を刺激する」ような「強硬な態度」がみられた[74]。

表3-7 下伊那郡内各町村の供米実績（1943年12月20日現在・上位順）

(単位：%)

飯田市	87.7	鼎村	48.5
山吹村	80.8	竜丘村	42.3
河野村	76.3	山本村	39.4
喬木村	75.1	智里村	36.3
上郷村	72.8	下久堅村	23.0
三穂村	71.6	伍和村	18.2
伊賀良村	71.6	下條村	10.4
松尾村	68.6	富草村	8.8
会地村	66.7	大下条村	8.6
座光寺村	60.4	生田村	8.5
大島村	54.5	川路村	2.4
市田村	50.5	竜江村	0.2
神稲村	50.3	上久堅村	0.2

出典：「管理米供出督励ノ件」竜丘支所文書『翼賛壮年団関係綴（3）』1943～44年。
注：判明分を示した。

その後、1943年から敗戦まで、警察や県職員の介入なくして、供出が達成された。1944年末の段階で、「甘藷は5万7千貫を完了。米は6,200俵」、供出達成率「94％、成績は良」とある[75]。良好な成績は、戦時末期まで維持された[76]。しかし、それは農家に無理を強いるものであった。1944年11月の段階で、自家保有米に「難渋する農家相当現れる模様」となった[77]。

第4節 「満洲」分村移民

1 河野村——皇国農村確立運動——

皇国農村確立運動とは、1943年から敗戦にかけて実施された農村政策である。それは、食糧を国民に十分供給できるよう、「適正経営規模農家」を中核とした農村建設を目指すものであり、その具体策は「標準農村の設定」、「自作農創設維持事業整備拡充」、「修錬農場組織拡充」の「3本柱」からなる[78]。農林省

は、1943年、全国303町村を標準農村に指定した[79]。

　河野村では、皇国農村確立運動という政策によって、満洲分村移民が実施された[80]。同村において、分村移民を構想したのは、筒井愛吉（河野村産業組合長、後の満洲河野村分団長）という人物であった。1942年、村役場のなかに、分村移民「準備委員会」や、移民関係の嘱託が置かれた[81]。ただし、1943年3月当時、分村移民は「成案を得」ない状況であった[82]。

　同年3月、胡桃沢村長は、長野県農政課から、皇国農村確立運動に関する説明を受けた[83]。6月、長野県下伊那地方事務所は、河野村含む5村を標準農村として、農林省に推薦した（河野、上郷、山本、市田、下條各村）。その際、地方事務所は胡桃沢に対して、下伊那郡は「開拓特別指導郡」（1942年拓務省指定　全国12郡）であるため、皇国農村確立運動を用いて、満洲分村移民を実施して欲しいと述べた[84]。9月、下伊那郡からは、河野村・上郷村・山本村が、標準農村に指定された[85]。

　前述のように、胡桃沢村長は満洲移民送出に消極的であった。標準農村指定後の10月12日、土地調査のために県職員が来村した。調査の結果、胡桃沢村長は、河野村において、皇国農村確立運動の眼目たる自作農創設は、「困難」と判断した[86]。

　河野村の小作地率は、1942年現在、49％であり、下伊那郡39町村のなかで9番目に高い[87]。河野村は、長野県から「純小作農（90戸）過多なるにつき、自作農創設につき村に於て努力すべきこと」という指導を受けていた[88]。自作農創設が、相対的には「困難」な村だったのである。

　自作農創設が「困難」である場合の選択肢の1つは、一定数の村民を満洲に送り出すことである。10月13日、胡桃沢は、筒井愛吉に会い、満洲移民の「意見」と「抱負」を聞いた[89]。21日、胡桃沢と筒井は、長野県下伊那地方事務所兵事厚生課長と会談し、分村移民を決断した。

　その日の日記には、「筒井の経〔計〕画に基いて、村の事業として送出計画を進むる事に肚を定める」、「安意のみを願ってゐては今の時局を乗りきれない。俺も男だ。他の何処の村長にも劣ない、否勝れた指導者として飛躍しよう」と

ある[90]。翌日、村会協議会において、満洲分村移民が議決された[91]。このように胡桃沢は、「俺も男だ」と「飛躍」し、満洲分村移民を決断した。

河野村に配分された、皇国農村確立運動の補助金は9万7,500円である。満洲移民に関して5万円、村に残った農家の育成に関して4万7,500円が割り当てられた。1945年1月、95名からなる満洲分村移民送出が完了した[92]。なお、河野村と同時に、標準農村に指定された上郷村は、共同作業場設置、農地の交換分合などを行った。また、山本村は、有畜農業確立などを計画した。分村移民を実施したのは河野村だけだった[93]。

2　下久堅村

下久堅村は分村移民を実施しなかった。1943年2月、M31は、次のように記した。「本村の満洲開拓移民送出計画」は、「目下の〔行政〕村当局が漫然たる方針にて、他動的に出発せる現状等に期待は不可能。根本より研討して着手の要ある」と。M31は具体的に、行政村当局が「送出後の家族の生計援助」、「財産管理負債整理計画」を「確立せざること」、「上からの企画に基き運動開始せるものにして、移民に対する認識を欠き、送出に熱意なきこと」を批判した[94]。

M31の見方に従えば、下久堅村では、行政村が「漫然たる方針」であることにより、分村移民を実施しなかった。下伊那郡大下条村、平岡村のように、村長が反対し、分村移民を実施しなかった事例は明らかになっているが[95]、皮肉にも、行政村の方針が「漫然」であることも、分村移民を実施しない要因の1つになりえたといえる。

第5節　考察

1　差異を生む要因

以上、河野村と下久堅村の政策執行について比較した。河野村と下久堅村の違いを生む要因は何であるか。本章では、近世村と近代行政村の継承関係、地

理的条件という2点に着目する。

まず、近世村と近代行政村の継承関係である。一般的に、近代日本の行政村は、いくつかの旧近世村によって構成される。下久堅村は、5つの近世村からなる[96]。その一方、全国的に数は少ないが、1つの近世村がそのまま、近代行政村の範囲になった事例があり、河野村が該当する。河野村の行政村としての一体性について、新聞史料は次のように記している。

　　もともとこの村はすべてが滑らかに運んでゐる村で、たとへば明治初年には大小百社に近い神社や祠が散在して夫に崇敬されてゐたが、一切の社祠を統合して村社大宮大社に合祀してしまった……こんな点が村内融合に案外大きな効果を齎してゐるかも知れぬ[97]。

神社は、集落（旧近世村）の精神的紐帯となることが多いが、河野村は、近代行政村が旧近世村の範囲と一致するため、「滑らかに」、「神社や祠」を統合しえたといえる[98]。

次に地理的条件である。河野村は平坦地と山間地によって構成されており、平坦地に2つの集落（北、南）、山間地に1つの集落（堀越）がある。このうち、中心的な集落は平坦地の2集落であり、中心的な集落どうしが、山や谷に隔てられ、利害を異にし、行政村運営が混乱するという事態は、他村に比べれば少なかった[99]。その一方、下久堅村は、前述のように、集落間が「山又は谷」に隔てられていることにより、土木事業をめぐる集落間の平等な利益分配が困難であった。ある集落は、1935年、集落を単位とした村税滞納によって、行政村に対する異議申し立てを行った。こうした状況のもと、昭和恐慌期には経済更生運動に挫折している。下久堅村は、地理的条件によって、行政村が統合力を持ちにくかった。

2　河野村は「標準農村」の典型か

河野村は、標準農村の典型の1つとみなすことができる。長野県からは、

表3-8 「皇国農村を訪ふ」(『信濃毎日新聞』)の各村タイトル

郡	行政村	タイトル	性格
下伊那郡	河野村	特長は無色と平凡 ──村の頂点三九歳の青年村長──	有力な人物
下伊那郡	上郷村	全戸の半数が非農家 ──難事に恐れぬ父祖伝来の結束力──	有力な人物
北佐久郡	三都和村	村民常会を中心に ──一村協和へ 政争禍から起ち上る──	有力な人物
小県郡	浦里村	戦ひはこれからだ ──余りに有名な浦里 決意新たに──	有力な人物
上高井郡	豊洲村	良い指導者に恵まれ ──嘗て揉めを知らぬ円満な豊穣村──	有力な人物
下伊那郡	山本村	青年村長の統率下 ──有畜農業経営の完成へ挙村邁進──	有力な人物 特徴的な農業経営
諏訪郡	泉野村	日本一の山羊の村 ──藤森氏一七年の「土の教育」──	特徴的な農業経営 有力な人物
諏訪郡	玉川村	区に共同収益地 ──兎の玉川 唯一の悩みは水利問題──	特徴的な農業経営
西筑摩郡	開田村	馬小作に名を売る ──山間の寒冷村 標準完成へ黙々の実践──	特徴的な農業経営
諏訪郡	富士見村	満洲分村に先駆 ──二月八日の衝撃 皇農建設に拍車──	自作農創設
上伊那郡	南向村	奮ひ立つ貯蓄村 ──適正農家の建設へ一路邁進──	自作農創設
東筑摩郡	笹賀村	適正標準の実現へ ──急務は水利完成と自作農創設──	自作農創設
下高井郡	木島村	自作農創設と土地交換分合へ ──水禍の中に立ち上る奥信濃の穀倉──	自作農創設

出典:『信濃毎日新聞』1943年9月28日～10月13日。
注 :性格欄は筆者が追記した。

1943年において13村が標準農村に指定された。『信濃毎日新聞』は、県内の標準農村を1村ずつ紹介しており、表3-8はその記事タイトルを行政村別に示したものである。

　この表によって、どのような性格を持つ村が選ばれたのかがうかがえる。その性格を大別すると、①有力な「人物」(または、人々の強固な結合)が存在していること、②特徴的な農業経営が展開されていること、③自作農創設の実

現可能性が高いことの3つである。河野村は①に該当しており、「無色と平凡」ななかに、「39歳の青年村長」が存在すると紹介されている。加えて、記事の本文には、前述のように、胡桃沢村長を頂点とし、翼賛壮年団を「底辺」とした、河野村の体制は「たくましい」と書かれている[100]。これにより、河野村は有力な「人物」、具体的には、行政村レベルの「農村中心人物」(胡桃沢村長)、「農村中堅人物」(翼賛壮年団幹部)の強さが際立つ村であったことがわかる。

第6節　戦後直後の動向

最後に、戦後直後の動向について述べる。河野村では、食糧供出成績が悪化している。1945年10月には食糧供出について、農家から「烈しい議論が出」ている[101]。翌年4月には、供出成績が「低調」のため、「進駐軍」が「督励」のため来村した[102]。その後、河野村の供出成績は、周辺と比べて「最末」となり、「強権発動」が実施された[103]。供出成績低下の要因は、供出意欲が減退するなか、標準農村であったため、「実際の収穫高」よりも割当の「目標高が高過ぎ」たからであった[104]。さらに食糧供出の苛烈さを一因として、地主による小作地引上げが115件生じており、その関係面積は、7町5反にのぼった[105]。

また、敗戦後、村役場や農業会に対する住民の不信感が噴出した。1946年の日記には、河野村農業会幹部のなかに「汚濁」(不正)をしている者がおり、「村民の敵意を買」っている、とある[106]。また、村役場に対する「世論も相当高き情勢」であると記されている[107]。胡桃沢は、「自分が余りにぼんやりして居た」なかで、村役場内部の「腐敗が余りに非道」くなったことに責任を感じ、辞表を提出した[108]。

河野村満洲分村移民の戦後の動向は明らかにされている[109]。すなわち、1945年8月、満洲移民は「集団自決」に至った。胡桃沢は、「集団自決」のことを知らず、「分村の人達」のことを「案じ」、「夜も最近眠られ」なくなっていた[110]。また、胡桃沢は、戦時から戦後への移行において、次のような「不安」を抱いていた。

何処へ世の中は落着するのか。不安はこゝにある。一角の指導者面をして居た時の自分には人の前へ立って語るだけの自身があったのに、今日の自分は自分一人だけを扱い兼ねるつまらない人間になっている。果して今後どうなるものか。此の迷いの中から、動かざる何物かを把握し得たなら、それは幸いであるが、そんなものはあるのかどうか……善悪に関せず、強いものが勝ち残って、気の弱い正直者は滅し去るのか。それとも正直者が生存し続けて行け。正しからざる者が成敗されて行く日があるのか。悩みは解けない。不正直な立廻りのいゝ者が残るとすれば、地位を利用し権力を持つこの物資を動かす面にある者等が此の世の一時王者になる。すれば世は正に暗闇である[111]。

1946年7月27日、胡桃沢盛は自死を選択した。新聞には次の記述がある。

満洲移民とは「終戦とともに消息が絶えてしまひ、他村のものが帰り始め殊に去る23日には約450名の水曲柳開拓協同組合の拓民が無事帰村したが、自村民はなほ消息さへ不明なので深く責任を感じて自決したことが遺書によって判明した。遺書には、開拓民を悲惨な状況に追ひ込んで申訳がない、あとの面倒が見られぬことが心残りだ、財産や家は開拓民に解放してやってくれとあった」[112]。

このように戦時における「模範的」な行政村運営は、悲劇に帰結した。胡桃沢のほか、「農村中堅人物」の代表たる元翼賛壮年団長2名も、1946年までに村政から退出しており[113]、河野村において、戦時の執行体制と戦後改革の担い手とは断絶している。ただし例外があり、1941年5月、胡桃沢盛が、他村より河野村農会技術員として招聘した小沢万里は、内原での錬成を経た「農村中堅人物」であり、河野村農地委員会会長として、戦後改革を担っている[114]。

その一方、下久堅村では、M31が食糧供出、農地改革をめぐって農村社会

運動を組織した。この段階において、戦時部落常会運営にみられたような、集落リーダー層の協調的な行動は、一部において消滅した。こうした動向については、次章において検討する。

第7節　おわりに

　分析結果をまとめよう。河野村は、下伊那郡のなかで集落組織の再編が最も進んだグループに属し、村長（農村中心人物）、翼賛壮年団幹部（農村中堅人物）によって構成される政策執行体制が築かれた。こうした体制のもと、供米成績は郡内最上位であった。また、皇国農村確立運動によって、満洲分村移民を実施したが、それは悲劇に帰結した。その一方、下久堅村は、下伊那郡のなかで集落組織の再編が最も進まなかったグループに属し、河野村のような強力な体制は築かれなかった。ただし、1942年に村内対立が解消されている。供米成績は郡内中位であり、また、M31の見方に従えば、行政村の方針が「漫然」であることにより、満洲分村移民を実施しなかった。両村は、行政村の持つ統合力に差があり、それは近世村と近現代行政村の継承関係、地理的条件の2つに起因するものと考えられる[115]。ただし、同時に指摘する必要があるのは、下久堅村M集落の部落常会設立過程、戦時末期を除く出征軍人留守家族扶助を見る限り、行政村レベルの体制如何にかかわらず、集落住民の規範によって、政策が執行しうる、という側面がみられた点にある。

注
1)　大石嘉一郎・西田美昭編著『近代日本の行政村——長野県埴科郡五加村の研究——』（日本経済評論社、1991年）、森武麿『戦時日本農村社会の研究』（東京大学出版会、1999年）。
2)　庄司俊作『日本の村落と主体形成——協同と自治——』（日本経済評論社、2012年）。
3)　坂根嘉弘『日本戦時農地政策の研究』（清文堂出版、2012年）。
4)　伊藤淳史『日本農民政策史論——開拓・移民・教育訓練——』（京都大学学術出版会、2013年）。

5）　長原豊「戦時統制と村落」（日本村落史講座編集委員会編『日本村落史講座五　政治Ⅱ〔近世・近現代〕』雄山閣出版、1990年）、大鎌邦雄「戦時統制政策と農村社会」（野田公夫編著『戦後日本の食料・農業・農村1　戦時体制期』農林統計協会、2003年）。
6）　河野村の概要は次のとおり。大字1（河野）、集落3（北・南・堀越）。土地の主な構成（1940年）は、田158町、畑114町、山林774町、原野198町。戸口（1935年）は、532戸、2,939人。主要生産物価額（1939年）は、蚕繭糸約54万7,000円、桑を含む農産約24万1,000円、林産約5万8,000円。農家戸数（1939年）426戸（専業342戸）、農家1戸当たり田畑5.1反。小作地率（1942年）49％。下久堅村の概要は次のとおり。大字2（下久堅、虎岩）、集落7（下虎岩・知久平・柿野沢・小林・M・稲葉・上虎岩）。このうち、下虎岩、上虎岩が大字虎岩、その他が大字下久堅。土地の主な構成（1940年）は、田185町、畑188町、山林117町、原野238町。戸口（1935年）は、889戸、4,889人。主要生産物価額（1939年）は、蚕繭糸約107万8,000円、桑含む農産約21万9,000円、林産約9,000円。農家戸数（1939年）685戸（専業233戸）、農家1戸当たり田畑3.4反。小作地率（1942年）41％。河野村「河野村勢一覧」1940年、下久堅村「下久堅村勢一覧」同年（以上、飯田市歴史研究所所蔵）小作地率のみ、田中雅孝『両大戦間期の組合製糸――長野県下伊那地方の事例――』（御茶の水書房、2009年）87頁。
7）　胡桃沢盛（1905～46年）は、竜東農蚕学校（下伊那郡喬木村）卒業、昭和初期の段階で所有5町1反・経営1町6反（田中雅孝「解題」胡桃沢日記刊行会編、飯田市歴史研究所監修『胡桃沢盛日記』第3巻、2012年、443頁）。河野村議（1933～39年）、河野村助役（1939、40年）、河野村長、農会長、農業会長（1940～46年）。『胡桃沢盛日記』1921～46年、『胡桃沢村長日誌』1941～45年は、飯田市歴史研究所所蔵。その全文は、「胡桃沢盛日記」刊行会・飯田市歴史研究所監修『胡桃沢盛日記』全6巻（2011～13年）として翻刻、出版されている。
8）　部落常会研究としては以下がある。菅野正『近代日本における農民支配の史的構造』（御茶の水書房、1978年）865～888頁、細谷昂「戦時体制と部落会」（菅野正・田原音和・細谷昂『東北農民の思想と行動』御茶の水書房、1984年）、大門正克・栗原るみ・林宥一「戦争経済と戦時行政村」（前掲大石嘉一郎・西田美昭編著『近代日本の行政村』）、鳥越皓之『地域自治会の研究』（ミネルヴァ書房、1994年）第5章、前掲庄司俊作『日本の村落と主体形成』第4章ほか。
9）　『信濃大衆新聞』1936年8月29日、『胡桃沢盛日記』1936年10月7、8日。
10）　下久堅村長→長野県総務部長「町村行政ニ関スル調査ノ件」1938年（下久堅村『自昭和十三年報告書綴』飯田市下久堅自治振興センター所蔵）。

11) M区『会議録』1940～50年（M区民センター所蔵）。
12) 長野県『市町村下部組織整備状況』1942年、91～92頁。
13) 『M31日記』1940年12月13日。
14) 同上、1941年3月28日。
15) 同上、1941年4月1日。
16) 同上、1941年6月26日。
17) 笹川祐史・奥村哲『銃後の中国社会――日中戦争下の総動員と農村――』（岩波書店、2007年）。
18) 『胡桃沢盛日記』1940年11月8日。
19) 同上、1941年10月4日。
20) 同上、1941年12月27日。
21) 同上、1941年11月30日。
22) 同上、1943年12月10日。
23) 『胡桃沢村長日誌』1943年3月8日。
24) 同上、1943年3月11日。
25) 『胡桃沢盛日記』1943年3月17日。
26) 同上、1943年5月22日。
27) 『胡桃沢村長日誌』1943年10月22日。
28) 同上、1943年11月4日。
29) 『胡桃沢盛日記』1943年12月31日。
30) 「喬木村村体制整備の動機及経過」竜丘村翼賛壮年団『翼賛壮年団関係綴（1）』1943年、竜丘支所文書、飯田市歴史研究所所蔵。
31) 『M31日記』1940年4月27日。
32) 同上、1940年12月23日。
33) 同上、1942年3月6日。
34) 同上、1942年3月16日。
35) 同上、1942年2月7日。
36) 同上、1942年5月9日。
37) 本書第1章表1-6を参照。
38) 前掲M区『会議録』1940～50年。集落戸数（1933年現在）と1942年4月村議選の選出人数は次のとおり。下虎岩（302戸、村議3名）、知久平（217戸、3名）、小林（72戸、1名）、柿野沢（94戸、1名）、M（136戸、1名）、稲葉（22戸、1名）、上虎岩（169戸、2名）。下久堅村『職員名簿』1916～47年。こうした翼賛選挙における「部落選挙」の貫徹について、庄司俊作は「村議の村落代表制」の成立と

みなしており（前掲庄司俊作『日本の村落と主体形成』380～385頁）、本書では、それが下久堅村でもみられたことを示した。

39) 下久堅村の集落と近世村との対応を示すと、知久平（近世知久平村）、柿野沢（近世柿野沢村）、M・稲葉（近世M村）、上虎岩・下虎岩（近世虎岩村）、小林（近世柏原村の一部）。下久堅村誌編纂委員会『下久堅村誌』1973年、567、589頁。

40) 金奉湜「翼賛壮年団論」（『歴史評論』第591号、1999年7月）88頁。翼賛壮年団の地方活動を論じたものとして、以下の研究がある。小峰和夫「ファシズム体制下の村政担当層」（大江志乃夫編著『日本ファシズムの形成と農村』校倉書房、1978年）、山本多佳子「地方青壮年にとっての国民再組織」（『史論』第43号、1990年3月）、樋口雄彦「金岡村にみる翼賛体制の担い手たち」（『沼津市史研究』第3号、1994年3月）、板垣邦子『日米決戦下の格差と平等』（吉川弘文館、2008年）143～163頁ほか。

41) 『胡桃沢盛日記』1941年1月16、25日。

42) 『信濃毎日新聞』1943年10月6日。1942年までに、内原における「錬成」を経た河野村民は、筒井、滝川を含む6名である。『胡桃沢村長日誌』1942年12月17日。

43) 戦時における「農村中堅人物」については、それぞれ視点を異にしながら、岩崎正弥『農本思想の社会史』（京都大学学術出版会、1997年）第9章、野本京子『戦前期ペザンティズムの系譜』（日本経済評論社、1999年）第6章、南相虎『昭和戦前期の国家と農村』（日本経済評論社、2002年）第2、3章、前掲伊藤淳史『日本農民政策史論』第1章。

44) 筒井甚一（1941年翼賛壮年団長）、滝川素一（1942年団長）は、1942年5月から村議、同月「集合開拓団送出計画」準備委員、同年7月河野村役場拓務係書記（滝川）、1943年12月標準農村参与、翌年2月河野村助役（滝川）。『胡桃沢盛日記』、『胡桃沢村長日誌』。

45) 『胡桃沢村長日誌』1942年3月13～15日ほか。

46) 『胡桃沢盛日記』1941年8月29日。

47) 関口龍夫『小布施村――村の壮年団史――』（報道出版社、1943年）111～120頁。

48) 『胡桃沢盛日記』1941年1月30日。

49) 『信濃毎日新聞』1943年10月6日。

50) 『胡桃沢盛日記』1942年10月9日。

51) 『M31日記』1942年10月9日。

52) M区「区会」1941年1月15日、1943年12月30日（前掲M区『会議録』）、「各村翼賛壮年団長名」竜丘村翼賛壮年団『翼賛壮年団関係綴（2）』竜丘支所文書（飯田市歴史研究所所蔵）。

53) 村外者の勤労奉仕に着目した論考として、前掲伊藤淳史『日本農民政策史論』第1章。
54) 『胡桃沢盛日記』1943年4月13日。
55) 朝鮮農業報国青年隊については、樋口雄一『戦時下朝鮮の農民生活誌』(社会評論社、1998年) 239～245頁。
56) 『胡桃沢盛日記』1943年4月13日。4村のうち「標準農村」は河野村 (1943年指定)、飯島村 (1944年指定)。
57) 『胡桃沢村長日誌』1943年4月12日。
58) 同上、1943年5月25日。
59) 同上、1943年6月4日。
60) 『胡桃沢盛日記』1943年6月5日。
61) 同上、1943年6月17日。
62) 同上、1943年6月15日。
63) 同上、1943年6月24日。
64) 同上、1945年6月20日。
65) M区銃後奉公会『自昭和十二年 M銃後奉公会記録』M区民センター所蔵。銃後奉公会研究の現段階については、坂根嘉弘『日本伝統社会と経済発展——家と村——』(農山漁村文化協会、2011年) 244～247頁、276～277頁を参照。同書のなかで、坂根嘉弘は、日本村落の特質を示す事例として、軍事援護事業の円滑さを挙げており、妥当な見解だと考えられる。本章では、集落レベルの1次史料を用いて、先行研究において明らかでなかった戦時末期までの労力奉仕について実証する。そのなかで、集落全戸平等に課すため、組を単位とした作業とは限らなかったこと (従来の共同関係とはずれが生じている可能性があること)、労賃目当てではなく、住民の規範によって運営されていたこと、戦時末期にかけて労力奉仕が形骸化したこと、といった視点を提示する。
66) 前掲M区銃後奉公会『自昭和十二年 M銃後奉公会記録』。1工とは、成人男性1日分の労働を指す。
67) 以上、同上「昭和十五年勤労奉仕支給金」(同上)。行政村からの補助 (1工につき一律20銭) を足した額が支給されていること、階層差を設けない1回目の出役は、出役数にカウントしていないことに留意されたい。
68) 『M31日記』1944年10月9日。
69) 戦時における集落レベルの食糧供出実態については、永江雅和『食糧供出制度の研究——食糧危機下の農地改革——』(日本経済評論社、2013年) 第4章。また、下伊那郡松尾村の食糧増産については、須崎愼一「戦時下の民衆」(木坂順一郎編

著『体系日本現代史3　日本ファシズムの確立と崩壊』日本評論社、1979年）に記述がある。
70)　『信濃毎日新聞』1944年12月30日。
71)　「累年水稲作付面積表」下久堅村『作物報告事務関係綴』1948～49年（飯田市下久堅自治振興センター所蔵）。
72)　『胡桃沢盛日記』1940年5月23日。
73)　同上、1940年5月28日。
74)　同上、1940年6月15日。
75)　同上、1944年12月31日。
76)　河野村は、長野県下伊那地方事務所より「主要食糧、林産物増産供出其の他優良村として表彰を受」けた。同上、1945年4月29日。
77)　同上、1944年11月30日。
78)　農林省図書館『農林文献解題3　農村建設篇』1957年、47頁。
79)　「標準農村」の事例研究については、中村政則ゼミ・三年「養蚕地帯における農村更生運動の展開と構造――長野県上伊那郡南向村の場合――」（『ヘルメス』第27号、1976年3月）、安孫子麟「戦時下の満州移民と日本の農村」（『村落社会研究』第5巻第1号、1998年9月）が見受けられる程度であり、河野村の検討は一定の意義を持つものと考える。
80)　河野村満洲移民については、齊藤俊江「解題」（「胡桃沢盛日記」刊行会・飯田市歴史研究所監修『胡桃沢盛日記』第5巻、2013年）がある。本章では、齊藤の知見に、翼賛壮年団の動向、自作農創設との関連、他の標準農村のなかでの河野村の位置づけ等を加えている。
81)　『胡桃沢盛日記』1942年5月28日、7月13日。
82)　『胡桃沢村長日誌』1943年3月9日。
83)　同上、1943年3月20日。
84)　『胡桃沢盛日記』1943年6月10日。
85)　同上、1943年9月28日。
86)　同上、1943年10月12日。
87)　前掲田中雅孝『両大戦間期の組合製糸』87頁。
88)　『胡桃沢村長日誌』1943年1月29日。
89)　同上、1943年10月13日。
90)　『胡桃沢盛日記』1943年10月21日。
91)　『胡桃沢村長日誌』1943年10月22日。
92)　『胡桃沢盛日記』1945年1月7日。

93) 『信濃毎日新聞』1944年6月6日。
94) 『M31日記』1943年2月14日。
95) 飯田市歴史研究所編『満州移民』(現代史料出版、2007年) 91～92頁。
96) 下久堅村の集落と近世村との対応関係は注39を参照。
97) 『信濃毎日新聞』1943年10月6日。
98) 庄司俊作が取り上げた京都府天田郡雲原村も、近代行政村と旧近世村の範囲が同じであり、同氏は、このような行政村の「一体性」の強さを指摘している。前掲庄司俊作『日本の村落と主体形成』375～376頁。
99) 前掲田中雅孝「解題」によれば、河野村産業組合製糸の設立にあたり、集落間対立が生じたが、その後、河野村産業組合製糸は郡内の模範組合となっている。
100) 『信濃毎日新聞』1943年10月6日。
101) 『胡桃沢盛日記』1945年10月20日。
102) 同上、1946年4月6日。
103) 同上、1946年4月17日。
104) 河野村青年団「代議員会」1946年4月24日 (同『自昭和14年1月記録簿』飯田市立中央図書館所蔵)。農家1戸当たりの水稲作付面積 (1945年) は、河野村2.9反、下久堅村1.5反 (前掲「累年水稲作付面積表」)。
105) 下伊那農地改革協議会編『下伊那に於ける農地改革』1950年、492頁。
106) 『胡桃沢盛日記』1946年1月17日。戦後直後における村役場・農業会の「不正」発覚は、かなりの程度みられた現象である。大串潤児「戦後村政民主化運動の構造と意識」プランゲ文庫展記録集編集委員会『占領期の言論・出版と文化』(2000年) などを参照。
107) 『胡桃沢盛日記』1946年2月12日。
108) 同上、1946年2月5日。
109) 前掲飯田市歴史研究所編『満州移民』115～123頁、177～180頁、前掲齊藤俊江「解題」、橋部進「解題1」(「胡桃沢盛日記刊行会」編・飯田市歴史研究所監修『胡桃沢盛日記』第6巻、2013年)。
110) 『胡桃沢盛日記』1945年9月15日。
111) 同上、1946年7月7日。
112) 『信濃毎日新聞』1946年7月30日。
113) 豊丘村誌編纂委員会『豊丘村誌』下巻、1975年、836頁。
114) 同上、1428頁、『胡桃沢盛日記』1941年5月9日、『胡桃沢村長日誌』1942年12月17日。
115) 近世村と近現代行政村の継承関係については、近世村の範囲が町村制による行

政村（明治合併村）と一致する事例がわずかであるため、本書終章における議論に組み込んでいないが、重要な論点の1つといえる。

第4章　戦後農村における政策の執行
──長野県下伊那郡下久堅村──

第1節　はじめに

　本章では、戦後改革期から高度経済成長期における政策の執行について、長野県下伊那郡下久堅村、なかでもM集落を事例として検討する。
　時期ごとの分析視点は次のとおりである。戦後改革期の農村では、政策執行主体として社会運動勢力が登場する場合があったことが知られている。農村社会運動勢力は、食糧問題、農地改革などの、代表的な農村政策を担った。この点を検討した研究は、膨大な蓄積を誇る[1]。ただし、農村社会運動の集落における活動を探る研究は、運動の基盤を問うものであるから重要であるが、その先行研究となると限られたものになる。それは、農地改革と農村社会運動を論じた、古島敏雄、岩本純明、林宥一、庄司俊作等の論考である[2]。これらの論考は、断片的であっても、農村社会運動が、集落を基盤として生成・展開する点、集落の「平和」と階級的利害との相克のなかで行動していく点を指摘している。
　本書ではこれらの論考を継承し、集落において、いかなる過程で、いかなる人物と、いかなる共同関係を結びながら農村社会運動が展開されたのか（されなかったのか）という側面について、より明確な実証を加える。合わせて、研究史が極めて少ない、集落組織（部落常会、区会）の「戦後改革」についても検討する[3]。
　高度経済成長期における農村政策の執行に関する分析視点は、次のとおりである。まず、新潟県を対象とする西田美昭の論考、茨城県を対象とする西田、加瀬和俊等の共同研究、北海道を対象とする坂下明彦の論考、神奈川県を対象

とする森武麿の論考がある。

　これらは、全国的にモデルとみなされた地域、あるいは、そうでなくとも農業条件に恵まれた地域（平場農村）を対象とし、総じて、①農民が農村政策をストレートに受容する側面、言い換えれば、農政の意図と農民の利害とが一致する側面を描く傾向にある[4]。しかし、このような先進地域を検討することによって、そうではない地域のことをも理解できるわけではない。なぜなら、農村政策は地域が抱える条件や課題に応じて受容される、という側面を持つからである。

　加えて森武麿は、長野県飯田市竜丘（旧下伊那郡竜丘村）等を対象とし、主として1950年代における農村政策と地域（とくに旧行政村）との関係を検討している[5]。森の成果は、政府が農村政策を通してどのように農村・農家を統合したのかを明らかにしたことにあり、西田等と同様、①の側面を見出している。これに対し本書では、②農村政策の受容形態が、国家からみて不十分な事例となったケース、③政策の導入を拒否するケースに着目する。なぜなら、農業経済学・農村社会学の現状分析において②・③が明らかにされたとは言い難いからである。

　そこで現状分析を整理すると、それらは②が数多くの地域で生じたことを指摘するものの[6]、そのようなケースを農村政策の「未消化」とみなし、否定的に捉え、かつ、実証研究を進めない傾向にあった[7]。これに対し高橋正郎は、住民が農村政策の意図を「組み替え」受容する態様を、農村政策に対する「ムラ」の「適応」を示すものと捉え、それに「正しく目を配」ることを提起している[8]。本章では高橋の見方を継承し、国家からみて不十分な結果であっても、農村政策の意図を「組み替え」、地域の条件に適合させた事例を検討する。

　③、すなわち、農村政策の導入を拒否するケースについては、政策を拒否する者の意図をすくいあげる形で分析がなされてきた[9]。本章では、事業を拒否した者とともに、事業を推進した者の意図や行動をも組み込んでいく。

　本論の構成は次のとおりである。第2節では戦後改革期について検討する。第3節では戦後各時期における集落運営の特質を見出す。第4節では高度経済

成長期について分析する。行論にあたっては、M集落における各世帯の「個票」を用いる。「個票」は、本章末尾に付表として掲げている。

第2節　戦後改革期における政策の執行

1　農村社会運動の生成と展開

(1) M農民組合の生成

　戦後改革期の下久堅村M集落では、農村社会運動が生成した。中心人物2名についてみていこう。1人目は、本書第2章、第3章より登場しているM31であり、社会運動勢力のなかで、数少ない、旧来の集落リーダー層であった。もう1人はM62であり、その履歴は次のとおりである。

　　1909年生まれ、高等小学校卒業後、養蚕技術員。農地改革直前において所有3.5反、経営6.7反（1947年2月）。戦前期無産運動（共産青年同盟）を経験[10]。

　M62は社会運動家としての資質を持っている。ただし、養蚕技術員という職業に着目すると、農家経営について熟知していることが想起される。

　M31はM62とともに、M農民組合を結成する。1946年4月13日、M31、M62を含む集落「有志」15名が集い、菊池謙一（疎開文化人）[11]「の説明後」、集落に農民組合を結成することを決定した[12]。4月29日の「農民組合加入者調印」では、集落の「殆ど」の家が「加入」した[13]。5月6日、M農民組合は91名をもって結成され、委員長にはM31が就任した[14]。

　M31は次のように、農民組合を宣伝した。農民組合は、「地主に対抗する事を主とする団体でなく、又単に小作人の利益のみを擁護するためにできたものでな」い、「耕作者本位に農村の諸問題を、団結の力によって公正な主張の下に自ら解決して、農村における主導的な、又推進的な農民団体として、耕作者

全体の利益を擁護して、農村生活を向上せしめるものである」と15)。このように M 農民組合は、階級的利害の貫徹を目指すのではなく、「耕作者全体」に利益をもたらすことを志向した。こうした点は、M31が地主と相談しながら、農村社会運動を進めたことによっても示すことができる。M31の日記を引用しよう。

> 1946年10月16日　M40に会見して、村食糧調整委員会の本年度米作収穫調査供出基準決定の結果に対して、農民の不満の廉に付き研訂〔ママ〕し、懇談すること 2 時間余にて帰宅す。
> 1946年10月18日　本年度産米供出の件につき農組〔農民組合〕を代表して村長と懇談。

M31は、在村地主である M40と相談の後、村長と供出問題について折衝している。第 2・3 章でみたように、M31と M40は、昭和恐慌期経済更生運動を企画し、戦時期部落常会運営を軌道に乗せた16)。このように農村社会運動は、地主を含む旧来のリーダーと協調しながら展開するという側面があった。

(2) 農民組合の加入状況

誰が農民組合に加入したのだろうか。この点について、いくつかの表をみていくが、その際、経済階層を示している。経済階層は、1947年度において、各世帯が M 区会に支払った区費の金額に基づいている17)。区費51～250円の15名を第 1 階層、15～40円の18名を第 2 階層、10～13円の14名を第 3 階層、7～8 円の14名を第 4 階層、4～6.5円の16名を第 5 階層、2～3.5円の16名を第 6 階層、1～1.5円の17名を第 7 階層と区分する。ただし、区費の賦課基準が資産や所得に基づくものであることは判明するものの、詳細が不明である点、第 4 階層の 1 名、第 3 階層の 4 名、第 6 階層の 5 名、第 7 階層の 4 名が不明である点に留意する必要がある。

旧来の集落リーダー層は農民組合に加入したのだろうか。旧来の集落リー

第4章　戦後農村における政策の執行　153

表4-1　M区会執行部層の農民組合加入状況

(単位：反)

世帯番号	部落常会	経済階層	貸付地	自作地	借入地
\multicolumn{6}{c}{加　入}					
M 3	1	第1階層		2.1	3.0
M 4	1	第2階層		5.7	0.4
M 12	1	第2階層		4.6	
M 17	1	第1階層		8.8	0.3
M 18	1	第2階層		5.4	
M 19	1	第2階層	1.9	5.9	
M 31	2	第4階層		2.2	
M 40	2	第2階層	7.9	5.9	0.6
M 46	2	第1階層	14.7	10.3	
M 47	2	第1階層	7.7	6.0	
M 57	3	第1階層		4.6	3.3
M 61	3	第6階層	0.1	1.1	4.6
M 65	3	第2階層		6.7	
M 66	3	第2階層		3.0	3.1
M 72	4	第3階層		3.4	9.4
M 92	4	第4階層		0.6	7.2
M 95	5	第1階層	25.5	5.1	
M 108	5	第3階層		7.6	1.9
M 114	—	第2階層		0.7	3.1
M 24	2	第3階層	11.4	2.7	
\multicolumn{6}{c}{未　加　入}					
M 1	1	第3階層		1.3	0.6
M 8	1	第4階層		0.7	4.4
M 16	1	第1階層	0.5		3.9
M 20	1	第1階層	3.4	8.9	
M 41	2	第1階層	26.3	9.5	
M 48	2	第1階層	13.9	7.6	
M 75	4	第1階層	8.5	11.8	0.8
M 102	5	第1階層	11.5	14.7	
M 111	5	第3階層	10.8	4.1	

出典、注とも付表参照。

ダー層を、より広くM区会旧執行部層（1914〜44年）、およびE寺住職と定める。区会旧執行部層は、前述のように32家であるが、このうち28家の加入状況が判明する（表4-1）。これをみると、リーダー層は加入する者としない者に分かれる。概して第1階層、かつ在村地主のなかに、加入しない家が存在している。

表4-2では、農民組合未加入者をまとめた。これによると第2〜5階層、すなわち中上層〜中下層は未加入者が少ない。その一方、第1階層だけでなく、下層である第6、7階層において未加入者が一定数存在する。下層が農村社会運動に包摂されにくいことは、両大戦間期農村社会運動研究[18]、「自治村落論」[19]とも指摘するところである。こうした傾向が戦後農村社会運動でも見出せる。やや極端な事例であるが、最下層のM87家は田畑所有0、経営0.1反であるが、70歳を超える世帯主を残して、息子達は出稼ぎをしており、農民組合に加入していない[20]。

表4-2　農民組合未加入者（1946年5月）

(単位：反)

世帯番号	部落常会	区会旧執行部	経済階層	貸付地	自作地	借入地
M 16	1	○	第1階層	※0.5		※3.9
M 20	1	○	第1階層	3.4	8.9	0
M 41	2	○	第1階層	26.3	9.5	
M 48	2	○	第1階層	13.9	7.6	
M 75	4	○	第1階層	8.5	11.8	0.8
M 102	5	○	第1階層	11.5	14.7	
M 115	―		第1階層	18.8		
M 53	3		第2階層		2.0	2.0
M 69	3		第2階層			
M 1	1	○	第3階層		1.3	0.6
M 111	5	○	第3階層	10.8	4.1	
M 8	1	○	第4階層		0.7	4.4
M 45	2		第6階層			3.3
M 59	3		第6階層			3.9
M 68	3		第6階層		0.1	5.0
M 87	4		第7階層			0.1
M 94	4		第7階層			2.2
M 97	5		第7階層			
M 100	5		第7階層		0.1	0.5

出典、注とも付表参照。

表4-3　農民組合幹部（1946・47年）

(単位：反)

役職名	世帯番号	部落常会	区会旧執行部	経済階層	貸付地	自作地	小作地
委員長	M 31	2	○	第4階層	―	2.2	―
執行委員	M 62	3		第3階層	―	3.5	3.2
代議員	M 12	1	○	第2階層	―	4.6	―
代議員	M 49	2		―		―	1.9
代議員	M 55	3		第1階層	3.8	7.5	0.9
代議員	M 93	4		第4階層	―	0.3	4.5
代議員	M 110	5		第1階層	2.2	10.8	0.6
土地管理組合委員長	M 101	5		第5階層	―	―	7.4
土地管理組合副委員長	M 58	3		第2階層	1.9	1.7	2.4

出典、注とも付表参照。

その一方、表 4-3 では、農民組合執行部を示した。後述の土地管理組合役員を含めると、ある傾向が見出せる。それは、旧来のリーダー層（M 区会旧執行部層）ではなかった家、それにもかかわらず、経済階層が比較的高い家が農民組合幹部に就いている。加えて、農民組合代議員は、部落常会ごとに選出されており、部落常会という範囲が運動の基盤になっている。

(3) M 農民組合の活動

M 農民組合における最初の活動は食糧問題であった。1946年5月の運動過程は次のとおりである。1946年5月23日、M 農民組合代表者会が開催され、「各〔部落〕常会の組合員の麦供出に関する……意見の打合をなし、其他組合員よりの要望等につき懇談し、村当局へ折衝方針を決定」した[21]。5月24日、M31 は「麦供出割当案につき村長に要求すべき書類」を「作成」した。その内容を箇条書きで示そう。

・従来の作付反別のみに依る合理なる割当を改めて、耕地の実態を考慮して適正に立案すること。
・作柄の豊凶に拘らず生産農家が一定量を保有する様に立案すること。
・保有量確保に付きては、家族の実状と作付反別とを考慮し貧農と富農と均衡を計りて決定すること。
・収穫高を基準とする場合は精農と惰農とを斟酌して合理的に立案すること。
・供出代金は農業会にて即時立替支払をなさしむる様指示すること。
・供出用包装俵は無償にて供出人に返還する様計ること[22]。

5月25日、M31 は「昨夜作成の要求書を持ちて」、下久堅村役場に行き、村長と「直に会見し……要求の趣旨を説明して之を手渡」した。その後、M31 は M 農民組合員兼、食糧調整委員「を自宅に招きて、要求書提出の顚末を報告し、来る28日の供出委員会に於ける方針等の打合」せた[23]。5月26日には、

在村地主の「M40氏来訪され、昨夜の打合のことにつき語らひ」、28日、「25日提出の麦の供出割当案が、今日の」下久堅村食糧調整委員会「に於て採択され、之に基きて立案さるることとな」った[24]。

まとめると、まず部落常会単位で意見を積み上げ、M31が要求書を作成する。M31は村長と折衝し、また、集落内の食糧調整委員と協議し、要求が実現した。ただし、要求のうち、どの部分がどの程度貫徹したのかまでは判明しない。

M農民組合は土地問題にも取り組んでいる。

> 1946年6月8日　（小作人）来りて過般来問題となりて、交渉中の（地主）対土地問題も要求通り、（地主）も承認し、解決を告げたる旨報告あり。農民組合の使命を全ふするに至る[25]。
> 1946年12月1日　夜、（小作人）来訪され、小作納並小作地土地取上等地主より要求に対する応答の問題に付き相談ありたれば、農調法〔農地調整法〕の規定を審に説明して、農組〔農民組合〕の指導方針等話し、本人も非常に安心して二時間許雑談後帰へらる[26]。

詳細は不明であるが、農民組合が地主による小作地引上げを受けた、交渉役を担っていることがうかがえる[27]。加えて、農民組合は農業賃金協定についても関与している。

> 1946年5月20日　夜は、農業労働者雇用賃金の協定に立会するも、協定は常時雇人使用農家と被雇者各代表者5名づつ出席して、両者折衝せるものにして、協定には関与せず、農組〔農民組合〕として其労を採りたるのみとす。協定の結果は左記の通り決定し、農休迄実施することになる。男1日賃金20円、女全15円。但し朝7時より日入迄を就労時間として、午前午後2回休午睡も之を認むるものとす[28]。

このように農業賃金協定については、その後援を担うにとどまった[29]。さら

第4章　戦後農村における政策の執行　157

に農民組合は「甘藷作座談会」を実施しているが、これも1度開催されたのみである[30]。このように農村社会運動には、いくつかの特筆すべきものがあったとはいえ、1946年段階の主たる活動は食糧問題であった。

(4) 部落常会と農民組合

　農村社会運動は1940年に組織された部落常会を運動の基盤とした。すなわち、前述のように、部落常会ごとに農民組合代議員を選出し、部落常会ごとの会合を経て、要求をまとめた。ただし部落常会は、制度的には1947年5月まで存続している。農民組合と部落常会の役割分担はいかなるものであったか。表4-4では、敗戦から1946年のM集落第2部落常会の議案を示した。

　このうち1946年9月14日の臨時部落常会では、「米作田の実収見立協議会に出席せるも、問題が各人の利害問題に直接関係ある事柄丈けに時間を要して深夜に及んで帰宅せり」とある。供出時における家々の利害調整は、部落常会が担ったといえる。その一方、1945年12月25日の記述にあるように、M農民組合結成以前には、食糧供出に関する村役場との折衝について、部落常会で話し合われている。こうした行政村との折衝は、農民組合結成以後、部落常会において協議されていない。部落常会と対照させた場合、行政村との折衝こそが、農民組合の役割であったことがうかがえる。

(5) もう1つの農村社会運動──民主主義青年同志会──

　M集落において生成・展開したものではないが、下久堅村全体を見た場合、もう1つの社会運動勢力が存在した。それは下久堅村民主主義青年同志会であり、中心人物は平澤清人、宮国[31]である。

　平澤清人　1904年、下久堅村下虎岩集落の地主の家に、7人兄弟の次男として生まれた。青山師範学校卒業後、東京で教員生活を送る。社会運動に目覚め、「全協」（日本労働組合全国協議会一般使用人組合教育労働部）加入。逮捕、釈放後、1935年帰郷。教員生活の傍ら、歴史研究に従事（御館

表4-4 M集落第2部落常会の協議内容（1945年8月18日～1946年12月22日）

開催日			会議種別		協議内容
1945	8	18		食糧供出	「常会割当の焼畑実施のため、6時頃朝食を済して集合せるも、協議の結果方針変更となりて中止することとなり」
	8	20	臨時部落常会		「戦争終結に関する注意事項伝達のみ」
	9	3	部落常会		「示達事項のみ」
	11	7	臨時部落常会	食糧供出	「麦作付に関する常会の方針を決定」
	12	1	臨時部落常会		「例月の通り通達事項のみ」
	12	5			「常会員の勤労賃金精算」
	12	23	臨時部落常会	食糧供出	「問題は米の供出の件にして容易に決定されず遂方針未決に了はる」
	12	25	臨時部落常会	食糧供出	「供出米の件につき役場より来談の係と折衝し、割当の方法等を糺したるも遂解決に至らず」
	12	27		食糧供出	「M40氏と会見の上問題の甘藷の件を解決し尚米供出に関する方針等打合」
1946	1	8		共同製炭	「常会共同製炭原木整理のため朝8時より現場に出勤し全員の共同作業にて全部の整理を完了」
	1	12	部落常会	食糧供出	「先年来問題の米穀供出方針を決定」
	1	19	臨時部落常会	食糧供出	「問題の雑穀供出割当方法につき研究するも常会長の意見が要領を得ず。不平を称えつつ不当の供出を承認するに至り。昨冬来の問題も茲に解決を告ぐ」
	2	3	部落常会	食糧供出	「耕地面積作付反別等の申告漏のものありて供出基準明ならざる廉あれば常会に於て明日に亘り実態調査を行ふ」
	2	5		配給	「常会配給係○○氏宅を訪れて、前係△△氏の取扱に不正の廉多々あるを驚く。特に煙草に於て其実態甚だしきを知る。其他繊維製品に不明のもの多し」。
	2	8		食糧供出	「常会長宅に至りて係と共に供出米未済者に対する処理を研究し其方針を決定す」
	2	14	臨時部落常会	配給	
	2	25	臨時部落常会	食糧供出	「米の追加供出割当」、「金融緊急措置令に依る紙幣引換其他の件に関する通牒報告」
	3	23		食糧供出	「供出米未完了者××氏に対する対策及供出過剰米を自己供出米に利用せる☆☆氏に関する問題に付き解決方を懇談」
	4	10	臨時部落常会		農地委員会予選会
	5	1	部落常会		「例の示達事項のみにて平凡に了へて」
	5	12	臨時部落常会		
	6	2	部落常会	食糧供出	水稲作付面積調査

	6	13	臨時部落常会	
	7	26	臨時部落常会	食糧供出	馬鈴薯未供出者あり之が対策協議のため臨時常会開かる
	8	3	部落常会		「示達事項のみ」
	8	9	臨時部落常会		
	9	2	部落常会	配給	
1946	9	14	臨時部落常会	食糧供出	「米作田の実収見立協議会に出席せるも、問題が各人の利害問題に直接関係ある事柄丈けに時間を要して深夜に及んで帰宅せり」
	9	28	臨時部落常会		特記なし
	10	12		食糧供出	「種子用麦の消毒」
	11	3	部落常会		「示達事項のみ」
	11	28	部落常会	食糧供出	「米の収穫反別計算方針を決定し、各人別売出量を算出することになり、之を全員承認して閉会」
	12	3	部落常会		「示達事項のみ」
	12	22	臨時部落常会		

出典：『M31日記』。

被官制度の研究ほか)[32]。

　宮国　1924年、下久堅村知久平集落に、3人兄弟の長男として生まれた。農地改革前1町所有自作。下伊那農学校卒業。1946年4月、日本共産党入党[33]。

　平澤と宮国は、下久堅村において民主主義青年同志会を結成した。民主主義青年同志会について、『下伊那青年運動史』には次の記述がある。

　〔昭和〕20年秋かつての自由青年連盟の闘士であった北原亀二、鷲見京一……2・4事件の教員今村治郎、平澤清人、疎開文化人菊池謙らは、高田茂、中島三郎らと共に下伊那人民党を結成したが、その人民党の菊池を講師とする農村青年のサークルが、11、2月から冬期へかけて、かつての左翼運動の関係者のいる村で、つくられはじめた。12月には人民党の主なメンバーは共産党に入党して、下伊那地区委員会を結成したので、その青年学習組織は、事実上は、党の文化活動、青年運動の一環となった。喬木、

阿島、富田、上郷、千代、松尾、下久堅、川路、鼎、神稲、生田、下条、龍江、大鹿、会地、山本、ヤスオカ〔ママ〕、遠山等の各村で、それぞれの村の進歩的な成青年〔ママ〕の援助と協力によって、青年たちの同志的サークルがつくられ、10日ごと或は1月ごとの定期的な講座または学習会が開かれた[34]。

　この記述に示されるように、民主主義青年同志会における郡レベルのリーダーは、菊池謙一（前述の疎開文化人）である。下久堅村では、1946年3月より講座が開始され、同年7月現在、宮国の自宅において、月3回のペースで、エンゲルスが輪読された[35]。宮国にとって、その活動は、「敗戦によって俺たち民衆はだまされてゐた……だまされなゐために……社会学や経済政治学を学ぶ必要があるのだ。即ち社会を批判する智識を持つことだ」という意識に支えられたものであった[36]。

(6) 下久堅村農民組合の成立
　民主主義青年同志会とM農民組合は、1947年9月、下久堅村農民組合が結成され[37]、活動をともにするようになった。下久堅村農民組合は387名によって構成され、村役場内に事務所を構えた。なお、同時期における下久堅村の農家戸数は733戸である[38]。
　下久堅村農民組合委員長にはM31が就任した。委員長を除く執行委員の構成は、下虎岩集落4名・知久平集落4名・M集落1名・小林集落1名・上虎岩集落2名である。執行部の下に代議員が配置された。その構成は下虎岩集落13名、知久平集落4名、小林集落3名、M集落5名、上虎岩集落4名である[39]。集落戸数に応じて、執行委員・代議員が選出されたことがうかがえる。執行委員にはM62、平澤清人、それに、宮国の父の名がある[40]。
　ただし理由は不明であるが、柿野沢集落、稲葉集落からは農民組合役員（執行委員、代議員）に選ばれていない。両集落では、少なくとも結成時点において、農民組合が組織されなかったことが推定される[41]。
　1946年10月の下久堅村農民組合執行委員・代議員会では、「大小麦供出」、「空

俵無償返還」といった食糧問題が協議された。11月と1947年1月の執行委員会・代議員会では、「小作料納入に関する件」、「農地委員選挙に関する件」、「耕作権強化」に関する件といった土地問題が話し合われた[42]。食糧問題から土地問題への関心の推移がうかがえる。

表4-5 下久堅村農地委員の構成

集落	氏名（階層）	戸数
下虎岩	桐生（地主）、小池繁（自作）、岡島（小作）	302
知久平	小池憲（地主）、宮内（小作）	217
M	M31（自作）、M62（小作）	136
稲葉	なし	22
小林	田平（地主）	72
柿野沢	三石（小作）	94
上虎岩	尾曽（小作）	169

出典：下久堅村農地委員会「下久堅村における農地改革」1949年、3頁。
注：集落戸数については、同時期のものが判明しなかったため、1928年現在を示している。

2　農地改革[43]

(1) 下久堅村農地委員会の発足と展開

　下久堅村における農地改革と農村社会運動勢力の動向について検討する。下久堅村農地委員会には、社会運動勢力であるM31が自作代表、M62が小作代表として当選した（無投票）[44]。次のように、集落リーダー層の推薦を経て、農地委員候補となったことは着目される。

　　1946年12月8日　午後は農地委員立候補の件につきM20、M40来訪……自作階層より立候補を決意し、M75が推薦者となりて届出することとなりて、M20、M40両氏に万事一任す[45]。

　M20は本家筋、M75は在村地主であり、いずれも農民組合に加入していない。未加入であっても、集落代表としてM31を農地委員自作代表に推薦したのである。M31、さらには農民組合との深刻な対立は存在しなかったといえる。
　表4-5では下久堅村農地委員会の構成を示した。農地委員会の構成にあたっては、集落間のバランスが重視されている。「村内には地域的に、夫の特殊事情が存在して居り、その地域に応じた措置を必要とし、委員の配置もこれに

応じ」て選出された[46]。

　下久堅村農地委員会におけるM31、M62の発言を追跡する。M31は1948年1月現在、農地委員会において8：2の対立があったと記しており、2とはM31とM62を指す[47]。M集落において問題となったのは、M115、M120の2名を在村地主とみなすか否かであった。M115は農地改革前所有18.8反、経営0であり、いわゆる旧来の集落リーダー層ではなく、横浜での工場経営で財をなした「新興地主」であった。M115は家族をM集落に残し、下久堅村で納税した。こうした人物が在村地主か不在地主かという問題が、農地委員会において争点になった。1947年3月25日の下久堅村農地委員会議事録を引用する。M31、M62の発言については、下線を引いた。

　　議長　M115につき審議願ひ度い。それに先立ちM115より在村を認められたき旨の陳情書が提出されて居るからと陳情書を朗読。
　　尾曽　所有者は何れ帰村することとなるのであるから、その場合を考慮して多少の土地は残して置いた方が良いと思ふ。
　　田平　4、5年前当村に家を建てて家族は住んで居るが、M115は営業の都合上横浜に行っている。
　　<u>M62　陳情書に書いてある事は成る程その通りであるが、M〔集落〕の人は一般に不在村と見て居る。〇〇氏〔戦前段階で絶家した地主の名〕のものを銀行関係より手に入れた土地で、耕作の意志があるといふわけではない。</u>
　　下久堅村助役　当面は他所に出張所を持って居るとの解釈の下に家族は当村に居住して居ることであり、村民としての義務も果して居る。納税は勿論その他の物質的の負担は必ず果して居るので、従来村としては在村者として扱って来た。事業所は村内に持っていないが生活の本拠はこちらにあり、農業会の会員でもあり、財産税はこちらで納付することになっている。
　　農地委員長　本件については議論もあるので、保留として後に審議の事とする[48]。

第4章　戦後農村における政策の執行　163

〔中略〕

農地委員長　保留となって居るM115につき審議願ひ度い。

小池憲　先程より種々考慮した事でもあった。在村と決定しては如何。

<u>M62　反対である。生活の本拠となる収入は先方から入り、こちらは収入の道を講じて居ない。家族の構成員などから見ても自作の出来ぬ現状である。小作人は不在地主と認めて居るので、農地を買ふのをあてにして居るのに買へない人が出来ると不満を持つ様になる憂がある。</u>

小池憲　自作農とならなくとも小作料を払ってもよいと思ふが。

<u>M62　前から述べて来た理由により在村として扱うことは反対する。</u>

田平　将来は帰村して百姓をすることと思われるも法の解釈もあることであるが、従来の村との関係より見て在村とするがよい。

三石　村としては在村扱いをして居るのであるから委員として解釈する場合も在村とするのが妥当である。

尾曽　住宅はこちらにあり、家族が居住して財産はこちらにあり、村民としての負担を果して居るものとすれば在村と見るのが至当である。

桐生　単なる疎開と事情が異なると思ふ。

議長　種々議論ある様であるが審議も尽した様であるからと採決し、反対者1名にて多数決により在村地主と決定した。

　下線のようにM62は、M115を不在地主であると主張したが、多数決の結果、在村地主となっている。

　次に、M120は農地改革前所有3.7反であり、M集落に「従前居住したるも、商業上の都合により、家族と共に鼎村へ転出し」ていた。ただし、「当村に農地、住宅等を所有」していた[49]。1947年9月7日の下久堅村農地委員会議事録を引用する。

　　M31　鼎村M120所有の農地については、兼て小作者より買入希望申出あり。本計画書を見ると3筆のみであるが、他に耕地として戌522番地並び

に戊524番地イ号が耕地となって居るのでこれをも買収計画に含めては如何。
　議長　その2筆は現状主義で判断すると一部は耕地であり、他は宅地又は道路等であるので、追而調査を正確に行った上買収しようとしたわけである。
　M31　現況が耕地で一部は宅地等であっても、耕地として買収し得るものであり、この際不在地主の農地として速かに買収した方が良いと思ふが。
　議長　不在地主の土地として買収する事には勿論異議のない所であるが、唯正確を期するために一時延期したに過ぎぬ。
　M31　宅地に隣接した耕地であり、耕作者は買受を希望して居るのではあるが、地主は頑迷に自己の主張として居るので、説明してやってもなかなか理解出来ない状態である。
　議長　異議申し立てがあるかもしれない。
　M31　これを買収計画に入れれば、必ず異議申し立てがあることと思ふが、それはその際審議すればよい。
　議長　然らば戊522番地並に、戊524番地イ号を今回の買収に入れるが良いか。
　M62　この際迅速にこの分も買収した方がよいと思ふ。
　　その間多少の議論もあり。
　議長　買収計画に計上するか否かにつき諮りたるところ、多数は買収計画に入れたることに賛成するため、3筆の外、更にこの2筆も買収計画に計上と決定した[50]。

　M31とM62は、M120の宅地をも速やかに買収計画に入れることを提案し、提案どおり議決された。その後、M120は異議を申立てた。その骨子は、①「従来の村との特別事情より在村地主と認められたい」、②「今回の買収計画に入れたものゝうち、現況の一部は農地なるも、他の一部が宅地なるものがあり……現地調査の上決定せられたい」というものである。
　異議申し立てを受けた農地委員会において、M31は「不在村と決定したの

であるから勿論異議の申し立ては成り立たぬ」と発言した。農地委員は「全員賛成」し、①は却下された。その一方、②については、「今回の計画に計上すべきか否かにつき種々疑問あり」と判断され、M120の希望どおり、買収計画から除外することが決定した[51]。

(2) 買収計画の不承認

　この議決をM31、M62を含む農村社会運動勢力は認めなかった。1947年9月21日、M31、M62を含む下久堅村農民組合は臨時総会を開き、農地委員の総辞職を求めた。その模様が『信濃毎日新聞』に掲載されている。

> 　下久堅村農組〔農民組合〕は、同村農委会〔農地委員会〕の裁定に対する不満を爆発させて、21日同村役場に80名が参集、臨時総会を開いた結果、満場一致で各階層の農委〔農地委員〕の辞職を勧告することを決議し、一方調印を取り纏めてリコールをも辞さない態勢をとることになったが、これらの方法でらちが明かない場合には最後の手段として県農委会〔県農地委員会〕に対し、同村農委会の解散を要求することを決議した。同農組によれば、同村農委会は今まで20件に上る地主の不当取上げを認め、しかも不当な在村地主をも認めたといわれ、その一例として同村出身の○○歯科医師が村に居留守を残し、一家あげて飯田に転居しているが、農委会は留守居のあることを口実に在村地主と認め……また、妻を残して横浜で工場を経営するM115が、1年に2、3回顔をみせるだけで事実上の不在地主であるにもかゝわらず、同じく在村地主と認めている事実を挙げ、同農組では第3次買収計画に入つた25町歩の否決も併せて県農委に要求することになった[52]。

　農民組合は、下久堅村農地委員会が、20件にわたって「地主の不当取上げ」（小作地引上げ）や「不当な在村地主」を認めていたと主張し、農地委員の辞職「勧告」を決議したのである。9月26日、長野県農地委員会小作代表であっ

た鷲見京一[53)]が来村し、また、農民組合から平澤清人が出席し、下久堅村農地委員との間で協議がなされた[54)]。

ここにおいて平澤は、「委員会が地主に保有希望農地を申告させ」、「地主と小作と話合ひの出来たものを買収した」ため、買収計画案の却下を県農地委員会に申し入れたと述べた。鷲見京一は、「土地管理組合より中立委員を出すこと」を提案した。土地管理組合とは日本共産党の農民組織論の影響を受けた団体であり、「長野県に特有の」ものであった[55)]。下久堅村においても、高倉輝（長野県上田・小県地方の作家・社会運動家）の講演会に参加したことを契機として、民主主義青年同志会のメンバーが企画し、1947年秋頃にはその結成準備が進められていた[56)]。

10月6日頃、県農地委員会において、第3回買収計画が不承認と決定したことが、「非公式ながら明らかになった」[57)]。12月4日には、県農地委員会より村農地委員会に向けて、次のような文書が通達された。

　買収計画返戻について
　　貴委員会が樹立した左記農地買収計画は貴農地委員会に指導性がなく、単に地主・小作人の売買計画を基礎として樹立された部分があるとの理由で9月23日の県農地委員会で承認が保留となったため返戻するから再審査の上不適当と認めたから補正の上再提出願いたい。
　　　　　　　　　　　　　記
　下久堅村農地買収計画　（第三号）
　　　　　　　　　　　　　　　　　　　　　　　　　以上[58)]

(3) 土地管理組合の農地改革への参入

こうした事態を受けて、1947年12月26日、農地委員会が開かれた。ここでは、「〔土地〕管理組合に左右されることはいけないので悪い所があれば勿論直さねばならぬ」という留保が付けられたものの、「全員異議な」く、「〔土地〕管理組合の原案を参考にして」、「今後の買収計画を樹立することに決定した」[59)]。

その後の農地委員会では、「土地管理組合より提出された買収希望農地の一覧表が配布されて居るからこれにより審議願いたい」(1948年1月20日)、「今回は小林〔集落〕の地主については管理組合に於て案を立て提出されて居るのでこれによつて審議したいと思う」(同年2月12日) という、農地委員長の発言により審議が始まっている。これにより、土地管理組合の農地改革への参入が、農地の買収・売渡計画の原案作成という点で達成されたことがわかる[60]。
　1946年11月の段階で、農民組合のなかった柿野沢、稲葉を含む全集落で、土地管理組合が組織された。各集落の土地管理組合員は、買収・売渡原案を作成するわけであるから、これまで同様の役割を担っていた、農地委員会部落補助員は、土地管理組合と「屋上屋をなす」ため、「仕事がなくな」った[61]。
　M集落の土地管理組合は組合長M101、副組合長M58である。M101は1896年に生まれ、農地改革直前において所有0・経営7.4反の純小作であるが、戦時期において部落常会長を経験した人物である[62]。M58は1899年に生まれ、農地改革直前所有3.6反・経営4.1反であり、1947年4月から1期のみ下久堅村会議員を歴任した[63]。
　M集落の土地管理組合の活動についてM31日記を引用しよう。

- ・1948年1月23日　農地買収に関し、地主より異議申立たるM関係のものに付きM101、M58来談……9時頃M58宅に至る。会する者M62、M101、〔小作人〕の3氏にて、明日の土地調査に関しての打合せをなして12時頃帰宅。
- ・1948年1月24日　土地買収に対する異議申立の廉、現地調査のため午後より農地委員として、小池〔下久堅村農地委員長〕、M62、並〔下久堅村〕土地管理組合正副委員長等と共に現場に出張……夜M101来りて明日の農地委員会対策等打合して、M耕作農民の意志貫徹の途を計る。
- ・1948年1月25日　農地委員会出席す。今日の委員会は買収計画審議の外異議申立の理由検討し、其理由を否認し、議決に基づきて計画を進むることに決定せる。

以上の記述からは、下久堅村農地委員兼農村社会運動リーダーであるM31、M62、およびM集落の土地管理組合幹部M101、M58が協同して、地主の異議申し立てに抵抗し、その抵抗が果たされたことがうかがえる[64]。M31は、農地改革について、次のように述懐する。

> 事の円満村の平和のためと称して、不正を形式的に合理化し、長いものには巻かれよ式で旧勢力に都合のよいような納得主義が有力で、村内に其力が大なり小なり存在して居た事は事実である。斯くして買収審議中に土地管理組合が各部落に結成されたのも偶然ではなく意義あることで、其活動が大なる力をなして今日の成績を見たのは特筆すべきものであると思う[65]。

このように社会運動勢力は、集落を基盤としつつ、「村の平和」ではなく、階級的利害を貫徹させることを目指していたといえる。

(4) 農村社会運動と「没落した」地主

社会運動勢力は、階級的利害の実現のみを目指したのであろうか。結論を先取りすれば、かならずしもそうではない。以下では、E寺（M24）をめぐる問題、在村地主M115をめぐる問題についてみていこう。

E寺は農地改革前に14.1反を所有していた。M31はE寺の檀徒惣代であった。農地委員会においてM31は「寺は土地を離れると維持できない」と発言し、檀徒惣代の「意見を尊重して売渡計画を樹てる」ことが決まった[66]。M31の日記には、「E寺家族の食糧問題に不安を来し、何等かの対策を講ずべき要に迫られ」、「黙視出来ず」とある[67]。

1948年2月7日、檀徒総会が開かれたが、交渉は難航する。「小作人」の「不誠意と悪意に依りて」交渉が決裂したのである[68]。M31は「小作人」の「3名が厄介者とな」ったと認めている[69]。結局、2月24日の檀徒総会において、「土地返還不承諾の」小作人「3名に依存せずして、E寺の維持の途を講ずる

ことに決定し」た[70]。M31は、このように、E寺の農地解放にあたり、住職の生活に配慮した[71]。

続いて、在村地主M115をめぐる問題である。前述のように、M115は、在村地主と認定されたが、その後、多くの土地が買収された。とはいえ、M115は集落に家族を残しており、土地管理組合は、M115の家族が生活できるだけの土地を残すことに専心した。1948年5月、M115、小作人、土地管理組合が協議し、以下の取り決めがなされた。

> M62の自宅「に於てM115関係小作者の主なる者の会合をなし、之に参加す。……5、6名の小作人の外、〔土地〕管理組合長、農地委員〔が〕集会。協議の結果、1反5畝位の保有地をM115に譲ることに決定し、昨年来の不在地主〔実際は在村地主〕保有土地問題も解決するに至る[72]。

このように、社会運動勢力は、小作人と交渉し、M115に「1反5畝位」の土地を残した。その後、元小作人が、M115の野菜畑を侵犯する事態が生じた。M62は、元小作人に対して侵犯を止めるよう迫った。こうしたM62の行動は、一部において「反動」的とみなされたが、M62は次のように釈明した。「地主の味方になったと云って悪口を云わ」れているが心外である、「こうした没落した人に対して、個人的な感情に支配されて争う事は止め」るべきであると[73]。

前述のように、M115を不在地主と主張したのはM62である。しかし、M62はM115を突き放すのではなく、農地改革後における「没落した」M115の生活に配慮したのである。1951年、M115の家族は横浜に転居し、問題は完全に解決した。このように、農村社会運動は、階級的利害だけでなく、「没落した」地主の生活に配慮するという側面を持っていた。

(5) 農地改革の結果

下久堅村農地改革の結果についてまとめる。下久堅村農地委員会では、解放地主の保有面積の上限を自小作面積2町3反、小作面積7反と決議した[74]。ま

表4-6 農地改革前後の自・小作別面積（下久堅村）

自・小作別	改革前	改革後
自作地（町）	222	331
小作地	156	52
在村地主保有小作地	130	60
不在地主小作地	26	—
自作率（%）	65	85
自作農（世帯）	197	327
自小作農	214	391
小自作農	252	148
小作農	245	39
計	908	905
在村地主	213	183
不在地主	82	—

出典：『下久堅村誌』1973年、707頁。

表4-7 農地改革前後におけるM集落各世帯の土地所有

所有（反）	1947年2月 世帯数	1951年8月 世帯数
33～36	1 (0.9%)	0 (0.0%)
30～33	1 (0.9%)	0 (0.0%)
27～30	0 (0.0%)	0 (0.0%)
24～27	2 (1.8%)	0 (0.0%)
21～24	1 (0.9%)	0 (0.0%)
18～21	2 (1.8%)	2 (2.1%)
15～18	0 (0.0%)	2 (2.1%)
12～15	6 (5.4%)	4 (4.2%)
9～12	1 (0.9%)	7 (7.4%)
6～9	6 (5.4%)	13 (13.7%)
3～6	18 (16.2%)	33 (34.7%)
1～3	25 (22.5%)	25 (26.3%)
1反未満	48 (43.2%)	9 (9.5%)
計	111 (100.0%)	95 (100.0%)

出典：下久堅村農地委員会『世帯票M』1947年、下久堅村農業委員会『全農家名簿』1951年。
注：判明分を示している。

た、農地の売渡を受ける者の下限を「耕作地僅少なる村」ゆえ、「1反5畝程度の耕作地あること」と定めた[75]。こうした解放地主保有面積の上限、売渡対象農家の下限は、社会運動勢力の方針ではなく、農地委員会の総意で決定された。

　加えて、下久堅村農地委員会は、買収の段階から「小作者の宅地を基点として分間図を展げ、その地点と買収農地との遠近といふ事に意を用いた」[76]。すなわち、宅地と耕地との距離短縮に重点を置いて農地の買収・売渡を実施した。表4-6は下久堅村における農地改革の実績、表4-7はM集落各世帯における農地改革前後の所有農地の変化を示した。農地改革のインパクトは大きい。M集落でいえば、1反未満所有層が激減し、3～6反所有層、6～9反所有層が増加している[77]。

　その一方、下久堅村の農地改革において農地の交換分合は、実施されなかった。それは、下久堅村が、「土地に凸凹多く、而も洞の数が頗る多く、加えて

第4章　戦後農村における政策の執行　171

表4-8　田畑の交換分合達成状況（1949年12月）

地帯区分	市町村	交換筆数	人員	面積（反）	地帯区分	市町村	交換筆数	人員	面積（反）
竜　西	大島	92	149	36.0	山間地	清内路	0	0	0
	山吹	0	0	0		会地	180	62	85.0
	市田	60	—	35.6		伍和	0	0	0
	座光寺	88	—	47.8		智里	15	30	6.4
	上郷	64	50	48.0		浪合	0	0	0
	飯田市	1,920	800	890.0		平谷	0	0	0
	鼎	698	332	372.4		根羽	0	0	0
	松尾	1,436	50	767.9		下條	79	33	25.9
	竜丘	7	—	3.5		富草	34	15	11.8
	川路	104	102	48.2		大下条	0	0	0
	三穂	163	81	53.9		売木	0	0	0
	伊賀良	421	211	192.4		和合	0	0	0
	山本	228	186	245.0		旦開	0	0	0
竜　東	千代	30	—	20.0		神原	0	0	0
	龍江	174	152	3.2		平岡	0	0	0
	下久堅	0	0	0		泰阜	0	0	0
	上久堅	21	8	4.0		大鹿	33	33	43.8
	喬木	157	142	67.2		上	0	0	0
	神稲	102	57	88.8		和田組合	0	0	0
	河野	0	0	0					
	生田	0	0	0					

出典：下伊那農地改革協議会『下伊那に於ける農地改革』1950年、第50表（頁数未記載）。

耕地が少な」かったからである[78]。表4-8のように、交換分合は下伊那地方の竜西地域を中心に実施された。なかでも、鼎村、松尾村の交換分合は、同時期において「模範事例」とみなされた[79]。交換分合に「成功」した行政村は、「水田平坦地帯であるか、段丘扇状地帯」であり、下久堅村のような「山間耕地地帯は、単に距離の短縮に重点が置かれたのは地形上、止むを得ないこと」だったのである[80]。

3　集落組織の「戦後改革」

(1)「改革」の第1段階

　集落組織（区会）の戦後改革について検討する。M区会において、着目される動きは、2度にわたる区会役員選挙である。12月、区会では「推薦により」

区会役員を選任するという「慣例」があるなかで、その選任方法を各組に図ることを決める[81]。組単位の多数決の結果、次のように決議された。

- 正副区長のみならず、区〔会〕の従来の役員全部に渡り選挙のこと。
- 投票は成年者全部とはせず1世帯1票とすること。
- 候補者を事前に「詮衡する」という従来の方法ではなく、「全く白紙に選挙」すること。

しかし公職追放の問題が立ちはだかる。公職追放の内容は次のとおりである。

- 公職「離脱」（永久）　郡市町村の大政翼賛会支部長、協力会議長、翼賛壮年団長、軍人分会長
- 公職「遠慮」（公選期日より4年間）　市町村長、助役、部落会の長、及び連合会の長[82]

「部落会の長、及び連合会の長」とは、部落常会長や区長を指しており、集落の一定数の人物が、「遠慮」の対象となる。1946年12月29日のM区会では、「遠慮」に該当する17名を、区会執行部に「選出せざる」ことが各組に通知された。しかし、公職追放の「意義」について、住民より疑問が発せられた。こうした事態を受けて、各組は意見をまとめ、区会において次のプロセスを経て、決議された。

　1月1日の文永寺年賀式后の、非公式ながら区民大会とも云ふべき区の一般体勢に基き、区〔会〕当局は白紙公選の選挙法を選択。1月15日御日待の区総会当日、区長以下の区の役員選挙を行ふ。

このように、「区民大会とも云ふべき」状況のなか、区会では、「遠慮」計17名を除外することなく、区会執行部の「白紙公選」を行うことが決議された。

選挙の結果、区長には本家筋のM20が当選するなど、「遠慮」を含む、従来の区会執行部層が就任した[83]。

(2)「改革」の第2段階

　新たな事態が生じた。1947年5月の区会では、占領政策によって、「従来の区の種々機関を総て廃止」し、区会委員を選挙し直すことが伝達された。いわゆる、「ポツダム政令」第15号による「町内会、部落会解散命令」である。1947年5月20日区会には次の記述がある。

> ポツダム宣言の受諾にともなう部落会〔区会〕のあり方につき研究。区会拡大の形にて区の総ての役員、常会長、其の他有志の参会によりて研究の結果、従来の区〔会〕の種々機関を総て廃止。8名の委員によって執行せらるる自治会の如きものとなり、尚旧来の伍長によって執行部の立案を代議せらるる形を採ることとなる。細案は新執行委員会に依り立案決定せらるることとなる。委員（5月27日）、代議員（6月1日）〔は〕区の総選挙により選出することとなる。

　委員とは区会執行部、代議員とは組長を指す。選挙の結果、表4-9のように、区長には、M31、委員（8名）にはM62、M101、M110等の社会運動勢力も当選した。社会運動勢力、かつ旧来のM区会執行部層ではない家が選出されたのは、1914年から検討する限り、はじめてである。その後、M区会執行部には恒常的に、旧執行部層でない者も就任するようになった[84]。戦後改革期のM集落は大きな変動を経験したのである。

(3) 改革以後の集落運営

　社会運動勢力参入後の集落運営について述べる[85]。区会は、村税追加徴収に異議を申し立て、1947年9月、区民大会を開催し、下久堅村助役を招聘して説明を聞いた。区会史料には次のように記されている。

表4-9　M区会執行部（1944～47年）

1944年		1947年1月		1947年5月	
区長	M3	区長	M20	執行部、委員長	●M31
区長代理	M40	副区長	M65	執行部、副委員長	M40
土木委員	M57	会計係	M40	執行部、庶務会計	M17
土木委員	M75	会計監査	●M31	執行部、庶務会計	■M6
土木委員	M31	会計監査	M48	執行部、神社	●M31
土木委員	M48	氏子惣代	■M36	執行部、神社	●■M101
土木委員	M16	氏子惣代	M47	執行部、神社	M40
土木委員	M108	氏子惣代	M57	執行部、土木	●M31
氏子惣代	M108	檀徒惣代	●M31	執行部、土木	●■M101
氏子惣代	M47	檀徒惣代	M75	執行部、土木	●■M110
氏子惣代	M17	檀徒惣代	M20	執行部、土木	●■M62
檀徒惣代	M20	土木委員	M57	執行部、土木	■M6
檀徒惣代	M31	土木委員	M75		
檀徒惣代	M16	土木委員	●M31		
会計監査	M31	土木委員	M20		
会計監査	M48	土木委員	M3		
会計	M40	土木委員	M108		

出典：M区会『会議録』1940～50年。
注：●は社会運動勢力、■は1914～44年においてM区会執行部に就任していない家を指す。

〔下久堅〕村助役小林新吾を招き、村本年度予算の概略、経常費赤字補塡（追加予算）に関し、之れが徴税法に付き具体的の説明を聴き、且つ又質問等をなし、大体了解承認の意を固むる基を作るに、最も意義ある懇談的区民大会を10時に閉じた[86]。

翌年にも、中学校舎建設に伴う村税追加徴収に対して、M31とM62が企画し[87]、「住民総会」を開催した。ただし、これは活動単位が区会なのか、農民組合なのかが判明しないことに留意されたい。1948年8月25日、「校舎建築に関するM住民大会」を開き、「〔建築〕延期の意見多数にて」、その「一時中止の決議を行ひて閉会」した[88]。しかし、9月9日、「学校建築費割当寄附のことにつき色々話を聞くに、結局寄附金納入の運びとなりて、過日M住民大会の決定方針も裏切るに至らん」という事態が生じている[89]。

(4) M区会規約の変化・不変化

　集落組織の「戦後改革」を受けた、M区会規約の改正について述べておこう。部落会解散命令を受けて、1947年8月、「M区会改正規定」（1912年、以下、旧規約）を廃止し、「M協同規約」（以下、新規約）が制定された[90]。その起草者はM31である。その第1条には、今までになかった、次のような条文が掲げられた。

> 本規約はM住民協同の力により、農村の福祉と住民の利益を増進し、道義を重んじて住民自らの力に依って真の民主化を図り、恒久平和な明るい社会生活の実を挙げることを目的とす。

　ただし、実質的に、新規約と旧規約の変化は、役職や会議の名称だけであった。とくに、集落の合意形成にかかわる以下の条文は、新旧とも同じ内容であった。

> 旧規約（1912年）区会評決は可否の多数により之を定む。可否同数なるときは議長の決する所による。
> 新規約（1947年）議事が合議に依って調はない場合は、出席者の過半数を以て定めるも、可否同数のときは議長の定めるものとす。

　区会の出席者とは組長であり、組単位の「過半数を以て定める」、いわゆる多数決原理という従来の合意形成の方法は、戦後において引き継がれたのである。合意形成の手法という点に限定すれば、いわば「むらの規範」が戦後においても引き継がれた、と解釈することは可能であろう。こうした合意形成の手法は、高度経済成長期の道路整備において用いられていった。

4　政策執行における「共同関係」の変化

　農村社会運動が生成したことにより、政策執行における集落住民の共同関係

は変化した。まず、戦前・戦時段階ではM区会執行部層、およびE寺住職（M24）が牽引し、他の住民の合意を得ながら、政策が実施されていった（本書第2章、第3章）。

1946年段階になると、農村社会運動が生成し、その担い手には、従来のリーダー層ではない人物が登場し、新たな共同関係が築かれた。1947年になると、こうした新しい層が、区会執行部に進出した。その一方、旧来のリーダー（M区会旧執行部層）は、農民組合に加入する場合としない場合があった。ただし、農民組合未加入のリーダー層が、M31を農地委員として推薦していることから、農民組合との深刻な対立は伴わなかったとみなしうる。

1947年は『M31日記』が現存しない。続く1948年段階では、農協法による農業会解散を受けた、下久堅村農協創立委員、第1回理事監事選挙が行われた。その際、次のような事態が生じている。

1947年11月のM区会では、農協創立委員「3名を、公選によって」選出することが決議され[91]、選挙の結果、3議席すべてを社会運動勢力が獲得した[92]。しかし、1948年3月の下久堅村農協第1回理事監事選挙では、次の現象が生じた。

　　今回の協組〔下久堅村農協第1回〕理事選挙に当り、例の如くM40氏が野心ありて運動の手配をなしつつある様子を聞く。又一面に於て、M20、M57を保守派が極力支持して戸別訪問をなしつゝあることも耳にす[93]。

1946年には共同関係にあったM31とM40とのあいだに距離が生まれている。事実、農協理事には、旧来の集落リーダー層であるM20、M57が当選した[94]。『M31日記』には、「保守派」による「運動が如何に猛烈なるかに驚」いたとある[95]。このように、1946年段階には存在しなかった、社会運動勢力と「保守」勢力の集団的な対立が、1948年段階において生じていた。

ただし、こうした対立は長く続かなかった。M集落の社会運動勢力は、農地改革が一段落し[96]、かつ、農民組合内部で社共対立が現出したことによって、

1949年9月頃、勢力として消滅したからである[97]。M31は隠居生活に入ったものの、M62、M101、M58はその後、M区会執行部、下久堅村農協理事などの役職に就き、旧来のリーダー層とともに活動した[98]。

第3節　1950〜60年代における集落運営の特質

1　M区会財政

　本節では、主として1950〜60年代のM集落における区会運営の特質を見出していく[99]。表4-10は、M区会財政である。

　収入について述べる。「工事代残金」という項目が存在することから、工事費、主として土木費は別会計の分が存在し、この表に反映されていない可能性があるという史料批判が必要である。そのうえで収入をみると、主たる財源は住民からの徴収金である。

　別の資料によって、住民からの徴収金の賦課方法をみると、資産・所得に応じて支払う分と、全戸平等に支払う分（平等割）の両方を設定している。たとえば、1952年度において徴収金は3期に分けて支払い、1期は「村国民健康保険徴収金月額の半額」、2期、3期は、その全額である。1960〜65年度は平等割3、固定資産税3.5、市民税3.5、1966、67年度は平等割4、市民税3、固定資産税3の割合で賦課額を定めている[100]。

　収入のうち、金額の大きなものに着目すると、1948年度のみ神社立木伐採収入が収入の46.3％を占めている。これは、林道工事（林道大井線）や公民館建設費用を賄うために、売却されたものである。このうち、林道工事は延期となったため[101]、その分は翌年度の繰越金となっている。1963年度の特別徴収金とは、第1次農業構造改善事業に伴う負担金を指しており、詳しくは次節で述べる。

　支出について、区会役員に対する給与、および区会運営のための需用費、公民館費、神社費、土木費、公民館施設費が一定の割合を占める。このうち、公

表 4-10　M区

一般

年　度		1948	1949	1950	1953
収入	繰越金	2,195　(5.8%)	12,735　(36.8%)	5,042　(10.9%)	10,323　(18.1%)
	財産収入	1,704　(4.5%)	176　(0.5%)	542　(1.2%)	637　(1.1%)
	雑収入	2,330　(6.2%)	2,854　(8.3%)	1,783　(3.9%)	2,610　(4.6%)
	徴収金	12,511　(33.2%)	8,472　(24.5%)	27,950　(60.6%)	43,585　(76.3%)
	特別徴収金	—	—	10,775　(23.4%)	—
	神社立木伐採収入	17,436　(46.3%)	—	—	—
	工事代残金　公民館	—	10,351　(29.9%)	—	—
	道路				
	補助金	1,500　(4.0%)	—	—	—
	計	37,676 (100.0%)	34,588 (100.0%)	46,092 (100.0%)	57,155 (100.0%)
支出	給与	1,500　(5.8%)	3,850　(13.0%)	3,550　(8.8%)	5,050　(9.0%)
	需用費	2,420　(9.4%)	2,782　(9.4%)	13,503　(33.4%)	8,921　(15.9%)
	補助費（青年団、婦人会、消防団、敬老会）	1,900　(7.4%)	2,300　(7.8%)	2,500　(6.2%)	3,500　(6.3%)
	公民館費	—	6,292　(21.3%)	2,745　(6.8%)	8,810　(15.7%)
	積立金				
	神社費	2,775　(10.8%)	12,790　(43.3%)	8,427　(20.9%)	3,500　(6.3%)
	公民館施設費	8,500　(33.1%)	—	—	5,910　(10.6%)
	土木費	3,036　(11.8%)	1,371　(4.6%)	298　(0.7%)	11,210　(20.0%)
	その他	5,539　(21.6%)	160　(0.5%)	9,381　(23.2%)	9,050　(16.2%)
	計	25,670 (100.0%)	29,545 (100.0%)	40,404 (100.0%)	55,951 (100.0%)

水利

年　度	1948	1949	1950	1953
収入計	8,245	20,603	10,844	36,813
支出計	6,878	19,410	9,006	15,382

一般

年　度		1964	1965	1966	1969
収入	繰越金	49,345　(22.1%)	114,009　(57.4%)	91,470　(42.4%)	10,070　(3.9%)
	財産収入	2,650　(1.2%)	3,692　(1.9%)	2,323　(1.1%)	725　(0.3%)
	雑収入	9,960　(4.5%)	11,608　(5.8%)	25,462　(11.8%)	13,119　(5.0%)
	徴収金	161,534　(72.2%)	68,781　(34.6%)	95,908　(44.5%)	236,880　(90.8%)
	補助金	240　(0.1%)	540　(0.3%)	500　(0.2%)	—
	計	223,729 (100.0%)	198,630 (100.0%)	215,663 (100.0%)	260,794 (100.0%)
支出	給与	29,460　(26.9%)	33,195　(31.0%)	35,000　(23.2%)	30,500　(16.4%)
	需用費	16,411　(15.0%)	13,938　(13.0%)	16,130　(10.7%)	23,584　(12.7%)
	補助費（青年団、婦人会、消防団、敬老会）	13,500　(12.3%)	18,400　(17.2%)	16,000　(10.6%)	25,000　(13.5%)
	公民館費	27,000　(24.6%)	27,000　(25.2%)	27,000　(17.9%)	27,000　(14.6%)
	積立金	—	—	—	10,070　(5.4%)
	神社費	14,000　(12.8%)	8,000　(7.5%)	15,000　(10.0%)	20,000　(10.8%)
	公民館施設費	1,800　(1.6%)	—	21,900　(14.5%)	24,201　(13.0%)
	土木費	2,842　(2.6%)	2,342　(2.2%)	7,240　(4.8%)	19,938　(10.7%)
	その他	4,707　(4.3%)	4,285　(4.0%)	12,399　(8.2%)	5,220　(2.8%)
	計	109,720 (100.0%)	107,160 (100.0%)	150,669 (100.0%)	185,513 (100.0%)

水利

年　度	1964	1965	1966	1969
収入計	68,479	153,909	70,953	170,120
支出計	55,509	151,047	40,320	157,105

出典：M区会計『経常費歳出入予算書、決算書』1938～52年、M区『一般会計収支決算書、水利費歳入歳出決算書』
注：1)　金額は銭以下、％は小数第二位以下を四捨五入。
　　2)　1948年度一般会計については、筆者が集計し直した値を示しており、1948年度の支出計と収入計の差と、

第4章　戦後農村における政策の執行　179

会財政

(単位：円)

1956	1957	1960	1961	1962	1963
会　計					
22,660 (22.5%)	12,868 (8.0%)	39,367 (25.0%)	12,778 (7.2%)	41,301 (18.6%)	46,462 (14.7%)
1,044 (1.0%)	1,380 (0.9%)	1,212 (0.8%)	2,083 (1.2%)	1,942 (0.9%)	2,564 (0.8%)
3,870 (3.8%)	16,575 (10.4%)	6,065 (3.9%)	7,770 (4.4%)	6,130 (2.8%)	6,730 (2.1%)
70,160 (69.6%)	63,944 (39.9%)	105,053 (66.8%)	139,912 (79.0%)	122,562 (55.2%)	175,006 (55.4%)
—	—	5,600 (3.6%)	5,750 (3.2%)	—	84,729 (26.8%)
—	—	—	—	—	—
3,073 (3.0%)	65,311 (40.8%)	—	2,154 (1.2%)	20,171 (9.1%)	—
—	—	—	6,546 (3.7%)	30,000 (13.5%)	240 (0.1%)
100,807 (100.0%)	160,078 (100.0%)	157,297 (100.0%)	176,993 (100.0%)	222,106 (100.0%)	315,731 (100.0%)
10,000 (11.4%)	14,820 (10.0%)	14,440 (10.0%)	11,230 (8.3%)	25,865 (14.7%)	31,040 (11.7%)
12,856 (14.6%)	16,254 (11.0%)	11,999 (8.3%)	11,822 (8.7%)	13,006 (7.4%)	25,123 (9.4%)
4,000 (4.5%)	4,500 (3.0%)	14,670 (10.2%)	10,000 (7.4%)	12,000 (6.8%)	12,000 (4.5%)
12,546 (14.3%)	23,488 (15.9%)	44,339 (30.7%)	20,000 (14.7%)	20,000 (11.4%)	38,200 (14.3%)
—	—	—	—	—	—
17,486 (19.9%)	6,980 (4.7%)	13,800 (9.5%)	42,100 (31.0%)	15,000 (8.5%)	17,500 (6.6%)
5,826 (6.6%)	—	—	2,000 (1.5%)	80,719 (46.0%)	6,140 (2.3%)
14,130 (16.1%)	17,541 (11.9%)	36,736 (25.4%)	18,855 (13.9%)	7,526 (4.3%)	127,237 (47.8%)
11,095 (12.6%)	64,246 (43.5%)	8,535 (5.9%)	19,685 (14.5%)	1,528 (0.9%)	9,146 (3.4%)
87,939 (100.0%)	147,829 (100.0%)	144,519 (100.0%)	135,692 (100.0%)	175,644 (100.0%)	266,386 (100.0%)

費

1956	1957	1960	1961	1962	1963
30,637	51,065	49,420	43,440	42,831	65,061
28,192	46,051	38,581	36,706	13,600	47,746

1970	1971	1972	1973	1974	1975
会　計					
75,280 (20.2%)	31,808 (8.5%)	64,123 (14.0%)	50,160 (9.8%)	89,108 (11.6%)	174,557 (18.1%)
4,516 (1.2%)	3,577 (1.0%)	2,918 (0.6%)	3,367 (0.7%)	5,358 (0.7%)	2,358 (0.2%)
25,200 (6.8%)	26,107 (7.0%)	20,973 (4.6%)	18,282 (3.6%)	19,103 (2.5%)	126,510 (13.1%)
266,762 (71.8%)	310,890 (83.5%)	371,242 (80.8%)	438,556 (85.9%)	654,045 (85.2%)	660,175 (68.5%)
371,758 (100.0%)	372,382 (100.0%)	459,256 (100.0%)	510,365 (100.0%)	767,614 (100.0%)	963,600 (100.0%)
56,000 (16.5%)	59,000 (19.1%)	62,000 (15.2%)	86,900 (20.6%)	129,500 (21.8%)	134,000 (17.2%)
41,118 (12.1%)	64,936 (21.1%)	42,628 (10.4%)	38,949 (9.2%)	66,119 (11.1%)	93,813 (12.0%)
27,500 (8.1%)	34,500 (11.2%)	35,500 (8.7%)	39,000 (9.3%)	39,500 (6.7%)	39,500 (5.1%)
30,000 (8.8%)	38,000 (12.3%)	45,000 (11.0%)	45,000 (10.7%)	25,000 (4.2%)	45,000 (5.8%)
75,280 (22.1%)	33,027 (10.7%)	550 (0.1%)	—	—	174,557 (22.4%)
23,000 (6.8%)	30,000 (9.7%)	60,000 (14.7%)	53,000 (12.6%)	50,000 (8.4%)	50,000 (6.4%)
50,374 (14.8%)	19,799 (6.4%)	48,000 (11.7%)	41,573 (9.9%)	77,626 (13.1%)	47,354 (6.1%)
28,650 (8.4%)	22,395 (7.3%)	60,895 (14.9%)	102,501 (24.3%)	84,258 (14.2%)	142,861 (18.3%)
8,024 (2.4%)	6,602 (2.1%)	54,528 (13.3%)	14,333 (3.4%)	121,055 (20.4%)	52,718 (6.8%)
339,946 (100.0%)	308,259 (100.0%)	409,096 (100.0%)	421,256 (100.0%)	593,058 (100.0%)	779,803 (100.0%)

費

1970	1971	1972	1973	1974	1975
159,027	145,214	208,319	248,795	355,968	387,049
158,023	82,712	203,787	124,712	311,879	309,259

1953～78年。

1949年度の繰越金の額が一致しない。

民館費の主な内訳をみると、たとえば1953年は、文化部費1,248円、体育部費2,667円、保健部費773円、図書部費2,500円である。1962年は、総務部費757円、文化部費1,469円、体育部費7,395円、保健部費925円、図書部費2,000円である[102]。主に、体育、図書といった文化活動に用いられている。ただし、1970年代以降、公民館費の割合は小さくなっており、集落を単位とした公民館活動が衰退したことがうかがえる。

続いて水利費とは、M集落を南東から北西に向かって流れる用水路（大井と呼ばれる）の維持管理費を指しており、別会計となっている。補助金と住民からの徴収金によって運営されている。住民からの徴収金については、全世帯（用水路の恩恵を受けない家を含む）から、同一金額を平等に徴収する分（平等割）、用水路の受益者に対して反別（1反ごとに賦課）をもって徴収する分（反別割）によって構成される[103]。

このうち反別割は、1947年まで田畑所有者に対して課せられた。よって、（集落を基準とした場合の）不在地主も水利費を支払っていた。農地改革を契機として、こうしたあり方は変化し、1947年より、田畑の耕作者に対して反別割が課せられるようになった。その改正理由書には、「土地改革制度に伴ひ……小作人の耕作権も確立して、地主より猥りに犯されることなきに至り、最早や小作人も地主に依存する要なく、水路の保護管理等の如きも耕作人が自主的に行ふべきものにて、其費用も耕作人負担とすることを妥当と認む」と記されている[104]。

2　M区会の議案数

表4-11は、M区会の議案数である。これによれば、戦時・戦後改革期には区会運営に関する協議件数が多い。GHQの指導を受けた区会「改革」など、区会という組織それ自体が変化を経験した時期に該当する。その後、1950〜80年代には、道路、水利・水道といったインフラ整備が協議の中心であり続けている。

とりわけ1951〜64年には、道路整備が協議件数の最上位を占めており、M

集落にとって高度経済成長前半期は道路整備が最も大きな課題となる時期であった。

M集落の住民は次のように回想する。「昭和25年頃までは自動車もなく、主たる交通機関は自転車であり、運転機関は運送馬（荷馬車）か荷車だったので、道路幅は広い所で2メートル前後あれば良かった。昭和26年頃から自動車が普及しだし、次第に道路整備の必要性が叫ばれ、各地区〔集落〕競って道路整備が盛んになってきた」と[105]。

これは、同時代において一般性を持つ現象であると考えられるが[106]、同時に、地理的条件ゆえ、こうした道路整備がより切実であったという側面がある。この点について、『公民館報ひさかた』（1954年1月25日）を引用する。

旧下久堅村は「複雑なる地形をなしている。それが又極めてわるい条件の地形であるので道路の整備が非常に困難である為、道路の開設改修等が遅れ完全なる道路がない現状である。前述の如き実状であるので中央部を走る幹線道路がなく、農畜産物の運搬並に農機具の導入は勿論、村中心地たる役場、学校、農協の連絡にも事欠く現状」であると[107]。

また、飯田市長に対する次のような陳情書がある。「下久堅地区は天竜川に面する急傾斜と無数の小峡谷に阻まれたあまりにも自然条件の厳しい地域で道路は昔ながらの自動車交通不能道路がほとんどの現況であり」、「地域の経済文化発展に大きな障害となっております」、「目ざましい経済成長を背景とした時代の推移と飯田都市圏総合開発計画の特色と傾向は益々このような特殊地帯の地域格差を甚だしいものにする惧れ」があると[108]。

3　道路整備をめぐる集落の慣行

(1) 合意形成の手法

こうした道路整備には集落（区会）の「慣行」が存在しており、以下において検討する。前述（第2章）のように、道路整備は集落住民の合意を経なければならず、議案によっては、区会の下部組織である部落常会（5組織）、あるいは組（15〜16組織）にはかっている[109]。区会における議決の様子は、次の

表4-11　M区会議

年次	会議数	区会運営	インフラ 道路	インフラ 橋	インフラ 水利水道	農蚕	森林	村政市政補助	寺社・祭
1945	8	6	2		6	1	3	1	3
1946	17	10	17	1	9	2	1	1	8
1947	43	31	7		8	2	12	8	12
1948	27	21	5		1	2			12
1949	17	6	1		2	3	1		6
1950	14	7	1		2	3	1		2
1951	24	4	11		5	2		2	7
1952	10	7	9	1	5			1	6
1953	14	8	12		3		1		10
1954	14	6	9		6	2			3
1955	11	2	8		6	1		2	2
1956	11	9	12	3	4	2	1	6	5
1957	15	6	13	2	8	6	2	1	5
1958	17	2	13	1		1		1	3
1959	18	4	12	1	8		3	1	5
1960	14	2	14	7	10	1	1	1	4
1961	8	3	8		4		1		4
1962	12	4	10				1		2
1963	13	6	10		1				1
1964	6	3	7		6				2
1965	6	3	6		12	1			2
1966	9	6	9		7	3	1	1	3
1967	7	3	7		6			1	1
1968	7	5	11		5		1	3	7
1969	9	7	10		12	3	2	2	3
1970	11	4	18		9	1	3	4	6
1971	10	4	18		6		3		5
1972	8	2	13	1	8	2	3		5
1973	10	6	8		10	2	3		6
1974	10	6	10		11		3	1	9
1975	10	7	9		8		1	1	3
1976	8	8	6	1	5				1
1977	6	4	5		1		1		2
1978	8	4	6		4	1	2		3
1979	13	4	11		8	1	1		4
1980	11	5	7		7		1		5
1981	11	5	8		7	4	1	4	1
1982	9	3	3		3		1	1	3
1983	11	2	6		15	7	1		3
1984	14	11	2		4	3		1	3
1985	12	5	5		7	3	4	2	6
1986	13	6	11		8	3		4	5
1987	12	9	10		8	1	1	8	4
1988	14	12	7		6	3		4	6
計	552	278	387	18	271	66	62	63	200

出典：M区『会議録』各年次より集計。
注：1）「示達」・「報告」・「その他」は除き、「協議」のみ集計した。
　　2）その他、次のように集計した。「一、A線改修…二、A線資金…」→同じA線に関する改善事業…農道A線…B線」→農業政策であっても、道路を作る計画であるため、「道路」年の「道路」の件数が実態に反して少なくなる。
　　3）1947年度の会議数には区会執行部のみが出席する土木委員会などの会議を含んでいる。

案数（1945～88年）

青年会・婦人会・公民館	防災防犯	保健衛生	不燃物処分場	他	議案数計
				3	25
				3	52
2	1			2	85
5				2	48
6	1			1	27
2				1	19
1				2	34
2	3			2	36
1	3			1	39
1		1		2	30
2	3	1			27
1	2	2			47
4				7	54
1	3				25
11	7			3	55
5	2			4	51
2					22
2				1	20
1					21
1	1	2		1	23
1	4			3	32
	4				34
3	7			1	29
5	4			4	45
1	4			4	48
5	2	1	1	5	59
2	3			3	44
1			1	1	37
5	2			1	43
2	3			1	46
4	1	2		5	41
2	1			1	26
					13
1					21
	3			4	36
	3			1	29
1	2			6	39
	2		3		19
2	4		8	1	49
	4		12	2	44
6	9			1	48
	2	1		3	43
1	6	3		5	56
2	11	4		4	59
94	108	17	25	91	1,680

協議につき1件。「一、B線改修…二、C線改修」→別路線につき2件。「第一次農業構造
にカウント。事業を1つのまとまりとみなし、件数は1。この集計方法により、1962、63

ように文書に残されている。1946年11月4日の林道大井線工事に関する『会議録』を引用しよう。

　　林道先線工事着手如何打合せ各組答申の開陳
　　第1〔部落〕常会　大勢に準ず
　　第2〔部落〕常会　着手に賛成
　　第3〔部落〕常会　同
　　第4〔部落〕常会　助成金の範囲によること
　　第5〔部落〕常会　着手に賛成
　　かくて過半数の賛成により工事には着手の事となる。

　このように、賛成3、保留2につき、道路整備に着手することが決議された[110]。もう1つの事例は、1960年の四五線改修である。路線名のとおり、第4部落常会と第5部落常会を結ぶ道路である。1960年7月の区会では、四五線改修について、次のような説明がなされた。「工費7、80万から半分が地元負担となるが、それは1戸平均4,000円となる。又それを1割にするか、2割にするかを組下に謀って意見を聞き、夏蚕上り頃、区会を開いて意見をまとめ」ると[111]。1割、2割とは、受益者負担の割合であると推定できる。1960年8月の区会では、各組の意見が区会で発表された。

　　四五線の測量について
　　先日の区会の決定にしたがって組下の意見をその組ごとに一番組より言ってもらう。
　　1番組　文永寺の道路が今年市より予算をもらえるようになっているのでその方を先に作るべきであり四五線は区の意向にしたがうが2割と言う事でなく、2割以上にしてもらい又利益者が物質的な援助をしてほしい
　　2番組　2か年ぐらいで作ってほしい
　　3番組　一応賛成であるが費用の点で多すぎるので農作道として作っては

どうか

5番組　2か年ぐらいにして作ってほしい

6番組　大体賛成であるが費用が多いので区の意向にしたがうが、3割以上にしてほしい。又あまりいそぐ様であれば農作道とすべきだ

7番組　大体賛成であるが2割以上にやってほしい

8番組　費用も多くかかるし地主の反対もあるので、延期すべきだ

9番組　費用の多くかかる割に利用度が少ないので費用のかからないような方法を考えてほしい

11番組　3か年ぐらいで作ってほしい又、作らなければならない道路が沢山あるので毎年少しずつ無理をしないように作ってほしい

12、13、14組　費用がかかれば2か年でもよいので是非作ってほしい

15、10組　地元なので賛成である

以上のような意見であるので賛成多数として作る事にし、反対の組合の組長は組下に帰って区会の決定を話して賛成にしてもらう事にし、工費は2カ年とする。委員に一任して地主に交渉してもらう[112]。

このように条件付ではあれ、賛成する組が多かったため、四五線の改修が決定した。工事期間は、2年を主張したのが計5組、3年を主張したのが計1組であり、2年かけて改修することになった。また、反対の組については、「区会の決定を話して賛成にしてもらう」と書かれており、多数決原理が貫徹したことがうかがえる。なお、四五線は改修を開始したものの、途中から第1次農業構造改善事業を用いたため、地元負担金は極めて少額になっている（後述）。

このように、組の単位で多数決をとるという利害の調整方法は、高度経済成長期においても、実態として存続していた。加えて、後にも出てくるように、組と同様、部落常会という単位が、制度的に廃止されても、集落の合意形成の単位として用いられるようになったことも着目される。

(2) 住民負担の方法

　道路整備は住民負担が伴う。負担方法は労働力の提供、または金納であり、1962年3月23日の『会議録』には、以下の記述がある[113]。

　　区費納入額に依る割当
　　500円未満　　　　　11人　　半工
　　500〜700円　　　　 18人　　1工
　　700〜900円　　　　 15人　　1工半
　　900〜1,000円　　　 10人　　2工
　　1,000〜1,300円　　 28人　　2工半
　　1,300〜1,600円　　 12人　　3工
　　1,600〜2,000円　　 7人　　 3工半
　　2,000〜2,600円　　 4人　　 4工
　　2,600〜3,000円　　 4人　　 4工半
　　3,000円以上　　　　6人　　 5工
　　段階別割当　　　　　　　　計260工
　　平等割　　　　　　　　　　計57工
　　尚保護世帯、及び〇〇、××は免除。
　　男世帯及び労働能力の居る家は男のみ認め、女の代理は認めず。女世帯で女が働きに出た場合は男並と認め、働きに出ない時は男並の過怠金を徴収する。出不足金は1日600円とする。前年度工事に出て居る人工は本年度割当より差し引く。労働時間、朝7時半より午後5時。

　1工とは、成人男性1名による1日分の労働を指しており、史料では、まず、57工を各家平等に課している（平等割）。そのうえで、区費賦課額が高い家、すなわち、経済階層の高い家ほど多く、労働力を配分している（段階別割当）[114]。その際、男女で「差」を設けており、女性の労働力を低く見積もっている。また、出不足金（出役しなかった場合支払うもの）を設定しているが、貧困世帯

についてはいずれも出役・出不足金ともに免除している。

　このように道路整備に伴う出役は、集落全世帯が資産・所得に応じて負担するものであった。出役に限定すれば、道路整備によって利益を得る家がより多く負担するという「受益者負担」の観念が存在しないのである[115]。

　出役には労賃が支払われる場合があり、史料には「有給人夫」と記されている。1954年3月8日の『会議録』には、次の記述がある。

　　大井取水口災害復旧工事に関する件……本工事は有給人夫とする。給料日当最低280円。能力により差をつける。出勤時間　7時半〜5時半。

　その一方、労賃が支払われない場合もある。なぜ、集落住民は無償労働を受け入れるのか。それは集落住民の「規範」によるとも解釈できそうだが、無償労働を受け入れる具体的な理由が史料に示されている。

　　1954年6月29日　区会
　　林道災害工事……最近の工事は検査も厳重であり、書類等もむづかしく非常に困難が予想され請負師に任せた方が楽であるがそうすれば、現金負担も覚悟しなくてはならない。
　　1958年12月13日　区会
　　M林道工事……入札の結果、知久平の宮脇工務所が57万6,000円にて落札せり。尚市当局と交渉の結果、この金額の4割は地元負担となるも、それは人夫労力にて負担してもよい事を確約しその様許可を得た[116]。

　このように工事に伴う負担金、史料で言う「現金負担」を回避するため、住民は労働力を提供したといえる。ただし、道路改修がピークにさしかかった1950年代中盤に限定すれば、集落住民の労働力負担は限界に達した。1954年3月21日のM区『会議録』には、「大井（用水路）工事」について、「最近野仕事の多忙のため人夫の出が悪く、この状態では4月15日頃迄には完成出来な

い」という記述がある。

第4節　高度経済成長期における政策の執行

1　農家経営

　本節では、高度経済成長期における政策の執行について、新農村建設計画、第1次農業構造改善事業を事例に検討する。結論を先取りすれば、M集落では、高度経済成長期の農村政策（新農村建設計画、第1次農業構造改善事業）を道路整備事業として組み換えて受容するケースや、事業導入を拒否するケースが現出している。

　まず、1960年前後の農家経営について検討する。M集落は1959年現在、総世帯112、農家世帯89である。図4-1は耕地面積（1959年）であり、3～6反前後の世帯が多く、かつ最上層でも18反未満である。表4-12は農業生産（1962年）であり、総生産額に着目すると、養蚕が最上位であるものの、養蚕と水稲とが拮抗している状況が確認できる。ただし、別の史料によって、専業農家・第1種兼業農家の選択作目をみると、水稲主業9世帯、養蚕主業33世帯であるため[117]、農業経営の比重が高い世帯は養蚕業に特化した農業経営を展開している。農業経営以外の側面をみると、第2種兼業農家は66世帯である（1959年）[118]。表4-13は兼業先であり、工場労働者が少ないことから、恒常的に賃労働を得る機会が少なかったと判断できる。加えて、図4-2は年齢構成（1962年）であり、年代別の男女差に着目すると、20歳代のみ開きがあることから、20歳代男性が集落から離れているものと推定される。

2　新農村建設計画

(1) 道路改修

　新農村建設計画とは、1956年度より実施された農村政策であり、この政策の意義は、農業経営の志向を食糧増産から「適地適産」に転換したところにある。

M集落では、直接的に「適地適産」を目指すのではなく、道路整備を目的としてこの事業が導入された。

旧下久堅村住民の回想によれば、昭和戦前期までの村内主要道路は4路線であり、集落間の「連絡道は人が歩いて行く程度の道」であったという[119]。この回想が示唆するように、昭和戦前期のM集落における幅員2m以上の道路は2路線のみである。以後、M集落では1957年までの段階において、中央線、および林道大井線の一部を改修した（以下、路線については図4-3参照）[120]。集落における次の課題は、林道大井線の改修を進めることにあった。

1958年2月2日「区会」において、林道大井線の改修にあたり、地権者T[121]の「裏の道を如何にするか」が協議される。その結果、区会役員4名にて「T氏宅を訪れ測量の交渉と測量することにつき許可を予め得ること」とし、「この工事を実行するや

図4-1　耕地面積別世帯数（M集落・1959年）

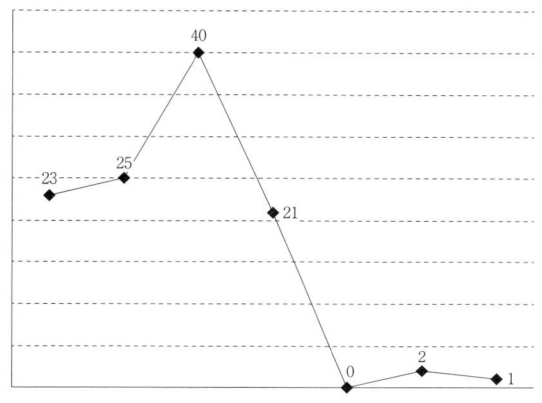

非農家　3反未満　-6.0　-9.0　-12.0　-15.0　-18.0
　　　　 23　　　25　　40　　21　　0　　2　　1

出典：飯田市農業委員会『昭和三十五年度　農業委員会委員選挙人名簿登載申請書綴　二十二投票区（下久堅地区）』。

表4-12　農業生産（M集落・1962年）

作目	戸数	作付面積（頭羽数）	総生産額（1,000円）
養蚕	93	360ha	7,812
水稲	87	16.0ha	6,326
乳牛	14	17頭	1,157
豚	26	46頭	1,035
大麦・小麦	86	10.0ha	958
大豆	89	11.0ha	850
馬鈴薯	87	4.4ha	790
甘藷	87	3.0ha	592
果樹	7	0.8ha	480
アンゴラ兎	30	150羽	165
その他	―	―	185
合計	93	―	20,350

出典：飯田市『農業構造改善事業計画書』1963年6月、南4頁。

表4-13 兼業先（M集落・1959年）

職業	建築・土木	日雇い	工場	商業	官公庁	農協・技術員	教員	その他
人数	21	8	6	6	7	8	4	5

出典：『農家台帳　M区』。
注：判明の49世帯、65名分に限る。

図4-2　年齢構成（M集落・1962年）

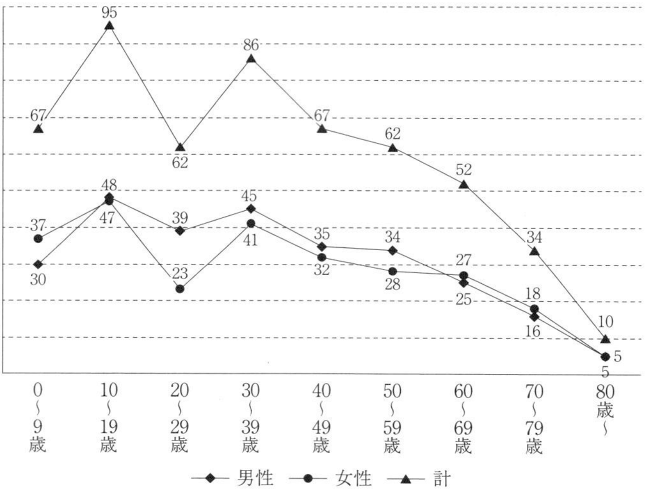

年齢	男性	女性	計
0～9歳	30	37	67
10～19歳	48	47	95
20～29歳	23	39	62
30～39歳	45	41	86
40～49歳	35	32	67
50～59歳	34	28	62
60～69歳	27	25	52
70～79歳	18	16	34
80歳～	5	10	10

出典：飯田市下久堅支所『M一、中平』、『宮平、中五、七、八、九』、『M四、五』。

否やは飯田市土木課の測量士が実測した結果その見積もりを区民に発表し賛意を得てから実施すること」になる[122]。2月26日「区会」では、飯田市土木課による、工事費が「少なくて済む」ことに留意した見積りが示され、区会では「全員賛成にて工事計画を承認」した[123]。

　1958年4月27日「区会」において、林道大井線を新農村建設計画によって整備することが協議される。その協議内容は、「林道大井線を新農村建設事業として取り上げて貰ふべきや否や。取り上げて貰ふことになれば設計から会計監査から極めて厄介なものになる」、「地元負担も相当巨額なものとなりM区としてとうてい負担にたえ兼ねる」、「ために市道として施行される様にしたい」、

第4章　戦後農村における政策の執行　191

図4-3　部落常会区分、道路（M集落）

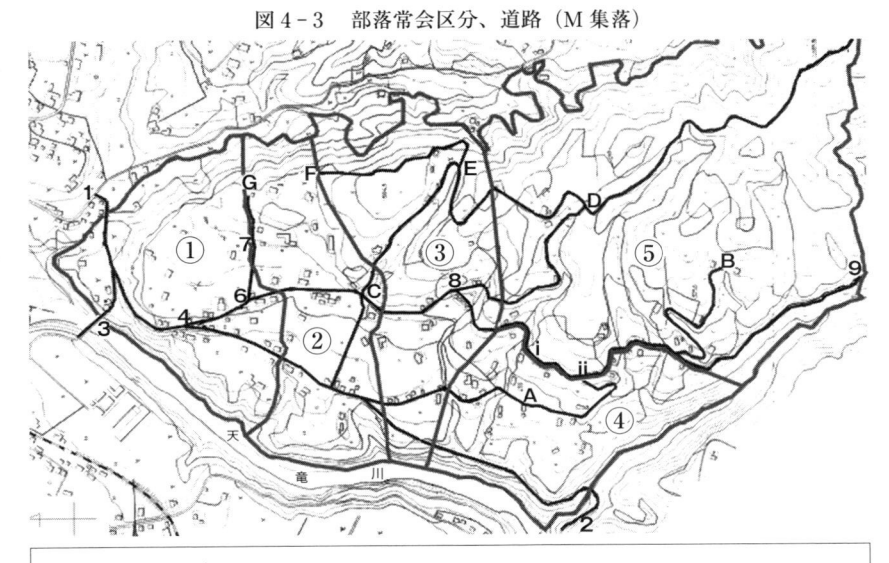

◆部落常会区分　◆道路
①第1部落常会　1-2　県道飯田富山佐久間線
②第2部落常会　3　　南原橋
③第3部落常会　4-8-5　中央線
④第4部落常会　6-7　文永寺線
⑤第5部落常会　8-9　林道大井線
　　　　　　　i-ii　新農村建設計画により改修。以下、第1次農業構造改善事業により改修
　　　　　　　A-B　山の川線
　　　　　　　C-E-D　大古屋線
　　　　　　　E-F、G-7　和平線

出典：筆者作成。

「区会としてもこの案に賛成す」というものである[124]。このように区会では新農村建設計画ではなく、市道として整備する見解が示された。それは、主として新農村建設計画によって整備するほうが、集落負担が重くなるからである。

しかし、1958年11月14日「区会」では、林道改修工事を「飯田市並に下久堅地区の両方より新農村建設土木事業として行う様に懇望」されたことが伝えられる。その「理由は北原〔旧下久堅村下虎岩北原〕の農道がこの該当になっていたが最近部落の感情的もつれから工事施行を廃棄した。よって飯田市並に下

久堅区〔飯田市役所下久堅支所〕として農林省の方に対して大変にメンツ上困っている。それに国からは既に助成金迄交付されて来ているから是非共下久堅区内にてどこかの道路を行わねばならない」という状況が生まれたからである。M区会では「市道として行って貰ふ運びになっている程度の負担ならば行って貰っても差し支えはない」という結論に達する[125]。

　翌日、M区長等が飯田市と調整し、区会においてその結果が報告される。その内容は「新農村建設事業中の林道の部に編入して貰ふ事が得策である。さうすれば国庫補助が3割市より3割計6割の補助となる。然るに市道として行ふ場合は、5割の補助しかない」というものである[126]。その一方、地権者Tとの折衝が続いており、区会役員に対しTは「家の僅かの畑も道路のためには開放するつもりである」が、「宅地が狭いのでなるべく現況に障らずに測量をしてほしい」、「最終測量の場合は私にも立ち合わせてほしい」と答えた[127]。

　11月18日「区会」では、次のような飯田市の発言が紹介される。「県、農林省に対してメンツ上大変困った時、M〔集落〕と之の代替工事を着手する相談が出来、市当局の困却時、救いの手をのべてくれたことは地獄で仏と云ふ感じ」であると。その一方、Tは「測量に来られた場合には地主の私にも立ち合わせて貰」う、という条件で事業に同意し、林道大井線を新農村建設計画によって改修することが決定する[128]。事業内容は、総工費57万6,000円（地元負担23万4,000円）、幅員3.6m、延長178mであり、1959年3月に竣工した[129]。

(2) 有線放送

　旧下久堅村全体をみると、新農村建設計画における最大の事業は有線放送の導入であり、この事業は下久堅（総合）農協が主導した[130]。導入の経緯について、下久堅農協職員の回想によれば、「4月下旬から5月上旬は凍霜害に見舞われる」、「農協の技術者と若い男子職員は」、「地区内7コースに分かれ、手作りメガホンを首に掛け、自転車で夜の集落の辻で『明朝霜が降りそうです。苗代は水を深めに着け、馬鈴薯や野菜には藁など掛けてください』と呼んで廻」る、「これが毎年の事なのです」、「農協青年部の皆さんから、地区内にある火

の見櫓を借りて拡声器を付け、1本の電線で結び、情報、技術対策を放送出来る様にしてはとの声も出て来」たという[131]。

すなわち、「この地域は山間集落が多く広範な面積に散在し而も交通網も不備で通信機関及び生活改善に必要な施設も不完全な状態にあ」ったからこそ、「農業技術の普及、農業経営改善指導災害防止等」のために有線放送が必要であるという状況が生まれたのである[132]。有線放送の導入と道路整備とは、傾斜地ゆえに生じる「不利」の是正を目的とする点で共通性を持っている。つまり「環境が整ってないと、農業ができない。下久堅ではその環境が悪い。だから有線放送や道が優先される」のである[133]。

1956年度に新農村建設計画の指定を受けたことにより、その計画は具体化する[134]。「部落懇談会」（1956年12月）では「農業振興策と併行して設置すべきことである」（下虎岩集落）、「部落の道路が悪い。これを優先する事が必要である」（同）との異論が出されたが[135]、下久堅（総合）農協は、住民を交えて先進地域を視察し、また、1世帯当たりの負担を200円におさえることによって、同意を得た[136]。事業は1957年4月に完成し、旧下久堅村936世帯中801世帯が加入した[137]。

(3) 新農村建設計画以後

1960年2月2日「区会」において区会執行部は、集落内7か所の農道を整備する「M総合開発」という計画書を提示する。区会では計画書どおりに整備することを決議したが[138]、計画路線上の地権者との交渉が難航する[139]。5月27日、飯田市土木課職員は、M区会に対し「本測量の前に集落の見解を統一してほしい」という要望を出す。7月23日「区会」では集落の統一見解を得るため、組に図ることが決議される。

8月8日には、各組の意見が「賛成多数」であったことを受けて、区会では道路を「作る事にし、反対の組合の組長は組下に帰って区会の決定を話して賛成にしてもらう事」を決議する。史料中の「反対の組合」の意見とは、「文永寺の道路が今年市より予算をもらえるようになっているのでその方を先に作

べきであ」る（1番組）、「費用の点で多すぎるので農作道として作ってはどうか」（3番組）、「作らなければならない道路が沢山あるので毎年少しずつ無理をしないように作ってほしい」（11番組）というものであった[140]。

決議の後も、地主との交渉が難航する。地主は区会役員に対し「前を通るならよいが上を通るのだと考えさせてほしい」、「上手作田はあそこしかないので、それをつぶされると言ふ事では困る」と述べている[141]。また、その他にもM集落では2つの道路整備が進行している。その1つである緑ヶ丘通学道路は、旧下久堅村を東西に貫通するものであり、1960年に下虎岩集落が提案したものである。M区会では「区内道路もできないでいる」状態であるため、計画の延長を求める。しかし、旧下久堅村内の「各区の様子が賛成であるので他区並に賛成にまわ」らざるをえなかった[142]。

3　第1次農業構造改善事業

(1) 飯田市による提案から住民投票へ

本項では、第1次農業構造改善事業の執行過程を検討する。同事業は農業基本法（1961年）に基づく農業近代化政策であり、基幹作目（果樹・養蚕・酪農等）を定め、土地基盤整備（1筆区画30a以上）、農業近代化施設導入をセットで実施しなければならない。M集落では、養蚕業を基幹作目とする第1次農業構造改善事業が導入された。

1962年11月14日「区会」において、はじめて第1次農業構造改善事業の導入に関する協議が行われた[143]。その協議には飯田市下久堅農業振興室[144]職員が参加し、職員は区会役員に対し「振興室で委員が考えた所養蚕を中心に農業構造改善を行うことを決定」したこと、M集落「については事業に依り一応道路改善新設を行う方針を振興室では樹てた」ことを伝える。加えて、事業導入の利点として「来年度より3カ年計画で5割の補助が」あること、「今迄の新農村建設事業の道路改修に市では2割助成をしていたので、それを加えると7割助成となる予想である」ことを挙げた。このように、飯田市下久堅農業振興室が事業を立案し、M集落に対して第1次農業構造改善事業を用いて道路を

開設することを提案した。この提案を受けてM区会では、各組に図ることを決め[145]、11月25日「区会」では、組の意見が集約される。その意見をみると、幹線に相当する1路線は集落全員負担、支線に相当する他の路線は受益者負担にすべきである、というものが多い[146]。

　12月29日の「区会」では、2つの案が示される。甲案は計2.4kmを開設し、負担額は反当2万円強にのぼる大規模な計画である一方、乙案は「既設の道路を拡張する」という小規模なものである。甲案の利点は「国庫負担5割、市補助2割以上などという機会はない」ことにある一方、その「憂慮される点」は「負担が多くなり過ぎる」ことにあった。区会では、2つの案について住民投票を実施し、翌年正月に開票することを決定する[147]。その開票結果は次のとおりである。甲案については、賛成8・反対84・白票1、乙案については、賛成28・反対65・無効1であり、両案とも否決された[148]。

(2) 推進者と反対者——争点——

　後述のように推進者とは、M地区農業構造改善事業推進委員（1963年1月結成）を指している。推進者に共通するのは、この事業を、直接的に養蚕業を基幹作目とする農業近代化を目指すのではなく、道路を整備するために受容している点である。すなわち推進者の主張は「本事業がM区の多年の宿望である路線を一挙に開発し」、「日常生活改善に貢献すること大なるものと信じてやみません」[149]、「道路交通が叫ばれる様になって次第に切なる願いと望みをかけて来た区未開発地域に対し、今回農業構造改善事業の名目に依り開発出来る事は、将に好機と云わざるをえません」というものであった[150]。

　その一方、反対者の中心はM23という人物である。M23は養蚕技術員であり、総合農協から独立して、養蚕部門のみを扱う下久堅養蚕農協を設立し、その経営を担当していた（本書第6章参照）。地域における養蚕経営のリーダーであった彼は、次のように主張する[151]。

　　当区は全体の地形が急斜傾で耕地少く、昔から若者の出稼ぎが多く、

100％近い兼業農家であります。この事業を実施致しますときは農道の為に少ない耕地が潰れむしろ減産になりますし、協業の場合は老齢者にて、共同作業に出仕する事が不可能であります。然かも老い先短く、借金の返済を15ヵ年も続ける事が出来ません。尚今後農産物価特に繭価の変動に多大の不安がありますので、若者をひき止めて農業を続けさせる訳にもゆかず、吾は生ある限り希望なき百姓をするのやむなきに至りました。

このように、耕地面積が狭小であること、農業の担い手が「老齢」化していること、繭価の変動に「不安」があることを根拠に、養蚕業を基幹作目とする農業近代化は不可能であると主張した。換言すれば、M23は農村政策をその政策意図どおりに捉え、事業に反対した。他の人物をみると、Hの反対理由はより具体的であり、「積重方式による事業内容の厳格過ぎる事」、「利用度から見た農道測量の不適当なる事」、「工事費負担の過重なる事の3項」を挙げている[152]。

(3) 推進者と反対者——部落常会による態度の相違——

表4-14のように、事業に対する態度を部落常会別にみると、第2部落常会における反対者の多さが際立っている（部落常会区分については図4-3参照）。以下、第1・2部落常会と第3・4・5部落常会との差、第1部落常会と第2部落常会との差に着目し、なぜ第2部落常会において反対者が多かったのかを明らかにする。

その1つの要因として、世帯における農業経営の比重を挙げることができる。専業農家・第1種兼業農家（1959年）をみると、第1部落常会25％、第2部落常会27％、第3部落常会57％、第4部落常会45％、第5部落常会55％である[153]。ここから、第1・2部落常会は、第3・4・5部落常会に比して、農業経営に重きを置かない世帯が多いことがわかる。第1・2部落常会に居住する世帯の多くは、事業の主眼である農業近代化に関心を持ちにくいのである。

もう1つの要因はアクセスである。第1・2常会は比較的平坦な地形にあり、

表4-14 第1次農業構造改善事業に対する態度（M集落）

部落常会	世帯数	推進	当初より賛同	当初反対代表者、後賛同	反対
1	20	6	2	0	4
2	29	4	0	0	19
3	21	2	7	4	0
4	24	4	3	2	4
5	18	2	3	2	1
計	112	18	15	8	28

出典：M23『農業構造改善事業関係綴』、M47『農業構造改善事業反対取消綴』、M85氏聞き取り（2008年8月22日）。

注：1）「推進」とはM農業構造改善事業推進委員を指す．M農業構造改善事業推進委員会「誓約書」1963年11月（M23『農業構造改善事業関係綴』）。
2）「当初より賛同」とは、事業に関する何らかの役を担ったわけではないが、当初より賛意を示していた人物を指す。M85氏聞き取り（2008年8月22日）による判明分。
3）「当初反対代表者、後賛同」とは、1963年3月において飯田市が反対代表者とみなした者のうち、1964年1月以前の段階で事業に賛同した者を指す。飯田市下久堅支所「座談会出席お願い」1963年3月22日（前掲M23『農業構造改善事業関係綴』）。
4）「反対」とは、事業施工時（1964年1月）において反対の署名・捺印を行った人物を指す。M23（下久堅M地区農業構造改善事業反対同盟）「御届」1963年12月（前掲M23『農業構造改善事業関係綴』）。2点の留意を必要とする。第1に、署名・捺印せずとも事業終了まで反対し続けた人物についても反対者とした（M85氏聞き取り、2008年8月22日）。第2に施工後、事業に賛同したことが判名している人物についても反対者とした（M47『農業構造改善事業反対取消綴』）。

すでに県道（飯田富山佐久間線）が貫通し、かつ南原橋（および国鉄飯田線駄科駅）にも近いことから、道路整備が切実でなかった。その一方、第3・4・5部落常会は、第1・2部落常会に比して傾斜地に位置しており、道路整備が深刻な問題となっていた[154]。ただし、これらの要因は第1・2部落常会と第3・4・5部落常会とを分けることにはなっても、第2部落常会だけに反対者が突出する理由にはならない。

そこで次に、第1部落常会と第2部落常会を分ける2つの要因を挙げよう。その1つは、総合農協と養蚕農協との対立である。第6章で述べるように、養蚕農協とは養蚕部門のみを扱う専門農協であり、旧下久堅村では総合農協と養蚕農協が並立し、両者は繭集荷をめぐって競合関係にあった[155]。第1部落常会と第2部落常会とを比較すると、総合農協の中心人物が第1部落常会に集中しているのに対し、養蚕農協の中心人物、および組合員は第2部落常会に固まっている[156]。養蚕農協組合員には、「事業によって養蚕農協の地盤が崩れると

の危惧があった」[157]。このように推進者と反対者の対立は、総合農協と養蚕農協の対立を反映している。

　もう1つは、集落リーダー層の動向であり、暫定的に、高度経済成長期の集落リーダー層を、戦後における区長・副区長経験者と定義する[158]。第1部落常会には、区長・副区長歴のある人物が集中しており（5世帯、うち2世帯は現役の正副区長）、全員が推進者である。その一方、第2部落常会は区長・副区長歴のある3世帯のうち2世帯が反対を表明している[159]。すなわち、第1部落常会の集落リーダーが事業推進を表明しているのに対し、第2部落常会のそれは強固に反対している場合が多い。以上のように、農業経営の比重、アクセスという2つの要因は、第1・2部落常会に共通するものであるが、総合農協と養蚕農協の対立、集落リーダー層の動向という2つの要因が加わることによって、第2部落常会においてのみ反対者が増える結果となった。

(4) 1963年上半期――推進者の動向――

　住民投票において事業導入が拒否されたことを受け、1963年1月10日、飯田市はM区会に対し、改良案を提示する。推進者による文書を引用しよう。

　　本年1月1日この事業は行わないことに決定致しました。それでこの旨飯田市下久堅振興室を通じ飯田市農業振興課宛報告し、その際M集落としては農道だけは是非開けたい希望を持っているので、今後高率の補助を以って出来るような機会があった場合は優先的に指示されたき旨申し添えておきましたところ、数日後に於て飯田市下久堅振興室よりM集落に農道を開けたい希望があるよう聞いているので、農業構造改善事業の難かしさを出来得る限りMの立地条件に適応するよう計画を樹て直して見たから、改めて検討しては如何と示されたので、1月10日の区総会に改めて上程されたのであります。
　　〔変更前→変更後〕
　　養蚕を主幹とする→養蚕を主幹とする

3令飼育を指導し農協1本化を図る→3令飼育を指導するも強制しない
　桑園の増反を図り10町歩を20町歩とする→桑園増反は新植、改埴計5町歩を計画し強制しない
　区画整理を可能の限り実施する→区画整理は取止める
　大型耕運機を1台以上購入する→大型耕運機購入は農協で考える
　農道は南北縦貫幹線及支線とする→農道は希望の5線

　このように飯田市による提案は、直接的に農業近代化を目指すのではなく、道路整備を実現することを強く打ち出すものである。この提案を受けた、1963年1月10日「区総会」では「万場賛成」するものの、「これを総会決議として押し進めることは、民主的でないから」、各部落常会に図ることになる。一部の部落常会からは「余りにも事が好都合すぎるので振興室の言質をとれとの意見が」出される。そこで区会役員は、飯田市下久堅農業振興室に質したところ、「文書表記は出来ぬが……お互の意中で了解してほしい」という返答を得る。この返答に対し1月20日「区会」では「全員納得し」、事業実施を決議する。この決議以来、区会執行部は事業推進の立場をとった。同時に、区会執行部や事業賛同者の一部により構成されるM地区農業構造改善事業推進委員会が結成される。推進委員は賛成調印を集め、その調印は78世帯分にのぼった。

(5)　1963年上半期——反対者の動向——
　1963年3月4日、反対者7名は長野県下伊那地方事務所、飯田市役所農業振興課に行き、事業の説明を求めた。地方事務所は「農道だけで完了すると言う事は」ない、「農道、中型トラクター、増反新植、基盤整備、三令飼育其他の事業をしなくてはならない」と返答する一方、飯田市農業振興課は「まだ計画書も出来ていない」と答えた[160]。着目すべきは、県（地方事務所）と市の見解の相違である。県（地方事務所）は反対者に対して、この事業を道路整備に特化することは不可能であると明言している。その一方、飯田市は反対者を突き放す一方、すでにM区会に対し、道路整備に特化する案を提示している。

4月16日、反対者は事業反対の調印を集めることを計画する[161]。4月28日、M23をリーダーとする農業構造改善事業反対同盟が結成される[162]。5月2日現在、反対調印は63世帯分に達し、5月10日、M23等は長野県下伊那地方事務所に対して「反対陳情書」を提出した[163]。

(6) 1963年下半期——推進者による説得——

すでに1963年2月20、27日「区会」において「従来の区の道路と同じように本事業は区の負担として行う」と同時に、「各路線の受益者が区に対して応分の寄付をする」ことが決議されている[164]。1963年6月、事業の正式な計画書が公表され[165]、負担率が確定する。その負担率は、国県市補助9：寄付金（受益者負担）0.5：集落負担0.5である[166]。このうち寄付金（受益者負担）を支払ったのは、受益者のほか、推進委員、および受益者の親戚であり、その金額は97万円にのぼった[167]。

このような状況において1963年下半期になると、事業に賛同する者が続出する。その1人であるHは反対から賛成に転じた理由を以下のように記しており、その内容は、飯田市、および推進者による説得の内容を示すものである[168]。

〔当初の反対理由→賛成に転じた理由〕

「積重方式による事業内容の厳格過る事」→「飯田市振興課と数回に亘り話合によって地形その他の条件により実状に即した整備の内容に了解することができました」。

「利用度から見た農道測量の不適当なる事」→「現道に添う事を原則として利用度の高い且つ効果的の再測量を申し出たところ私の意見を認めて規定の許す最高の測量をしてくれました」。

「工事費負担の過重なる事」→「国県市の補助9割は確定し、地元負担は1割となり、尚且つ特別寄付金も負担額の5分以上と区当局より発表され、残り区民負担は驚く程僅少となりました」。

表4-15　事業結果（第1次農業構造改善事業・M集落）

事業種目	実施年度	事業主体	受益戸数	事業量	事業費 (1,000円)	国庫補助金 (1,000円)
一般農道	1963、64年	飯田市	93	2,075m	10,634	5,317
桑園造成改良	1965年	M養蚕組合	75	9 ha	2,409	1,196
動力防除機	1965年	下久堅農協	88	1台	482	241
養蚕ハウス	1964、65年	個人	27	23棟	1,182	
計					14,707	6,754

概　要
・経営規模は、地域平均よりかなり低い。
・養蚕の規模拡大は進んでいるが、かなり停滞的である。
・経営規模が平均45aと小さいため、兼業への移行が高く、事業前よりも60％増加している。

出典：農林省監修『農業構造改善事業実績総覧　昭和38年度　地域版』(全国農業構造改善協会、1968年) 171頁。

(7) 事業施工

1963年12月、反対者は集落全員負担0.5割の支払いを拒否すること、すなわち、事業への不参加を表明した[169]。その一方、112世帯中84世帯が事業に賛同し、翌年1月、事業は施工された[170]。施工にあたり、推進委員は、次のような「誓約書」を記した[171]。

・桑園の新改植については5町歩を目途として指導に基き努力につとめ補助金の獲得をはかります。
・動力防除機1台の購入については農協に於て購入の予定であって区としては負担の要はありません。
・3令飼育については適切なる指導はあるが、〔総合〕農協1本化の強要は絶対にありません。
・簡易ハウスについては購入希望者に対して融資してくれる事で蚕室のある者はこれを無理にこしらえるものではありません。

このように推進委員は、道路整備以外は小規模な改良であること、事業によって養蚕農協の地盤を崩さないことを強調している。換言すれば、政策意図ど

おりに農村政策を受容しないことを「誓約」したのである。事業が進行するなかで、残る反対者のほとんどは、その「誓約」事項が遵守されていることを確認し、事業に同意した[172]。表4-15は農林省が作成した事業結果であり、その「概要」には事業成果についての否定的な見解が示されているが、M集落にとって同事業は、当時の道路問題を「解決」するものとなったのである。

第5節　おわりに

1　分析結果

　分析結果をまとめよう。下久堅村M集落では、農村社会運動が生成し、政策執行をめぐる、新たな共同関係が生まれた。1946年段階において、農民組合未加入者を含め、旧来の集落リーダー層との協調のもと運動は展開された。1947年段階の農地改革において、社会運動勢力は、階級的利害の貫徹を目指した。具体的には、土地管理組合を組織し、農地改革実施過程に参入した。ただし、社会運動勢力は、階級的利害だけでなく、「没落した」地主の生活に配慮する場合があった。こうした段階において、1948年段階の集落には、社会運動勢力と「保守派」という亀裂が存在したが、こうした亀裂は、1949年段階に消滅した。合わせて、多数決原理で物事を取り決めるという、区会における利害調整の方法、いわば「むらの規範」は、区会の「戦後改革」を経ても存続した。
　M集落は段丘・傾斜地、すなわち、農業条件が不利な地域に存立する。それゆえ、高度経済成長期には道路整備が、M区会における切実な課題となった。M区会は、従来の多数決原理という利害調整の手法を用いて、道路改修を進めた。
　こうした状況において、M集落は、直接的に「適地適産」を目指すのではなく、課題であった林道大井線の改修を実現させることを目的として、新農村建設計画を受容した。計画を提示したのは飯田市であり、飯田市とM集落との交渉過程に着目すると、飯田市は、他の集落の事業「廃棄」を受け、「県、

農林省に対しメンツ上大変困った」状況になり、M集落に「救いの手」を求め、市道として工事するよりも新農村建設計画として施工するほうが、集落負担が軽減されることを利点として、区会を説得した。M区会は、その利点が確実に実行されることを確認し、かつ計画路線上の地権者の了解が得られた段階で導入を決定した。

　旧下久堅村全体では、有線放送の導入が新農村建設計画における最大の事業となった。道路整備と有線放送の導入とは、傾斜地ゆえに生じる「不利」の是正を目的とする点で共通性を持っている。新農村建設計画以後のM集落は、「M総合開発」の実施など、「作らなければならない道路が沢山ある」状況になる。

　このような状況において飯田市は、養蚕業を基幹作目とする第1次農業構造改善事業を用いて、道路を整備することを提案する。集落は推進者と反対者に分かれる。推進者は、同事業を「名目」として道路を「一挙に開発」すると宣言した。その一方、反対者の中心であるM23は、下久堅養蚕農協の経営担当者、すなわち地域における養蚕経営のリーダーであり、農村政策をその意図どおりに捉え、反対した。

　反対者が提示した主たる論点は第1に、事業が大規模であるために集落全員負担が過重になること、第2に道路整備のみの導入は不可能であること、である。これに対する推進者の説得方法は、第1に受益者が寄付金という形で事業費を負担し、集落全員負担を軽減したこと、第2に養蚕農協の地盤を崩さないことを含めて、事業を道路整備に特化することを「誓約」したことにある。とくに、第2の点については、農村政策を道路整備事業に「組み換え」て導入することは不可能であるとする反対者に対し、農村政策を政策意図どおりに導入しないことを「誓約」した、と言い換えることができる。

2　含意

　高度経済成長期における政策執行に限定して、含意を述べる。農村政策の意図を「組み換え」、道路整備事業として導入するケースや、政策の導入を「拒否」

するケースは、農業条件が不利な地域において、より生じやすいものと推定される。なぜなら、第1に高度経済成長期の農村政策それ自体が、条件が不利な地域に適用されることを目的として策定されたわけではないからである。第2に、こうした地域において政策導入が協議される場合、本事例のように、政策が地域の「不利」を是正しうるものなのか否かが、導入の決め手となるからである。

高度経済成長期における農村政策の「組み換え」は、市町村段階で生じている。すなわち飯田市が、M集落に適合するよう農村政策を道路整備事業として導入する計画を立案した。その一方、長野県下伊那地方事務所は、事業を「組み替え」て導入することが不可能であることを反対者に明言した。このように県と市町村の態度は対照的であり、県は農村政策がその意図どおりに遂行されることを重視するのに対して、市町村はいかに政策を地域に適合させるかに関心を払った、といえる。

集落は農村政策を「組み換え」る主体ではない。集落の機能は、市町村から降りてきた政策に対する合意形成である。1963年1月20日「区会」では事業導入が決議されたが、合意形成は困難を極める。そのなかで正副区長を含む推進者は説得を続け、集落負担を軽減し、かつ農村政策を「組み換え」て導入することを「誓約」することによって、最終的には多数の合意を調達した。集落における合意形成について、住民は次のように述べる。

> 集落内部に地形的な差があることから、昔から〔部落〕常会ごとに求めるものが違っていた。天竜川沿いの衆は水利を求め、山側の衆は道路を求めた。だから集落で何かやろうとすると、きまって〔部落〕常会ごとに意見が割れた。だが、環境が厳しい土地だから各々が勝手にやるのは難しい。だから、違う意見の衆が話し合い、意見をまとめることを覚えていった[173]。

この発言は、集落内部において意見に不一致が生じることを当然視しており、

異なる意見を持つ者どうしが議論を重ねて、集落全体の意見を決める過程を述べたものといえる。ただし、本事例の指す集落住民とは世帯主を指しており、婦人や青年を包含したものではない。集落における非世帯主の動向については今後の検討課題となる[174]。

補節　飯田市における「昭和の市町村合併」と政策執行の手法

1　「昭和の市町村合併」

　本論で述べたように、農村政策の意図を組み替えたのは飯田市役所であった。補節では、下久堅村ほか6村が飯田市と合併する過程を述べたうえで、合併後の飯田市役所が抱えていた課題、その課題を受けた政策執行の手法について検討する。これにより、なぜ飯田市役所が農村政策の意図を組み替えたのかが明らかになる。

　1954年2月、長野県の意向を受けて、飯田市は近隣の8村（市田村、座光寺村、上郷村、鼎村、伊賀良村、松尾村、竜丘村、川路村）に合併を呼びかけた。これら1市8村はいずれも天竜川西岸にあり、「比較的平坦地で連絡も便利」な場所にある。飯田市には、合併によって産業振興、交通、水利などの広域的な問題が解決しやすくなるという意図があった[175]。この合併を飯田市は「田園都市計画」と名づけた。

　「田園都市」という言葉は、当時、広く用いられていた。全国的に、「昭和の市町村合併」は、農村地域を市域に含めるものだったからである。飯田市が主導した合併は、当時農村地帯であった伊賀良村や竜丘村を含むものだった。しかし、この計画は頓挫した。表4-16によって、1953年当時の1市8村が抱えた負債額を示すと、飯田市は他の町村と比べて、多くの負債を抱えていたことがわかる。負債の主な原因は、飯田市街地の大火（1947年4月発生）を受けた復旧工事にあった。

　こうしたなかで、鼎村は負債の多い飯田市と合併することによって、税負担

表 4-16　飯田市、および

		飯田市	市田村	座光寺村
人　口		33,538	8,231	3,529
就業人口比率（単位：％）	農林業	11	64	55
	商　業	23	15	19
	工　業	50	5	3
	公務自由業	4	13	16
生産物価額（単位：1,000円）	農林産物	105,550	170,480	36,398
	蚕　糸	18,453	35,300	41,655
	工業製品	1,808,372	1,000	―
住民1人当たり市町村税額（単位：円）		1,139	538	581
負債額（単位：1,000円）		148,667	2,710	2,986

出典：人口は『飯田市広報』第74号、1954年3月1日、その他は「中部ブロック町村合併
注：1）就業人口比率は小数第1位以下、生産物価額、負債額は1,000円以下四捨五入。
　　2）就業人口比率は、「その他」を省いたため、合計が100％とならない。
　　3）―は不明。

が過重になるとの懸念を抱いた[176]。また鼎村は、交通網の中心に位置し、かつ市街地が形成され、「物資集散が」すでに「殷賑を極めて」いたため、合併の利点はないと判断した[177]。次に、第1章において「模範事例」として紹介した上郷村には、村有林野底山があり、山林収入によって道路、病院などのインフラが整備された。公民館報『かみさと』には、次のような住民の声が掲載された。野底山という「宝庫」は、「先輩各位の努力と全村民の協力で」、「村民文化福祉」の向上に資してきた、上郷村は「極めて条件の良い村自治を打立て運営されている」、合併に際し、国県が実施する財政支援も「野底山の前には問題ではない」と[178]。この声は、上郷村の人の意見を代表するものであり、村長・村会議員、さらに社会運動勢力は、野底山を「村民の生命線」と位置づけ、合併を「命がけ」で拒否した[179]。

その一方、同じく、「模範事例」として取り上げた松尾村は、次の理由から合併に応じた。補助金、起債などが合併した町村に「優先的に取り扱われる公算が極めて大きい」なかで、村としては中学校、病院、水道など「やりたいことが沢山ある」、「補助金および起債をスムーズに獲得するためには、どうしても合併が必要」であると。さらに松尾村は「単独で中学を維持していくことは」

8カ村の概要（1953年）

	上郷村	鼎村	松尾村	伊賀良村	竜丘村	川路村	計
	8,219	9,507	7,188	8,059	5,074	2,997	86,342
	44	34	45	73	66	51	
	8	15	21	—	11	23	
	14	16	23	—	13	14	
	17	18	5	—	9	4	
	157,680	52,580	86,732	535,492	60,665	20,980	1,226,557
	35,009	30,090	31,433	46,900	39,080	28,050	305,970
	152,000	418,800	415,500	—	100,124	5,000	2,900,796
	452	566	667	571	672	583	
	3,105	7,898	758	3,604	—	2,616	172,344

打合会資料」1955年7月28日、松尾支所『行政　町村合併一　昭和29～31年』。

不可能であり、こうした状況は「どこの町村も同じであって、小さい村が特に合併を真剣に考えているのもこれに起因」すると考えた[180]。

このように、行政村の事業に際して、上郷村は十分な財産（野底山）を持つ一方、松尾村は補助金に頼らざるを得ないという違いがあった。また、松尾村の史料が語るように、この時期の市町村行政は、中学校の建設・維持をめぐって苦しい経営を強いられる傾向にあった。松尾村に加えて、竜丘村、下久堅村は、合併時に国・県から与えられる補助金によって、合同で中学校舎を建設するため、飯田市との合併を求めた。

このうち下久堅村は、当初、飯田市の合併構想に含まれていなかった。下久堅村では、1956年3月、「村民に呼びかけ意見を纏めたところ、合併するなら優良村」と、という意見が大勢を占めた[181]。同村は、合併の相手として有力であった上久堅村ではなく、「優良村」である松尾村との合併に動いたため[182]、飯田市の合併対象に組み込まれた。

こうした鼎町、上郷村、松尾村の動きを軸としながら、1955年には、1町5村案、1市1町5村案、1市1町10村案、1市1町12村案などの合併計画が模索され、1956年9月上旬には、座光寺村、伊賀良村、山本村、松尾村、竜丘村、

表4-17 飯田市の「新市建設計画」
　　　　の内訳（1959年度）
（単位：1,000円）

市役所費	9,000
消防費	1,840
教育費	57,720
社会・労働施設費	14,300
土木費	50,891
産業経済費	25,681
災害復旧費	31,546
屠場新設事業	15,000
下水道新設事業	9,500
上水道新設事業	100,000
計	315,478

出典：飯田市『新市建設計画　実施計画』1958
　　　～62年（飯田市『議決書綴　昭和三十四年
　　　度2』）。

三穂村、下久堅村の7村が、飯田市と合併するという形で話がまとまった。合併の形式は、「合体合併」（対等合併）であり、1956年9月19日、新制・飯田市が発足した。

2　政策執行の手法

合併後の1958年度において、飯田市は「新市建設計画」を樹立した。計画書の冒頭には次のような記述がある。

　　中央自動車道の開設など「長期的な大問題」に対して、飯田市は「伊那谷の中心となる中都市の形態に甘んじている場合ではなく、中部日本全域を経済圏としてその中における一大都市としての拠点になることを約束づけられている」、その「受入体制を着実に整備」しなければならない。

　この計画は、1958年からの5カ年計画であり、14億4,000万円にのぼる大規模なものであった。その内訳は、自主財源約3億2,000万円、起債・補助金約11億2,000万円より構成される[183]。表4-17では、1959年度の「新市建設計画」を示した。「教育費」とは、主として、緑ヶ丘中学校（松尾・竜丘・下久堅）、浜井場小学校（旧飯田市）の新築工事を指す。こうした校舎築造のほか、土木費、上水道新設事業といったインフラ整備に、多額の予算が計上されている。このうち土木事業について、「新市建設計画」は次のように記している。

　　当市の面積は広大であり、近時交通機関の発達と、産業観光事業の発展に伴い、交通量が著しく増大してきているが、道路の損傷は極めて著しいものがある。また、自動車等機動力をもった交通機関の数は激増するから、既設道路においても、幅員の狭隘により甚だしい不便を感ずる現況であ

第4章 戦後農村における政策の執行　209

る[184]）。

　この記述が示すように、道路整備が市政の大きな課題となっていた。こうした事態を受けて飯田市は、「失業救済事業」という社会政策関連の補助金と、「新農村建設計画」という農村政策関連の補助金を組み合わせて、市内の道路を整備した。1956年から実施された農村政策である「新農村建設計画」は、前述のように、農業経営の志向を、戦時・戦後直後の米麦増産体制から、「適地適産」に切り替えることを目的とする。こうした目的どおりに、補助金が使用されると同時に[185]）、新しい市の道路整備のために活用された。

　表4-18は、1958年度の道路改修について、飯田市役所の事業としてなされたものを記した。これによれば、中心市街地の道路については7カ所、総工費約1,440万円について、社会政策関連の補助金（失業対策事業、臨時就労対策事業）を用いて改修した。その一方、近隣地区の道路改修については13路線、総工費約949万8,000円について、農村政策関連（新農村建設計画）の補助金を用いた[186]）。

　このように飯田市は、農村部のインフラ整備を市道ではなく、農村政策を用い

表4-18　1958年度の道路改修（飯田市役所）

(単位：1,000円)

新農村建設計画		
旧市村	路線名	工費
伊賀良村	柳坪	516
	田中	594
	細田原	525
	宮ノ上	1,525
	下風	773
	北原	368
山本村	久米北	297
	木槌	579
三穂村	西垣外	579
	菊の原	426
松尾村	柿の木島	1,487
竜丘村	長の島	1,262
下久堅村	大井	567
計		9,498
失業対策事業		
飯田市	御蔵町	645
座光寺村	座光寺上野	1,717
飯田市	錦町	1,687
飯田市	通り町、主税町	4,590
飯田市	大日町、桜町	1,061
計		9,700
臨時就労対策事業		
飯田市	日ノ出町江戸町	
飯田市	宮本町	
計		4,700
その他の道路改修		
計		368

出典：飯田市役所『昭和三十三年度　事務報告書』62〜63頁、113〜115頁。
注：災害復旧工事を除く。

表4-19 事業結果（第1次農業構造改善事業・松尾明集落）

事業種目	実施年度	事業主体	受益戸数	事業量	事業費 (1,000円)	国庫補助金 (1,000円)
一般農道	1963〜65年	飯田市	42	1,684m	15,496	7,746
トラクター	1964年	松尾農協	175	2台	5,279	2,639
籾乾燥調整施設	1963年	松尾農協	171	1棟	7,553	3,776
計					28,328	14,161

概　要
・米の反収増、水田の省力化による養蚕の規模拡大が多い。
・水田の省力化による養蚕振興の一方、兼業化への移行は事業前より24％増加している。

出典：農林省監修『農業構造改善事業実績総覧　昭和38年度　地域版』（全国農業構造改善協会、1968年）171頁。

て農道整備の名目で解決させるという政策執行の手法を有していた。こうした手法のもと、M集落に新農村建設計画や第1次農業構造改善事業がもたらされたのである。

3　「模範事例」——飯田市松尾明集落——

　その一方、農村政策がその意図どおりに執行された、いわば「模範事例」も存在した。松尾明集落における第1次農業構造改善事業である。同集落は1964年度の農林省指定パイロット地区となった。以下では岩本純明の分析と[187]、当時の長野県農政課長による現状報告に[188]、全面的に依拠して事業の概観を述べる。松尾明集落は、天竜川西岸の平坦地に存立しており、1961年の大水害（三六水害）により、農地約200町歩が被害を受けた。これを契機として、第1次農業構造改善事業が導入された。農地は大区画（50アール）に統一され、また、約100町歩にわたる農地の交換分合が実施された[189]。

　農業構造改善事業では、換地処分が完了するまで共同経営が実施され、ヘリコプターによる播種・農薬散布など、実験段階にあった最新技術が導入された。さらに、収穫作業には米国製の大型コンバインが用いられた[190]。こうした最新技術を導入するにあたって、長野県農政部は、減収した場合の補償金を用意した。しかし実際には、「付近の移植栽培の水田をはるかに上回る好成績で出穂期を迎え」た[191]。「ヘリコプターのチャーター代、大型機械の借料、ライス

センターの使用料などを合わせて、10ha 当たり2万円と計算され、慣行栽培平均〔経費〕2万5,000円に比べて、およそ20％の節減となった」[192]。表4-19は事業結果であり、下久堅M集落の2倍弱の経費を要した大事業であり、水田の省力化によって養蚕業の規模拡大が進行した。ただし、1970年代において、松尾明集落の農地は、工場用地として転用されていった[193]。

注
1) 研究蓄積が膨大であり、ここでは、大川裕嗣「農民運動の動向」（西田美昭編著『戦後改革期の農業問題――埼玉県を事例として――』日本経済評論社、1996年）を挙げるにとどめる。
2) 村落社会研究会編『村落社会研究年報Ⅱ 農地改革と農民運動』（時潮社、1955年）、古島敏雄・的場徳造・暉峻衆三『農民組合と農地改革――長野県下伊那郡鼎村――』（東京大学出版会、1956年）、岩本純明「農地改革」（西田美昭編著『昭和恐慌下の農村社会運動――養蚕地における展開と帰結――』御茶の水書房、1978年）、林宥一「農地改革」（大石嘉一郎・西田美昭編著『近代日本の行政村――長野県埴科郡五加村の研究――』日本経済評論社、1991年）、庄司俊作『日本農地改革史研究――その必然と方向――』（御茶の水書房、1999年）第4章。
3) 集落組織の「戦後改革」については、蠟山政道『農村自治の変貌』（農業総合研究所、1948年）159～162頁（東京都北多摩郡久留米村）、276頁（山形県南村山郡堀田村）、344～345頁（山形県飽海郡北平田村）、平野義太郎『農村民主化と農村自治制度――長野県小県郡青木村実態調査――』（農業総合研究所、1949年）113～116頁、蠟山政道『農村自治の変貌――那須村自治行政調査――』（農業総合研究所、1951年）128～130頁（栃木県那須郡那須村）、大石嘉一郎「地方制度改革と財政構造の変化」（前掲大石嘉一郎・西田美昭編著『近代日本の行政村』）679～682頁（長野県埴科郡五加村）、細谷昂『家と村の社会学――東北水稲作地方の事例研究――』（御茶の水書房、2012年）75～95頁（山形県飽海郡北平田村牧曽根集落）。本書で果たすことはできないが、先行研究の事例や本章の事例に、地方軍政部の動向などを付け足すことによって、占領政策の「部落会解体指令」がどういった幅で実行されたのか、その幅はなぜ生じたのか、という問いに応えることができるものと考える。
4) 西田美昭「戦後農政と農村民主主義――新潟県の一近郊農村を事例として――」（『農業法研究』第32号、1997年5月）、同「農民生活からみた20世紀日本社会――『西山光一日記』をてがかりに――」（『歴史学研究』第755号、2001年10月）、

同「20世紀日本農村の変化とその特徴」（同・アン　ワズオ編著『20世紀日本の農民と農村』東京大学出版会、2006年）、西田美昭・加瀬和俊編著『高度経済成長期の農業問題——戦後自作農体制への挑戦と帰結——』（日本経済評論社、2000年）、坂下明彦「北海道における農業近代化政策の受容構造——農業地帯構成論の視角から——」（『年報村落社会研究』第37集、2001年）、同「農業近代化政策の受容と『農事実行組合型』集落の機能変化——北海道深川市巴第5集落を対象に——」（『農業史研究』第40号、2006年3月）、森武麿「新農村建設計画と農村再編」（同編著『1950年代と地域社会——神奈川県小田原地域を対象として——』現代史料出版、2009年）。ただし坂下は、先進地域においても、受容の程度に差があることまで述べている。

5）　森武麿「1950年代の新農村建設計画——長野県竜丘村を事例として——」（『一橋大学研究年報　経済学研究』第47号、2005年10月）。

6）　橋本玲子「農業構造改善事業」（阪本楠彦編著『講座現代日本の農業第4巻　基本法農政の展開』御茶の水書房、1965年）。

7）　代表的論考として、松原治郎・蓮見音彦『農村社会と構造政策』（東京大学出版会、1968年）、大内力「農業構造改善事業の研究1——昭和38～41、秋田、愛知、岩手、岐阜県下4カ村調査を通じて——」（『経済学論集』第34巻第4号、1969年1月）、同「農業構造改善事業の研究2——秋田・仙北郡、愛知・宝飯郡、岩手・和賀郡、岐阜・吉城郡——」（『経済学論集』第36巻2号、1970年7月）、同「農業構造改善事業の研究3完」（『経済学論集』第36巻第3号、1970年10月）。

8）　高橋正郎・中田実「農政と村落——二年間の論議とその総括——」（『年報村落社会研究』第21集、1985年）。

9）　たとえば、長野県農業近代化協議会『農近協情報』第3～12号、1962年8月～64年6月所収の各論考を参照。

10）　下伊那生糸販売利用農業協同組合連合会天龍社『常設養蚕技術員履歴書』（飯田市歴史研究所所蔵）、青木惠一郎『長野県社会運動史』（社会運動史刊行会、1952年）357頁。

11）　菊地謙一（1912～79年）は、アメリカ史研究者であり、戦時期において、下伊那郡松尾村に疎開していた。詳しくは、三輪泰史「菊地謙一の歴史思想——戦時下抵抗から職業革命家としての戦後へ——」（長野県現代史研究会編『戦争と民衆の現代史』現代史料出版、2005年）。

12）　『M31日記』1946年4月13日。

13）　同上、1946年4月29日。

14）　M31「M農民組合結成に就て」下久堅村男女青年団『下久堅村民月報』第2号、

1946年6月。
15) M31「農民組合参加を望む」下久堅村男女青年団『下久堅村民月報』第7号、1946年11月。
16) 本書第2章第3節、第3章第2節を参照。
17) M区『区費徴収簿、水利費徴集原簿』1935～53年。
18) 西田美昭『近代日本農民運動史研究』(東京大学出版会、1997年)第3章。ただし、林宥一『近代日本農民運動史論』(日本経済評論社、2000年)第5章は「貧農的農民運動」の存在を示している。
19) 齋藤仁『農業問題の展開と自治村落』(日本経済評論社、1989年)第11章。
20) 下久堅村農地委員会『世帯票M』飯田市下久堅自治振興センター所蔵。
21) 『M31日記』1946年5月23日。
22) M農民組合執行委員長M31「要求書」1946年5月25日。
23) 『M31日記』1946年5月25日。
24) 同上、1946年5月28日。
25) 同上、1946年6月8日。
26) 同上、1946年12月1日。
27) 下久堅村における小作地引上げは申請70件、取下27件、却下0件、許可43件である。下伊那農地改革協議会『下伊那に於ける農地改革』1950年、467頁。
28) 『M31日記』1946年5月20日。
29) 農業賃金協定は、1946年8月にも開催予定であったが、流会している。「夜農業労働賃金協定のため区会所に於て協議会を開くべく之に出席せるも出席者少数のため流会となる」。同上、1946年8月20日。
30) 同上、1946年7月13日。
31) 「宮国」とは、苗字と名前を1字ずつ合わせている。以下、史料引用時も実名を示さず、「宮国」と記す。
32) 平澤清人・深谷克己「下伊那の農民のなかで」(『歴史評論』第236号、1970年4月)71～83頁。
33) 宮国氏聞き取り(2004年11月2日)。
34) 長野県下伊那青年団史編纂委員会編『下伊那青年運動史――長野県下伊那青年団の五十年――』(国土社、1960年)158頁。
35) 「民主主義青年同志会」『下久堅村民月報』第3号、1946年7月。
36) 宮国「村民の声は何を」同上、第4号、1946年8月。こうした戦後改革期における青年の思想と行動については、北河賢三『戦後の出発――文化運動・青年団・戦争未亡人――』(青木書店、2000年)第Ⅱ章、大串潤児「戦後改革期、下伊那地

方における村政民主化——長野県下伊那郡上郷村政民主化運動を実例として——」(『人民の歴史学』第142号、1999年12月) などを参照。

37) 『M31日記』1946年9月10日、15日。

38) 下久堅村農民組合「各村農民組合組織調査　九．二〇現在」同『昭和二十一年起　農民組合に関する雑件』(飯田市下久堅自治振興センター所蔵)。

39) 下久堅村農民組合「執行委員」、「代議員」(同上)。

40) 宮国自身は、農民組合青年部を組織した模様である。『M31日記』によれば、1946年10月10日、「宮国氏宅を訪れて郡農連青年部設置準備会開催に出席方を打合す」。11月16日、「宮国氏宅を訪れて農組青年部組織の経過を聞き2、3打合する所ありたり」。12月25日、「下久堅農組青年部にて各常会配布の土地改革に就ての説明書につき研究する所ありて炬燵に引き籠る」。このように、宮国は農民組合青年部の組織を計画しており、実際に設立されている。

41) ただし、柿野沢集落は農民組合組織が準備されている。「〇〇氏来りて農民組合が柿野沢区に近く結成さるる趣きにて色々懇談し、1時半許を費せり」(『M31日記』1946年5月29日)。

42) 前掲下久堅村農民組合『昭和二十一年起　農民組合に関する雑件』。

43) 近年の農地改革研究として、伊賀良村を対象とした青木健「農地改革期の耕作権移動——長野県下伊那郡伊賀良村の事例——」(『歴史と経済』第209号、2010年10月)、同「外地引揚者収容と戦後開拓農民の送出——長野県下伊那郡伊賀良村の事例——」(『社会経済史学』第77巻第2号、2011年8月)。

44) 下久堅村農地委員会「下久堅村における農地改革」1949年、3頁、飯田市歴史研究所所蔵。なお、1946年12月の農地委員選挙において無投票だったのは、下伊那40市村のうち、下久堅村を含む27村である。前掲下伊那農地改革協議会『下伊那に於ける農地改革』89頁。

45) 『M31日記』1946年12月8日。

46) 前掲下久堅村農地委員会「下久堅村における農地改革」3頁。

47) 『M31日記』1948年1月10日。全文を引用すると、「午後9時より農地委員会に出席す。第三次買収計画も遂に撤回せしめて愈今日より改め再審議に入る。第三次買収計画を一旦委員会に於て決定し、県へ送付せるも内容に不正行為あることを認めて再審議の要ありとして県委員会へ返却を要請し委員会の反対を押し切り今日に至りたるものにて、8：2の対立も正しき主張の2名が功を奏せる次第なり」。以上の記述について、詳しくは後述する。

48) 下久堅村農地委員会「議事録」1947年3月25日 (同『議事録』1946年11月～51年7月) 飯田市下久堅自治振興センター所蔵。

49）　前掲下久堅農地委員会『世帯票M』におけるM120家の欄に記されたメモを引用した。
50）　下久堅村農地委員会「議事録」1947年9月7日（前掲同『議事録』）。
51）　同上、1947年9月17日（同上）。
52）　『信濃毎日新聞』1947年9月23日。
53）　鷲見京一は、下伊那郡鼎村在住の社会運動家。鷲見京一伝刊行委員会『伊那谷を花咲く大地に　農民解放の先覚者鷲見京一の歩んだ道』（1992年）を参照。
54）　下久堅村農地委員会「議事録」1947年11月13日（前掲同『議事録』）。
55）　前掲岩本純明「農地改革」669～670頁。
56）　宮国氏聞き取り（2004年11月2日）。
57）　前掲下久堅村農地委員会「下久堅村における農地改革」24頁。
58）　同上、24～25頁。
59）　下久堅村農地委員会「議事録」1947年12月26日（同『議事録』）。
60）　同上、1948年1月20日、同年2月12日（同上）。
61）　同上、1949年8月26日（同上）。
62）　M区「区会」1946年12月29日には、歴代部落常会長の氏名が記載されている。M区『会議録』1940～50年。
63）　下久堅村『職員名簿』1947年～1951年。以下、下久堅村、飯田市下久堅支所行政文書は、ことわりのない限り、飯田市下久堅自治振興センター所蔵。
64）　土地管理組合作成の原案は、農地委員会において「大部分は原案通りに承認された」という記述がある。前掲下久堅村農地委員会「下久堅村における農地改革」26頁。
65）　同上、59頁。
66）　下久堅村農地委員会「議事録」1948年2月6日（前掲同『議事録』）。
67）　『M31日記』1948年1月16日。
68）　同上、1948年2月7日
69）　同上、1948年2月10日
70）　同上、1948年2月24日
71）　なお、E寺問題は、M31の独断ではなく、土地管理組合が処理した案件である。1948年2月8日の『M31日記』には、「朝M58氏宅を訪れて談話中M101、M62両氏来り、明後10日の土地管理組合総会に於ける土地開放問題に付ての研究事項、並にE寺所有土地問題対策等を打合し」たとある。
72）　『M31日記』1948年5月29日。
73）　「共産党が地主の味方だと言う話」（日本共産党下久堅細胞『赤土』第27号、

1950年3月、飯田市立中央図書館所蔵)。
74) 前掲下久堅村農地委員会「下久堅村における農地改革」15頁。
75) 同上、31頁。
76) 同上、14頁。
77) 下久堅村の農地改革における農地および付属施設の買収は以下のとおりである。農地1,189.5反、宅地10,026坪、家屋3棟、採草地302.1反、溜池2.1反、水路0.1反、その他0.1反。また、異議訴願は0件である。前掲下伊那農地改革協議会『下伊那に於ける農地改革』468頁。
78) 前掲下久堅村農地委員会「下久堅村における農地改革」29頁。
79) 前掲下伊那農地改革協議会『下伊那に於ける農地改革』148～151頁。ただし古島敏雄等は、鼎村の交換分合について、「部落の上層の利益」を確保するものであったと、その限界面を指摘している。前掲古島敏雄・的場徳造・暉峻衆三『農民組合と農地改革』316頁。
80) 前掲下伊那農地改革協議会『下伊那に於ける農地改革』147頁。
81) M区「区会」1946年12月14日(前掲同『会議録』1940～50年)。『M31日記』を見る限り、社会運動勢力は関与していない。山形県を分析した細谷昂によれば、1946年11月、「町内会長及び部落会長は、なるべく速やかに一般の選挙方法(成年者による普通選挙)によって、改めて選出しなければならない」ことが通達されている。前掲細谷昂『家と村の社会学』75～95頁。
82) 長野県下伊那地方事務所長→下伊那郡川路村長「地方公職に対する追放覚書適用について」1946年12月16日(川路村『昭和二十一年八月以降庶務雑件綴』飯田市川路自治振興センター所蔵)。この時期の下久堅村役場文書は少なく、同じ郡内の川路村役場文書を用いた。一斉に通達される類の史料であるため、問題ないと判断した。
83) 1名を除く。M区「区総会」1947年1月15日(前掲同『会議録』1940～50年)。
84) 本章付表を参照。
85) M区「区会」1947年5月20日(前掲同『会議録』1940～50年)。
86) 同上、1947年9月26日(同上)。
87) 「M62氏立寄りて、目下世論の問題たる学校建築費寄附の件に付きM住民総会を開くべく其方針を打合せて帰へらる」。『M31日記』1948年8月19日。
88) 同上、1948年8月25日。
89) 同上、1948年9月9日。
90) M区「区民総会」1947年8月15日(前掲同『会議録』1940～50年)。
91) 同上、1947年11月25日(前掲同『会議録』1940～50年)。

第4章　戦後農村における政策の執行　217

92) 同上、1947年12月28日（同上）。M31、M101、M10が当選。1949年8月27日の『M31日記』には、「M10氏来談され、土地管理組合解散の意見を聞く」とあり、M10が土地管理組合の一員として活動していることがうかがえる。
93) 『M31日記』1948年3月3日。
94) 同上。
95) 同上。
96) 農地改革以後、農村社会運動が衰退する傾向にあったことは、そうではない事例が見出されながらも、研究史上すでに指摘されている。下久堅村でも、同様の事態が生じており、平澤清人は次のように回想する。「〔農地改革は〕大きい、非常に大きい動きですよ。ただあれに対する評価は初め過少視した傾向がありましたが。あれは大きな問題でした。だけれどそれを前進させることはできずに終りました。それは一つには占領軍内のアメリカとソ連の見解の対立が表面化したことにもありますが、運動のとりくみ方にもあったと思います。その前の運動はある点では非常に楽だった。目の前にちゃんと地主という対象があるわけです。ところがその対象がどこかへいってしまって農民運動が何か非常に空白のなかに一度陥ってしまいました。地主がいちおう解消して、地主制的な支配は残っているのにはっきりしたかたちの地主制そのものはなくなったわけだから非常にとまどって、運動自体が停滞して、組合がすごく発展したのにそれが再び解体するような状態になった」。前掲平澤清人・深谷克己「下伊那の農民のなかで」81頁。
97) 下久堅村農民組合は、1948年末の段階で、組織として実態がある。すなわち、『M31日記』には「農民組合費徴収状況を聞くべく役場に至り、〇〇氏より其成績の報告を受け、予想外の入金に満足せり」（1948年12月27日）とある。ただし、1949年1月現在、「農組〔農民組合〕M部落懇談会に出席するも、僅10名足にて会議を進め……」とあり、農民組合の会合に集う者は少ない（『M31日記』1949年1月20日）。M集落における社会運動勢力消滅の契機は、1949年8月の下久堅村農地委員選挙である。政治的な問題を含むため、人物を特定できないように記すと、農地委員選挙において「〇〇が計画的に立候補者を選びて野望を遂げんと」し、「××氏一人当選」するという事態が生じた（『M31日記』1949年8月18日）。8月22日には、「△△氏来談され、今回の選挙の結果土地管理組合長辞任其他の事を打合し」、9月2日には「△△氏来りて、管理組合解散の時期につきて打合せ」た。以上、『M31日記』。これ以後、『M31日記』に農民組合の話題は登場しない。なお、M集落において社会運動勢力が消滅したのであり、下久堅村全体をみると、下久堅村民主主義青年同志会を系譜とする勢力は、日本共産党下久堅細胞として、活動を続けている。その機関誌『赤土』は、飯田市立中央図書館所蔵。

98)　M58、M62、M101は、個々に革新的な主張をしたとしても、勢力として結集することはなかったという意味である。M58、M62、M101の区会執行部への就任状況は、本章付表を参照。M62は、下久堅村農協理事（1950年度）も歴任した。飯田市農協合併10年史編纂委員会編『飯田市農協合併10年史』（飯田市農業協同組合、1984年）119頁。

99)　第2次大戦後における集落運営の分析については、高橋明善「部落構造展開の二類型」（『社會科學紀要』第8号、1959年3月）、同「部落財政と部落結合」（『社會科學紀要』第9号、1960年3月）、同「部落財政と部落結合――一五年の変化――」（『年報村落社会研究』第10集、1974年）による新潟県糸魚川市内の各集落を対象とした論考、大内雅利『戦後日本農村の社会変動』（農林統計協会、2005年）第2部第1章における包括的な指摘より示唆を受けている。

100)　M区『区費徴収簿、水利費徴収原簿』1935～53年（M区民センター所蔵）。

101)　M区「区会」1947年7月8日（前掲同『会議録』）。

102)　「文化部費」の内訳は、史料に書かれていない。

103)　水利費の賦課額は次のとおりである。1948年平等割（1世帯当たり14円）、反別割（1反当たり24円）、1949・50年平等割（1世帯当たり21円）、反別割（1反当たり36円）、1951年平等割（1世帯当たり21円）、反別割（1反当たり36円）、1952年平等割（1世帯当たり50円）、反別割（1反当たり74円）、1953年平等割（1世帯当たり21円）、反別割（1反当たり36円）、1964年平等割（1世帯当たり145円）、反別割（1反当たり180円）、1965年平等割（1世帯当たり145円）、反別割（1反当たり180円）、1966年平等割（1世帯当たり195円）、反別割（1反当たり240円）。M区『区費徴収簿、水利費徴収原簿』1935～53年、1964～67年（M区民センター所蔵）。

104)　M区「大井規程中改正の件」1947年1月19日。この文書は、M区「M大井線管理規定」（1925年1月8日）に添付されたものである（M区民センター所蔵）。

105)　橋爪卓三「区民総出の道づくり」ひさかた今昔物語刊行委員会編『ひさかた今昔物語』（飯田市下久堅公民館、1988年）221頁。史料中の「自動車」は三輪車、電動自転車を指す（M17氏聞き取り、2008年11月8日）。

106)　小林啓祐「町村合併と地域住民」（前掲森武麿編著『1950年代と地域社会』）。

107)　「村民待望の中央線道路実現に近づく」『公民館報ひさかた』第26号、1954年1月（飯田市歴史研究所所蔵）。

108)　佐藤作三「陳情書」1967年（飯田市下久堅支所『昭和四十二年土木農林関係綴』）。

109)　第1部落常会（1～3組）、第2部落常会（4～7組）、第3部落常会（8～10組）、第4部落常会（12～14組）、第5部落常会（11、15、16組）。

110) ただし、この工事は、「補助金其他資金の件につき予定の如く進行せず」延期となっている。M区「区会」1946年12月14日（前掲同『会議録』1940～50年）。
111) M区「区会」1960年7月23日（同『会議録』1954～64年）。
112) M区「区会」1960年8月8日（同上）。
113) 道路整備に伴う労働力負担については、飯田市下久堅柿野沢集落を対象とした論考がある（柿野沢区道路委員会『柿野沢における道普請の歩み』2007年）。
114) 1960年現在、平等割3：固定資産割3.5：市民税割3.5の割合で区費賦課額を決めている。
115) 集落が全員負担する模様は、以下の記述によっても確認しうる。M区会議録（1952年3月18日）「林道道作りについて〔昭和〕27年度は3、4常会で行う」との記載があり、この記載は道路整備が区の下部組織である部落常会の持ち回りであることを示唆する。また、M区会議録（1955年4月1日）には「道路作業の件　バラス運搬作業　大きな組合から1名宛人夫を出す」と記されており、事業の受益者ではなく、「大きな組」（人口の多い組）が負担している。前掲M区『会議録』1951～54年、1954～64年。
116) 前掲M区『会議録』1954～64年。
117) 『農家台帳M区』（飯田市下久堅自治振興センター所蔵）より集計。
118) 同上。
119) 池田三郎「道」（ひさかた今昔物語刊行委員会編『ひさかた今昔物語』第2編、飯田市下久堅公民館、2003年）90頁。
120) 前掲M区『会議録』1940～50年、1951～54年、1954～64年。
121) 深刻な土地交渉の話題であるため、世帯番号を記さず、Tと表記する。以下でも、世帯番号を示さない場合がある。
122) 前掲M区『会議録』1954～64年。
123) 同上。
124) 同上。
125) 同上。
126) 同上。
127) 同上。
128) 同上。
129) M区「区会」1959年3月11日、3月29日（同上）、飯田市「新農村建設総合施設事業の種類及び分担金の徴収を受けるものの範囲について」1959年2月4日（飯田市役所『議決書綴1』1959年度）飯田市役所上郷大書庫所蔵。
130) 長野県下伊那郡竜峡地域農村振興協議会「自昭和三十二年度至昭和三十六年度

農村振興基本計画書」1956年（飯田市下久堅支所『昭和三拾一年拾月以降　新農村建設事業計画書』）。
131）　高橋勉「下久堅有線放送電話の誕生」（前掲『ひさかた今昔物語』第2編）98〜99頁。
132）　前掲長野県下伊那郡竜峡地域農村振興協議会「農村振興基本計画書」。
133）　M65氏聞き取り（2008年8月22日）。
134）　旧下久堅村は、天竜川東岸に位置する上久堅村・竜江村・千代村とともに、竜峡地域という単位で、新農村建設計画1956年度計画策定地域となった。『長野県広報農業版』1956年7月15日（飯田市下久堅支所『昭和三十一年以降　新農村建設関係綴』）。
135）　「有線放送部落懇談会状況報告書」同上。
136）　「有線放送事業資金計画の構想と設置計画案」同上、前掲長野県下伊那郡竜峡地域農村振興協議会「自昭和三十二年度至昭和三十六年度　農村振興基本計画書」。
137）　有線のあゆみ編集委員会編『有線のあゆみ』（飯田市有線放送局、1992年）15頁。
138）　M区「区会」1960年2月2日（前掲同『会議録』1954〜64年）。
139）　同上「区会」1960年4月4日、同上。
140）　同上「区会」1960年8月8日、同上。
141）　同上「区会」1960年10月1日、同上。
142）　同上「区会」1960年11月26日、同上。もう1路線は坂下線であり、下久堅小学校（知久平集落）とM集落とを結ぶ通学道路である。1953年2月9日「区会」において要望が出され、1956年1月陳情、59年計画樹立、60年着工。同「区会」1953年2月9日、1956年1月28日、1959年2月13日、同年12月22日（同上）。
143）　同上「区会」1962年11月14日、同上。
144）　飯田市下久堅農業振興室は、下久堅（総合）農協に事務所が置かれた。飯田市農業振興課職員と農業技術員によって構成される（M65氏聞き取り、2008年8月22日）。
145）　M区「区会」1962年11月14日（前掲同『会議録』）。
146）　この見解を示したのは、2〜4、9〜16組である（同上「区会」1962年11月25日、同上）。
147）　同上「区会」1962年12月29日（同上）。
148）　同上「区会」1963年1月1日（同上）。
149）　M農業構造改善事業推進委員会（M23）「報告書」1963年6月（M23『下久堅M地区農業構造改善事業関係綴』飯田市歴史研究所蔵）。
150）　M壮年団「区民の皆様へ」1964年2月、同上。

151) 下久堅M地区農業構造改善事業反対同盟（M23）「農業構造改善事業返上願ひ」1963年6月（前掲M23『下久堅M地区農業構造改善事業関係綴』）。
152) H「声明　平和と区の将来について」1963年10月、同上。
153) 前掲『農家台帳M区』より集計。
154) 道路整備は、とくに第5部落常会において切実である。1981年6月5日、第5部落常会代表者はM区長に対して要望書を提出した。これには「〔第5部落常会は〕Mの1番奥に接し此の問題〔道路整備〕については日常痛切に感じています」という記述がある（M区『自昭和五十四年六月　会議録』）。
155) 下久堅（総合）農協で集荷された繭は組合製糸（下伊那生糸販売利用農業協同組合連合会）天龍社に全額供繭された。その一方、下久堅養蚕農協では、経営担当者であるM23の裁量によって、複数の製糸と短期的な取引を行っていた。その加入戸数は、高度経済成長前半期において、50～60戸である。詳しくは、本書第6章第3節を参照。
156) 総合農協役員5世帯はすべて推進者であり、うち総合農協組合長を含む3世帯は、第1部落常会に所属している。その一方、養蚕農協の経営担当者であるM23、および養蚕農協前組合長M48はともに反対者であり、養蚕農協組合員5世帯のうち3世帯が第2部落常会に居住し、かつ反対者である。飯田市農協合併10年史編纂委員会編『飯田市農協合併10年史』（飯田市農業協同組合、1984年）115～117頁、養蚕農協組合員は「総会出席簿」1955年（下久堅村養蚕農業協同組合『昭和二十三年五月総会関係書』飯田市歴史研究所所蔵）。
157) M65氏聞き取り（2008年8月22日）。
158) 以下、区長・副区長歴はM区『M区会議録』各年次による。
159) ただし、1世帯は推進者、かつ総合農協役員である。
160) M23「趣意書」1963年3月（前掲同『下久堅M地区農業構造改善事業関係綴』）。
161) 『M23手帳』1963年（M23家所蔵）。
162) 同上。
163) 同上、『南信州新聞』1963年5月19日。
164) 前掲M区『会議録』。
165) 飯田市『農業構造改善事業計画書』（1963年6月）を指している。
166) M農業構造改善事業改善事業推進委員会「報告書」1963年6月（前掲M23『下久堅M地区農業構造改善事業関係綴』）。
167) M農業構造改善事業推進委員会「推進状況のお知らせ」1964年2月11日、同上。受益者の親戚による寄付金は、推進委員の説得によって実現する場合があった（M17氏聞き取り、2008年12月2日）。

168) 前掲 H「声明　平和と区の将来について」。
169) M23（下久堅 M 地区農業構造改善事業反対同盟）「御届」1963年12月（前掲 M23『下久堅 M 地区農業構造改善事業関係綴』）。
170) 「現在は82名、尚他に署名はしないが協力するという者2名」（M 区「区会」1963年12月7日、前掲同『会議録』1954～64年）。
171) M 農業構造改善事業推進委員会「誓約書」1963年11月（前掲 M23『下久堅 M 地区農業構造改善事業関係綴』）。
172) 集落中心部にある「記念碑　M 地区農業構造改善事業完成記念」1967年12月10日には、事業参加者として、全112世帯中、反対派リーダー M23ほか6名以外の世帯主の名が刻まれている。
173) M65氏聞き取り（2008年8月22日）。
174) 少なくとも、世帯内部で、推進者と反対者に分かれることはなかったという（M65氏聞き取り、2008年8月22日）。
175) 飯田市松尾支所「合併に至るまでの経過の概要」1957年（飯田市歴史研究所所蔵）。
176) 自治会長・嘱託員「町村合併協議会」1956年8月1日（飯田市役所『田園都市建設促進に関する書類』1955年、飯田市役所上郷大書庫所蔵）。
177) 鼎村長原善吉→長野県知事林虎雄「村を町とする申請書」1954年2月8日（鼎支所文書『町村制実施関係書類』1952～54年、飯田市歴史研究所所蔵）。
178) 上郷村公民館『館報かみさと』1955年8月1日（飯田市歴史研究所所蔵）。
179) 上郷村農民組合→上郷村長「意見書」1956年3月4日（上郷村長『合併について』1956～62年、飯田市歴史研究所所蔵）。真貝竜太郎『公有林野政策とその現状』（官庁新聞社、1959年）369頁には次の記述がある。「優秀な村有林経営を行っている上郷村は、毎年平均して2,000万円の収益が村有林からあがる。5,000万円を少し上回る程度の村財政規模からみれば、この額は4割にも当るわけで、しかも収益は間違いなく平均してあがるのだから、実に健全財政が組めるわけだから、なにも無理して飯田市と合併する必要はことさらにないというわけである」。
180) 前掲飯田市松尾支所「合併に至るまでの経過の概要」。
181) 下久堅村・上久堅村との会談（1956年3月14日）における議事録（タイトル未記載）下久堅『町村合併関係書類』1956年（飯田市下久堅自治振興センター所蔵）。
182) 下久堅村・松尾村との会談（1956年3月6日）における議事録（タイトル未記載）、同上。
183) 飯田市「新市建設計画」1958年（飯田市役所上郷大書庫所蔵）。
184) 同上。
185) 前掲森武麿「1950年代の新農村建設計画」。

186) 飯田市「1958年度事業報告書」(飯田市役所上郷大書庫所蔵)。
187) 岩本純明「工業化と農地転用——松尾明河原地区における土地利用の変貌——」(飯田市歴史研究所編『みるよむまなぶ　飯田・下伊那の歴史』飯田市、2007年)。
188) 岡村勝政「稲作機械化の一貫作業体系——長野県飯田市松尾地区——」(『農業と経済』第30巻第8号、1964年8月)。
189) 具体的には水田筆数770、権利者数220人、畑筆数1,010、権利者230人である。交換分合の対象となったのは、面積20.6町(田9.6町　畑11.0町)であり、対象面積の21％に達した。また、この結果、筆数は田畑合わせて1,970筆から540筆、地権者数も450人から282人に減少した。前掲岩本純明「工業化と農地転用」126～127頁。
190) 同上、127頁。
191) 前掲岡村勝政「稲作機械化の一貫作業体系」61頁。
192) 同上、62頁。
193) 前掲岩本純明「工業化と農地転用」128頁。

付表　M集落

世帯番号	常会	組	下久堅村村会議員1913～46年、M区会執行部1914～44年（☆村議、○区会執行部）	1946年M農民組合加入世帯（☆役員）	特記事項	経済階層（1947年）
M1			○			第3階層
M2						
M3			○	○		第1階層
M4		1	○	○		第2階層
M5				○		第5階層
M6				○		第5階層
M7				○		第6階層
M8			○			第4階層
M9				○		第4階層
M10				☆		第4階層
M11	1			○		第5階層
M12		2	○	☆		第2階層
M13				○		第6階層
M14						
M15						
M16			☆○		貸金業、1936年M経済更生委員会	第1階層
M17			○	○		第1階層
M18		3	○	○		第2階層
M19			○	○		第2階層
M20			○		「本家筋」、1947年1～5月区長	第1階層
M21				○		第5階層
M22				○		第7階層
M23					1948～84年下久堅養蚕農協の実質的なリーダー	第2階層
M24		4		○	E寺住職、1936年M経済更生委員会	第3階層
M25						
M26				○		第7階層
M27				○		第4階層
M28						
M29				○		
M30				○		第3階層
M31	2	5	☆○	☆	「本家筋」、1929～36年下久堅村助役、1936年M経済更生委員会、1946～48年M・下久堅村農民組合長、1947～49年下久堅村農地委員自作代表	第4階層
M32						
M33				○		第7階層
M34				○		第7階層
M35				○		第4階層
M36				○		第6階層
M37		6		○		第2階層
M38				○		第4階層
M39				○		第5階層

第4章 戦後農村における政策の執行　225

各世帯の個票

農地改革前（1947年2月）			農地改革後（1951年8月）			1959年の農業経営		M区会執行部（◎区長・副区長）		
貸付地	自作地	小作地（反）	貸付地	自作地	小作地（反）	経営耕地面積（反）	農業所得/総所得（％）	1947年6月～1950年代	1960年代	1970年代
	1.3	0.6		1.4	1.0	1.6	10～50	◎		
							非農家			
	2.1	3.0		4.3	1.0	5.3	10～50	◎	◎	
	5.7	0.4	0.1	5.0		5.0	50～90		○	◎
		2.8		1.3	1.5	2.7	10未満			
		1.1			1.1	1.1	10未満	○	◎	
		0.8		0.7	0.4		非農家			
	0.7	4.4		1.1	4.9	4.0	10～50	○		○
	0.1	0.9		0.3	0.6	1.2				
	2.4	1.8		2.8	2.1	5.8	10～50	○	○	
	1.7	2.2		2.9	1.3	3.7	10～50	○		
	4.6			4.3		3.5	50～90		○	○
		0.3					非農家			○
							非農家			
							非農家			
0.5		3.9	3.5	9.9		4.2	10～50			
	8.8	0.3		8.4		8.1	90以上	◎	○	
	5.4		0.8	4.6		4.9	10～50		◎	◎
1.9	5.9		2.2	5.6		5.5	90	○	○	◎
3.4	8.9		3.1	8.2		8.0	90以上	○		◎
		3.4		2.4	0.9	3.0	10～50			
		0.2					非農家			
1.0	3.7	1.3		6.3		5.6	50～90			
11.4	2.7		1.5	3.8		4.8	50～90			
							非農家			
		2.7		0.4	3.3	3.4	50～90			○
	2.0	2.1		5.5	0.4	5.5	10未満			
							非農家			
							非農家			
	3.2	0.7		4.4		3.4	10未満			
	2.2			2.2		1.6	10～50	◎		
						4.1	50～90			
		0.3					非農家			
0.8	0.6	1.5	0.8	1.8	1.2	2.2	10～50			
	0.7	3.9		3.1	1.4	4.3	10～50			
		4.6				2.5	10未満			
	4.3	0.7		4.2	0.7	4.9	90以上	○		
	0.8	3.6				3.5	10～50			
	0.5	3.6		0.5	1.3	2.3	10～50		○	

M40			○	○	1936年 M 経済更生委員会、1947年農地委員会部落補助員	第2階層
M41	6		○			第1階層
M42				○		第5階層
M43						
M44	2					
M45						第6階層
M46			○	○		第1階層
M47	7		○	○	1947年農地委員会部落補助員	第1階層
M48			○		1948〜56年下久堅養蚕農協組合長	第1階層
M49				☆		
M50				○		第5階層
M51				○		第5階層
M52	8			○		第4階層
M53						第2階層
M54				○		第7階層
M55				☆		第1階層
M56				○		第3階層
M57			○	○		第1階層
M58				○	1947年 M 土地管理組合副委員長	第2階層
M59				○		第6階層
M60	3	9		○		第3階層
M61			☆○	○		第6階層
M62				☆	1946年 M 農民組合を M31 とともに設立、1947〜49年下久堅村農地委員会小作代表、1948年下久堅村土地管理組合副委員長	第3階層
M63				○		第2階層
M64				○		第5階層
M65			○	○		第2階層
M66			○	○		第2階層
M67		10				
M68						第6階層
M69						第2階層
M70				○		
M71				○		第6階層
M72			☆○	○	1936年 M 経済更生委員会	第3階層
M73				○		第6階層
M74				○		
M75			○			第1階層
M76						第3階層
M77	4	12				
M78				○		第2階層
M79				○		
M80				○		第7階層
M81						
M82						
M83				○		第6階層
M84		13		○		第2階層
M85				○		第7階層
M86				○		第3階層

第 4 章　戦後農村における政策の執行　227

7.9	5.9	0.6			4.5	90以上	◎		
26.3	9.5		6.9	9.7	8.5	90以上	○		○
	0.2	0.2		2.0	1.3				
						非農家			
						非農家			
		3.3		2.0	1.1	2.8	10～50		
14.7	10.3		6.3	10.1		8.5	90以上		
7.7	6.0		6.9	5.5		6.1	10未満	◎	
13.9	7.6		6.9	7.7		7.5	10～50		◎
		1.9		0.5	1.4	2.1	10未満	○	○
		2.6		1.7	1.5	1.0	50～90			○
	0.2	2.1		1.6	0.2	2.6	10未満			
	1.7	2.2		5.0		4.5	50～90			
	2.0	2.0		3.8	0.1	3.3	50～90			
	1.0	2.9		2.7	0.9	2.7	50～90			
3.8	7.5	0.9	3.9	7.5	0.9	6.0	50～90		
	1.0			1.0		1.0			
	4.6	3.3		6.2	1.7	8.5	50～90	○	
1.9	1.7	2.4		4.5	0.2	4.7	10～50	○	
		3.9			3.9	2.5	10～50		
	2.9	2.2		4.9		4.1	50～90		○
0.1	1.1	4.6		5.2	3.3	4.1	50～90		
	3.5	3.2		6.5		4.5	10～50	○	○	○
1.2	4.7	0.7	1.1	5.3		3.8	10～50		
	2.7	3.1		2.3	2.4	5.8	50～90		
	6.7			6.7		6.4	90以上	◎	○
	3.0	3.1		6.5	0.4	6.5	50～90	○	○
	1.0	4.3		3.7	1.9	3.6	50～90			○
	0.1	5.0		3.7	1.6	2.4	10～50		
				1.1			非農家		
	3.6			3.6		3.4	10～50		
	0.3	5.8		1.6	5.0	4.5	50～90		
	3.4	9.4	0.3	8.5	0.3	6.7	90以上		◎	◎
		3.1		3.1	0.7	3.0	50～90		
	5.1	0.3		5.4		4.8	10～50		
8.5	11.8	0.8	6.7	12.3	0.3	16.9	50～90	○	○	○
						7.0	90以上		
							非農家		
	1.1	5.4		4.1	2.8	4.3	10～50		
	0.3	0.6					非農家			○
		2.8				1.5	10～50		
							非農家		
							非農家		
	2.2	1.3		3.2	0.3	4.2	10～50		
	3.4	1.7		4.1	0.8	3.2	50～90	○	
	1.2	2.5		3.5	0.2	2.6	10未満		
		7.2		3.8	2.2	4.4	50～90	○	

M87						第7階層
M88				○		第4階層
M89	4	14		○		第7階層
M90				○		第3階層
M91				○		
M92			○	○		第4階層
M93				☆		第4階層
M94						第7階層
M95		11	○	○		第1階層
M96				○		第2階層
M97						第7階層
M98						
M99						
M100						第7階層
M101	5	15		○	1946年M土地管理組合委員長	第5階層
M102			○			第1階層
M103				○		第6階層
M104				○		第4階層
M105						
M106				○		第3階層
M107				○		第5階層
M108		16	○	○		第3階層
M109				○		第2階層
M110				☆	1947年農地委員会部落補助員	第1階層
M111			○			第3階層
M112				○		第4階層
M113	不明	不明		○		第7階層
M114			○	○		第2階層
M115						第1階層
M116						
M117				○		
M118				○		
M119				○		

出典：下久堅村農地委員会『世帯票M』1947年、下久堅村農業委員会『全農家名簿』1951年、『農家台帳M区』1959年、～53年。

第 4 章　戦後農村における政策の執行　229

		0.1				非農家			
		6.0		3.5	2.1	5.5	50〜90			
		2.6		2.4	1.7	1.9	10〜50			
						5.3	50〜90	○		
	3.1	4.1		3.7	3.6	8.9	10〜50			○
	0.6	7.2		7.1	1.2	7.5	50〜90	○		○
	0.3	4.5		4.6	0.5	6.8	50〜90			○
		2.2		1.9	0.2	1.6	10〜50			
25.5	5.1		6.9	5.0		3.1	10〜50			
	4.4	2.9		5.8	0.9	6.0	50〜90			
				1.2	0.9		非農家			
							非農家			
	0.1	0.5					非農家			
		7.4		9.5		6.9	50〜90	◎	○	○
11.5	14.7		4.8	13.6		12.9	90以上	○	○	◎
		0.8					非農家			
	0.7	7.8		3.2	5.5	6.1	50〜90			
	1.6	2.0		1.0	1.1	1.5	10〜50			
	0.4	6.0		4.9	2.9	6.0	50〜90			○
	3.3	1.3				2.3	50〜90			
	7.6	1.9		10.2	1.0	7.9	90以上			○
	8.6	1.1		9.8		6.7	50〜90			○
2.2	10.8	0.6	2.1	12.1		13.0	90以上	◎	○	
10.8	4.1		6.9	4.5		4.8				
	1.7	5.5		5.6	1.2	6.6	50〜90			
		0.3								
	0.7	3.1		1.8	2.2					
18.8										
		0.4								
		0.5								

M区『会議録』、下久堅村『職員名簿』、M農民組合『組合加入申込書』、M区『区費徴収簿、水利費徴集原簿』1935

第5章　戦後山村における政策の執行
―――長野県下伊那郡清内路村―――

第1節　はじめに

　本章では、第2次大戦後の山村における政策の執行について、清内路村、なかでも下清内路集落を事例として検討する。第1章で示したように、清内路村では部落有林が存続した。表5-1のように、全国における部落有林・行政村有林の面積の推移をみると、国家からすれば、行政村に移管すべき山林が、集落に残されているという現象、言い換えれば、部落有林が存続しているという現象が、全国において一定程度存在する。これにより、第2次大戦前の段階で行政村が集落の機能を統合していく過程（大石嘉一郎、西田美昭）や、「模範村」が形成される過程（大鎌邦雄）とは別に、部落有林が存続した地域における、政策執行主体たる集落、行政村について検討する意義が生まれる。

　こうした視点のもと、第2次大戦後を対象とした研究を整理すると、以下、3種類の論考が存在する。第1は、部落有林（より広く、共有林）の利用・保全に関する研究である[1]。第2は過疎化（1965年前後）に関する研究である[2]。これらの研究は、集落運営について検討しているものの、集落・行政村関係に焦点を当てるものではない。第3は、昭和の市町村合併（1955年前後）に関する研究であり、部落有林を持つ行政村が合併された事例を検討した論考は存在する[3]。その一方、本書が対象とする清内路村のように、合併を拒否した行政村についての分析は存在しない。このように、第2次大戦後を対象とした論考を踏まえてもなお、部落有林が存続した地域における集落、行政村を検討するという本章の視点は、一定の意味を持つものと判断しうる。

　対象地域は清内路村、なかでも下清内路集落である。前述のように、同村は

表5-1 部落有林・行政村有林面積（全国）

（単位：1,000町）

年次	部落有林	行政村有林
1915	2,228	1,365
1924	1,215	2,134
1930	781	2,378
1939	704	2,674
1949	566	2,149

出典：岡村明達「部落有林野の分解（2）」（『政経月誌』第39号、1956年8月）37頁。
注：1）行政村有林に市有林・町有林を含む。
　　2）部落有林面積が実際よりも「いちじるしく過少」である。

上清内路、下清内路という2つの集落によって構成され、両方の集落が部落有林、ならびに区会を有している。

本論の構成は次のとおりである。第2節では、清内路村の戦後改革、人口や農林業生産の推移、自治・行政組織について整理する。第3節では1950年代を検討する。具体的には、森林資源枯渇、市町村合併という2つの「危機」と、その対策について述べる。第4節では1960年代を検討する。具体的には、過疎の進行などによって生じた、新たな「危機」を受けて、区会が「改革」を実施し、集落・行政村の関係が変化したことを明らかにする。

第2節　清内路村の戦後段階

1　戦後改革

　清内路村の戦後改革について述べる。清内路村では、農地改革前においてすでに、自作地率が84%であり、農地改革のインパクトは、相対的には小さい[4]。この点について、清内路村農地委員会会長は、次のように述べる。すなわち、「当村は山村であるから農地も狭隘であり、従って地主としての資格も問題になったが、農地委員会設置の関係もあったので、地主、自作、小作委員を一応定めたという最微温的な実情にあった。斯様な実情で農地が大体細分化されて居たので、農地改革に当っても多少の紆余曲折はあったとしても他市村に比し極めて簡単に遂行された」と[5]。清内路村農地委員会地主代表には所有1.7反、1.4反、1.2反の3名が就任している[6]。

　こうした状況ゆえ、戦後改革期において農村社会運動は生成しなかった。表

表5-2 農地改革前の田畑小作地率と農民組合の設立状況（下伊那地方各市町村）

(単位：％)

地帯区分	市町村	農地改革前小作地率	農民組合	地帯区分	市町村	農地改革前小作地率	農民組合
竜西	飯田	55	◎	山間地	生田	32	×
	大島	56	○		清内路	13	×
	山吹	53	○		会地	52	○
	市田	55	○		伍和	41	○
	座光寺	47	○		智里	20	◎
	上郷	58	○		浪合	13	×
	鼎	54	◎		平谷	17	×
	松尾	53	○		根羽	23	×
	竜丘	47	○		下條	39	○
	川路	46	○		富草	41	○
	三穂	36	○		大下条	36	○
	伊賀良	46	○		旦開	46	○
	山本	48	○		神原	14	×
竜東	千代	36	○		平岡	16	○
	龍江	36	○		泰阜	31	○
	下久堅	41	◎		大鹿	34	◎
	上久堅	48	○		上村	25	×
	喬木	45	○				
	神稲	45	○				
	河野	49	○				

出典：下伊那農地改革協議会『下伊那に於ける農地改革』1950年、218～518頁、田中雅孝『両大戦間期の組合製糸——長野県下伊那地方の事例——』（御茶の水書房、2009年）87頁。
注：1) 小作地率は、1942年現在。
　　2) ◎は土地管理組合が組織されたことを示す。

5-2では、農地改革前の小作地率と農民組合の設立状況を示した。清内路村のように地主的土地所有が進行していない村のなかには、農民組合が組織されない場合がある。こうした行政村では、農村社会運動を契機とした変動が生じないのである。1947年4月の市町村長・市町村議会議員選挙は、各地で民主化運動が展開されたことが知られている[7]。こうしたなかで、1947年の清内路村長選挙では、上清内路、下清内路両集落の「勢力」が「伯仲」し、対立するという戦前期にもみられた集落間対立が生じている[8]。

　その一方、社会運動が伴わなくとも、青年層が戦後改革において、一定の役割を与えられている点は着目すべきである。農地委員会部落補助員といえば、

集落の「土地の事情に精通」した人物が就任する傾向にある[9]。その一方、清内路村では農地委員会部落補助員9名に、青年層、なかでも20歳代前半から中盤の者が着任している。部落補助員計9名の内訳は、21歳2名、22歳1名、23歳1名、24歳2名、25歳2名、26歳1名である[10]。ただし、前述のように、清内路村の農地改革はインパクトが小さいため、青年層が大きな役割を果たしたとまではいえない。

加えて、次のような現象が生じており、下清内路区会議事録（1946年7月6日）を引用する[11]。

> 農作物荒し防止対策の件
> 青年会長より会に於て決定せる誓約書制裁方法を示し、一同異議なく之を承認し、左記の通り決定す。
> 誓約書
> 野荒し空巣等の盗みは絶対に致しません。右に違反したる場合は如何なる制裁を受けるも不服ありません。
> 制裁方法
> 一、主食を除く配給物資1カ年間停止す。尚配給票は青年団に於て保管す。
> 一、部落より追放す。
> 一、犯人氏名を告示し警察に連絡す。
> 誓約書は青年会に依頼し各隣組長に於て記名調印せしむること。犯人を発見したるときは直に青年団に申出つること。此場合勝手行動をなさざること。

「ムラハチブ」を含む制裁が、実際に行われた形跡はないが、青年会は農作物荒しの制裁方法を考案し、これを実施する主体として、集落内で認められる存在だったことがわかる。こうした青年層の動向は、第1章第4節でみたように、清内路村の「年齢集団」、すなわち壮年団、青年会が発達していることを示すものである。

表5-3 清内路村の世帯数・人口

（単位：世帯、人）

年次	世帯数	人口
1930	408	1,933
1940	409	1,953
1947	365	1,884
1950	387	1,918
1955	365	1,701
1960	369	1,539
1965	341	1,247
1970	307	1,054
1975	305	1,009
1980	295	946
1985	289	917

出典：清内路村『村勢要覧』1989年、4頁。

表5-4 戦後清内路村の人口減少率

（単位：％）

年次	減少率
1950～55	11.3
1955～60	9.5
1960～65	19.0
1965～70	15.5
1970～75	4.3
1975～80	6.2
1980～85	3.1

出典：表5-3より算出。

表5-5 農家別耕地面積（清内路村・1953年）

（単位：世帯）

0.5反以上3反未満	114	(39％)
3～5反	95	(33％)
5～10反	79	(27％)
10～15反	1	(0％)
計	289	(100％)

出典：清内路村『村勢要覧』1956年度。

2 人口

表5-3は清内路村の世帯数・人口、表5-4は人口減少率である。清内路村の1960～65年における人口減少率は19％である。最もおおまかな定義によれば、同期間の人口減少率10％以上の町村は、過疎地域とみなされる。清内路村は、当時、全国898町村からなる過疎地域に含まれる[12]。

3 農林業生産

表5-5は清内路村の農家別耕地面積（1953年）であり、5反未満の農家が半数以上を占めており、極めて狭小な耕地で農業経営がなされている。表5-6は同村の主要生産物価額（1948年）であり、桑を含む農産物と蚕繭糸を足しても、木炭が上回っている。

表5-7は清内路村における林業の推移であり、なかでも、木炭（炭焼き）生産は、1950年代前半～中盤が最盛期であり、これ以後において縮小傾向にある。その一方、表5-8は1950年代前半から中盤期における養蚕業の推移である。収繭量・繭販売価額とも、大幅な上昇をみせているわけではない。1954年にお

表5-6 主要生産物価額（清内路村・1948年）

（単位：1,000円）

蚕繭糸	3,080
農産（桑含む）	2,830
畜産	600
林産物・木炭	6,000
林産物・用材林	60

出典：清内路村『村勢要覧』1948年度。
注：1,000円以下四捨五入。

表5-7 林業の推移（清内路村）

（単位：kg、石、束）

年次	木炭	用材	薪
1949	675,000	8,600	48,000
1950	1,377,795	2,800	99,800
1951	1,432,455	3,507	36,770
1952	1,321,485	3,015	101,720
1953	1,379,355	7,458	33,090
1954	1,131,500	2,200	17,800
1955	983,535	4,500	9,500
1957	829,080	1,627	10,000
1961	640,110	―	22,500
1967	139,200	―	10,000

出典：清内路村『村勢要覧』1950～56、58、62、68年。
注：―は不明。

表5-8 養蚕業の推移（清内路村）

（単位：貫、1,000円）

年次	収繭量	繭販売価額
1950	4,950	8,432
1951	5,957	10,845
1952	6,291	12,582
1953	5,495	10,988
1954	5,952	9,343
1955	6,069	9,715

出典：清内路村『村勢要覧』1951～56年。

いて、住民は次のように記した。「本村の経済の現況は、春蚕の好成績にもかかわらず、極めて手取現金少なく、養蚕のみにては到底生計し得なく、今や大多数の農家は夏山製炭を実施しております」と[13]。つまり、炭焼きを冬季だけでなく、夏季にも行っていた。以上によって、少なくとも1940年代後半から1950年代中盤にかけて、農家の主業は炭焼きであったと判断しうる。

さらに、1950年についてのみ、次の点が判明する。それは、用材・薪はすべて私有林から、製炭原木（炭焼きに使う木）の半数以上を部落有林から採取されていた点である[14]。少なくとも、1950年代前半を中心として、部落有林は農家経営にとって不可欠の存在であった。

木炭生産が激減した後、1970年初頭における農家の構成は、専業農家率10％、第1種兼業農家率41％、第2種兼業農家率59％である。兼業先は、恒常的勤務50世帯、日雇い102世帯、出稼ぎ6世帯である。日雇い先として、村を横断する国道256号線改修工事や、近隣の中央自動車道新設工事があったという[15]。1972年の農産物販売金額（村全体）をみると、養蚕約2,856万円、葉たばこ約538万円、しいたけ311万円の順に高い[16]。以上、1970年代初頭において、住民は、養蚕業を主とした農業と、兼業収入とを組み合わせ、生計を立てる

傾向にあった。

　最後に、1970年代を通して、農業生産それ自体が縮小している。清内路村における第1次産業就業人口比率の推移は1965年76％、1970年61％、1975年32％、1980年21％である[17]。

4　自治・行政組織

(1) 下清内路集落

　下清内路集落の組織について述べる。前述のように、下清内路区会とは集落の合議機関であり、区会の内部は市場、中、登、清水という4つの組織に分かれる。4つの組織の下部には、組があり、1954年現在、中、清水には、それぞれ3つ、市場、登には、それぞれ4つの組がある[18]。

　戦後における下清内路区会規約について検討する。戦後における、最初の改正は1950年である。これを含めて、1977年までに、6度改正されている（表5-9）。1966年と1971年の規約条文数を比較すると、全147条から全76条に激減している。なかでも、林野に関する規約をみると、1966年改正規約では、林業施業規約全36条、窯場売却規定全14条であったのに対して、1971年改正規約では山林規約全13条にとどまる。これは、後述のように、区会の役割の変化を示すものである。

　区民権、すなわち部落有林を利用する権利は、いかなる家が有したのか。下清内路区『規約』1950年4月には、次の規定がある。

　　第4條　当区従来の本籍人は区民権を有する。但し本籍人と雖も他へ寄留した者は此の権利を失う。又帰村した者は満1カ年以上、新たに分家した者は10年以上当区の納税其の他一切の義務を全うした場合、此の権利を有する。
　　第5條　当区へ他より寄留した者は満40年を経過し、当区に対する納税其の他一切の義務を全うした場合に限り区民権を有する。

表5-9 下清内路区会規約の変化

1950年改正規約		1954年改正規約		1958年改正規約		1966年改正規約		1971年改正規約		1977年改正規約	
総則	5	総則	4	総則	4	総則	4	総則	5	総則	6
役員及職務権限	8	組織	2	組織	2	組織	2	組織	3	組織	3
選挙	6	選挙	16	選挙・権限	13	選挙	15	職務権限	4	職務権限	5
会議	3	職務権限	12	職務・権限	13	職務・権限	13	執行	2	執行	1
賦課徴集		会議	10	会議及会計	8	会議	8	議決	3	議決	3
給料及給与	1	事業及会計	8	雑則	6	事業	8	会議	3	会議	3
公有林野取締	10	雑則	6	付則	3	雑則	5	連絡機関	4	事業その他	1
基本財産積立		附則	1	細則	8	付則	2	事業その他	2	雑則	5
罰則及税金滞納処分	5	細則	5	賦課徴収		財務会計規定	4	雑則	19	付則	2
補助規程	2	細則	1	細則	1	下清内路区林野施業規則	4	付則	36	選挙規定	3
生活改善	4	基本財産積立	3	公有林野取締規則及罰則		窯場売却規則	1	選挙規定	14	財務会計規定	12
祝日	1	諸税滞納処分	1	基本財産の積立	3	区有林野取締規則	3	財務会計規定	11	雑則	17
附則	5	補助規程	4	基本財産納付処分	2	基本財産審積条例	2	雑則	19	山林規約	1
基本財産審積条例	6	生活改善	1	諸税滞納規程	4	生活改善実行委員会規程	4	山林規約	5		13
下清内路生活改善実行委員会規程		祝日	5	補助規程	1		1		13		
昭和二十二年十月 売却窯場規定	11	基本財産審積条例	6	生活改善	5		6				
		生活改善実行委員会規程	10	祝日	1		40				
		林野施業規約	39	基本財産審積条例	6		15				
		売却窯場規定	15	林野施業規定	10		10				
		分割貸与林抽籤規定	6	売却窯場規定	15						
		窯場代金回収特例	5	下清内路生活改善実行委員会規程	5						
計	80	計	161	計		計	145	計	147	計	72
											76

出典：下清内路区「規約」各年次。

表5-10 下清内路区会における議案（1947、51、56、59、64、67、71、75年）

年次	会議数	議案数	区会	部落有林		インフラ			学校	寺社
				部落有林	炭焼き	土木	水利・水道	電気		
1947	17	67	3	4	6	3	0	1	10	1
1951	13	59	3	11	1	5	0	2	12	1
1956	45	140	10	13	8	10	23	2	11	4
1959	44	288	7	81	24	58	11	0	29	12
1964	41	210	34	34	13	25	19	3	16	10
1967	32	233	9	69	3	47	3	0	21	11
1971	25	155	26	18	0	24	16	0	2	11
1975	18	87	11	12	0	3	4	0	2	18
計	235	1,239	103	242	55	175	76	8	103	68

出典：下清内路区『会議録』（1947年）、同『会議録』（1951年）、同『記録』（1956年）、同『会議録』（1959年）、同『会議録』（1964年）、同『会議録』（1967年）、同『会議録』（1971年）、同『会議録』（1975年）より集計。

注：1）カウント方法は次のとおりである。
区会を母体として開催された林務、水道などの各種委員会も会議数に含める。
毎年、総会（定期会）で実施される決算・予算認定、事業報告、区会役員選出は「区会」として、まとめてカウント1。
国県村道・林道・農道にかかわらず、道路整備は「土木」とみなす。
「一、林道A線資金…二、A線潰地」→同じA線につきカウント1。「一、林道A線…二、B線」→別路線につきカウント2。
2）区会から寺社までの和が議題数となるわけではない。その他の議題は数が少なかったため、表に明示していない。

このように、本籍人、帰村者、分家、寄留に区民しており、それぞれ区民権を持つための要件が異なる。なお、寄留者とは、前述のように、本籍地以外の地域に90日以上居住する者のことである。1953年現在、下清内路集落は、本籍者168世帯、分家18世帯、寄留17世帯によって構成される[19]。

表5-10は下清内路区会の議案数である。戦前期と同様、部落有林に関する議案が多いものの、1970年代において激減している。また、戦前期と異なり、インフラ整備に関する議案が多くなっている。こうした傾向は、次にみる陳情書によっても裏付けることができる。

前述のように、下清内路区会における合意形成の特質といえば、住民が、建議書・陳情書を提出し、区会で審議するという方法が用いられている。第2次大戦後の住民から下清内路区会への建議書・陳情書については、表5-11に示した。管見の限り、1946～80年のあいだに、148項目の陳情がなされている。

表5-11　住民から下清内路区会への建議書・陳情書（項目数）

	個人有志	組	壮年団	PTA会長 小学校長	道・橋・水道 受益者	青年会	消防団	神仏関係者	他	計
1946										0
1947			1						1	2
1948	1	1								2
1949										0
1950	1		2							3
1951	1		4		1	1				7
1952		4	2			1				7
1953	4		2				1		1	8
1954	4			3	1	1		1	3	13
1955	3		1		3					7
1956	3	2		1	1	1				8
1957	1		2				1			4
1958	1	1	1			1				4
1959	2		4	2				1		9
1960	2			1	1	1	1		1	7
1961	2	1		1	2		1	1	1	9
1962	1			1	1		1	1	1	7
1963	1	1		2	6		1		1	12
1964	4	2		3	1	2				12
1965	1			3	3					7
1966				1						1
1967			1		1		2			4
1968	5		1		1		1			8
1969	1				1			1	2	5
1971										0
1973										0
1974									1	1
1976										0
1979								1		1
1980										0
計	38	12	21	18	23	9	9	6	12	148

出典：下清内路区『陳情書綴』1947年度、および同『庶務綴』各年度に綴られた建議書・陳情書を集計。

　陳情書の差出人に着目しよう。まず、個人・有志、組、壮年団からの陳情が多い点は、戦前期と同様の傾向である[20]。第2に、PTA会長・小学校長が陳情者に含まれる点については、1968年まで、清内路村には、上清内路小学校・下清内路小学校という2つの小学校が存立していた。ともに村立であり、行政

村財政によって運営されていたが、集落も一定の役割を担った。すなわち、下清内路区会は、下清内路小学校改修時における木材、小学校・教員住宅を暖房するための燃料（木炭・薪）を提供した[21]。こうした役割を区会が担う過程で、PTA会長・小学校長が陳情する場合があった[22]。

さらに、道・橋・水道の受益者が、区会に陳情するケースが多い点は、戦後になって、はじめてあらわれた傾向である。高度経済成長期は、インフラ整備が住民にとってより切実になる時期であり[23]、こうした要求を、受益者がまとまって陳情したといえる。最後に、陳情書を提出するという行為自体、1970年代において、恒常的に用いられなくなっている。これは、後述のように、区会のあり方が変化したことを示している。

(2) 清内路村

表5-12は清内路村財政である。一般会計・歳入について、村民から徴収する村税の割合は、年々減少しており、1961年からは10％を下回っている。その一方、地方交付税、国庫支出金・県支出金、および村債（公債費）の割合が高くなっている。こうした、依存財源の割合が上昇する点は、高度経済成長期以降の山村に共通した傾向である。一般会計・歳出については、概して、土木費、産業経済費（実態は、主として基盤整備費）、災害復旧費といった、インフラ整備に多額の費用が投下されている。

特別会計をみると、行政村が村民の福祉・医療を担っていることがわかる。なかでも医療について、清内路村は直営診療所を運営している。1954年現在、近隣の山本、会地、伍和、智里、清内路各村のなかでは、比較的平場にある前二者ではなく、後三者が村営診療所を運営した[24]。清内路村を含む山村的特質の強い地域ほど、行政村が、村民の医療を担ったのだといえる。

1972年において、財政規模が大きくなっている。1970年度より、過疎対策を実施したからである。1960年代までと、1972年の財政規模の差は、行政村と集落の関係が変化したことをも示しており、第4節で述べる。

最後に、村長・助役の就任状況について述べる。前述のように、戦前段階で

表 5-12　清内路村歳入歳出決算（1950、54、58、61、63、66、68、72年度）

単位：円（カッコ内%）

	1950年	1954年	1958年	1961年
一般会計　歳入					
村税	2,073,760　(41.5)	2,327,491　(23.5)	2,625,538　(19.3)	2,705,911　(4.4)
地方財政平衡交付金 地方交付税	1,921,000　(38.4)	3,166,000　(31.9)	4,313,000　(31.8)	9,346,000　(15.3)
国庫支出金	707,536　(14.1)	1,435,378　(14.5)	1,340,328　(9.9)	17,551,943　(28.7)
県支出金	179,962　(3.6)	218,734　(2.2)	1,708,764　(12.6)	12,336,682　(20.2)
寄附金		1,705,400　(17.2)	1,153,582　(8.5)	2,117,404　(3.5)
村債	105　(0.0)		1,000,000　(7.4)	2,000,000　(3.3)
歳入計	5,000,646　(100.0)	9,920,716　(100.0)	13,578,970　(100.0)	61,152,755　(100.0)
一般会計　歳出					
役場・総務費	1,250,244　(25.4)	2,279,895　(24.3)	1,896,412　(14.6)	3,079,981　(5.2)
消防費	88,760　(1.8)	521,697　(5.6)	304,512　(2.4)	476,476　(0.8)
土木費	274,517　(5.6)	864,136　(9.2)	2,559,807　(19.8)	18,487,096　(31.3)
教育費	2,170,245　(44.0)	1,663,784　(17.7)	2,325,712　(17.9)	13,880,786　(23.5)
社会及労働施設費	441,840　(9.0)	1,017,292　(10.8)	1,068,067　(8.2)	2,286,727　(3.9)
保健衛生費	41,259　(0.8)	62,803　(0.7)	111,899　(0.9)	134,000　(0.2)
産業経済費	370,440　(7.5)	2,085,976　(22.2)	2,924,492　(22.6)	17,775,893　(30.1)
災害復旧費	354,216　(7.2)			
歳出計	4,927,750　(100.0)	9,380,863　(100.0)	12,957,645　(100.0)	59,085,728　(100.0)
特別会計					
国民健康保険歳入計	622,962	—	2,478,170	3,416,926
国民健康保険歳出計	587,495	—	2,072,370	2,413,064
直営診療所歳入計	—	—	2,289,573	2,788,462
直営診療所歳出計			2,179,109	2,530,096

	1963年	1966年	1968年	1972年
一般会計　歳入					
村税	3,190,836　(8.3)	3,366,229　(7.4)	4,631,220　(8.6)	6,110,704　(2.7)
地方財政平衡交付金 地方交付税	11,682,000　(30.2)	19,517,000　(42.8)	28,923,000　(54.0)	113,379,000　(50.3)
国庫支出金	10,595,674　(27.4)	1,623,491　(3.6)	3,620,802　(6.8)	6,029,258　(2.7)
県支出金	6,645,047　(17.2)	2,828,006　(6.2)	3,766,976　(7.0)	21,832,606　(9.7)
寄附金	2,505,015　(6.5)	1,209,507　(2.7)	1,028,398　(1.9)	7,638,738　(3.4)
村債		4,100,000　(9.0)	1,500,000　(2.8)	58,700,000　(26.1)
歳入計	38,630,012　(100.0)	45,562,148　(100.0)	53,570,183　(100.0)	225,183,544　(100.0)
一般会計　歳出					
役場・総務費	4,192,330　(11.4)	18,078,416　(43.2)	9,289,680　(18.9)	22,988,996　(10.2)
消防費	626,891　(1.7)	810,030　(1.9)	1,802,140　(3.7)	5,846,220　(2.6)
土木費	12,353,039　(33.6)	2,732,226　(6.5)	5,779,958　(11.7)	64,728,344　(28.8)
教育費	4,633,542　(12.6)	6,199,493　(14.8)	8,927,636　(18.1)	31,193,337　(13.9)
社会及労働施設費	626,441　(1.7)	1,042,746　(2.5)	4,031,182　(8.2)	39,494,059　(17.6)
保健衛生費	206,794　(0.6)	1,928,111　(4.6)	2,033,299　(4.1)	10,884,003　(4.8)
産業経済費	9,140,925　(24.9)	5,868,513　(14.0)	7,609,598　(15.4)	36,030,137　(16.0)
災害復旧費		2,974,219　(7.1)	6,151,687　(12.5)	
歳出計	36,718,604　(100.0)	41,883,248　(100.0)	49,271,367　(100.0)	224,732,678　(100.0)

第 5 章　戦後山村における政策の執行　243

		特別会計		
国民健康保険歳入計	3,361,816	5,772,289	9,822,305	18,685,786
国民健康保険歳出計	3,169,510	5,652,288	8,831,113	15,447,971
直営診療所歳入計	3,192,558	5,055,005	5,811,000	12,783,953
直営診療所歳出計	3,029,841	4,032,258	5,306,888	11,683,483

出典：清内路村「事務報告書」1950、58、61年度、同「村の財政事情」1954年度（清内路村『五ヶ村合併関係綴』1955年）、同「歳入歳出決算書」1963、66、68、72年度。
注：1）主要費目のみ示しており、各費目の和が歳入計・歳出計とならない。同様の理由から、各費目の割合を足しても、100％とならない。
　　2）割合は小数第2位以下四捨五入。
　　3）—は不明である。
　　4）1966年度以降については、農林水産費と商工費を合わせて産業経済費、民生費と労働費を合わせて社会及労働施設費とみなしている。

は、たとえば、上清内路出身者が村長になると、助役には必ず下清内路出身者が就任し、それぞれが1期で交代するという慣例があった。戦後になると、この傾向は段階的に変化した。まず、1947～55年というやや長期にわたり、上清内路出身の同一人物が村長に就き、助役には下清内路出身者が配置された。1955～71年には、隣村の阿智村から村長を招聘し、助役には上清内路出身者が就任した[25]。こうした変化がなぜ生じたのかは判明しない。

第3節　1950年代の危機と対策

1　森林資源の枯渇

(1) 危機

　1954年段階において、清内路村全体の森林資源は、次のような状況であった。史料を要約して引用する。

・部落有林・私有林あわせて、樹木の年間生長量は約3万石であるのに、伐採の度合は年間4万石前後で、年1万石程度の過伐となっている。
・伐採の大部分は部落有林に向けられ、部落有林における植伐の均衡はとくに悪化しており、このままの状態で5、6年を経れば、伐期に達した

樹木は、一部の山林を除いて皆無の状態となる。
・住民の山に対する依存度が極めて高く、伐採が先行して植林が遅れている[26]。

こうした状況において、1953年の下清内路部落有林では、大規模な盗伐が発生している[27]。

(2) 対策
　森林資源枯渇の危機を受けて、1954年1月、下清内路区会は、部落有林の管理方法を変更した[28]。それは、部落有林を①植林地、②分割貸与林、③製炭林の3つに分けて管理するというものである。①植林地は、部落有林の40％を占めている。②分割貸与林とは、林野を利用者各人に貸し与え、利用者に自主管理させる区域を指している。すなわち、利用者の「自己責任」において、植林と伐採を行う区域を設定したのである。実際において175世帯[29]、1世帯平均3町3反4畝が分割貸与された[30]。部落有林の40％を占めている。
　③製炭林は、貧困者が炭焼きするために設定された。1947年以来、集落住民は、入札によって窯場を取得していた。すなわち、「先代より当区に居住」する者や、20年以上、居住する寄留者が窯場の入札資格を得、「高札者に落札」した[31]。当然、入札は上層が有利な制度であり、区会は、この制度を廃止し、貧困者のために製炭林を設けた。部落有林の20％を占めており、1959年現在、57名が製炭林を利用した[32]。その利用にあたっては、区会役員だけでなく、「山林（所有）面積大なる」2名、「山林面積中なる」2名、「山林面積小なる」6名が審議した[33]。審議過程においても、「山林面積小なる」貧困者が配慮されたといえる。
　第2次大戦後における住民の経済階層に関する史料がないため、製炭林において、どういった経済階層の人物が炭を焼き、どの程度、救済されたのかまでは判明しない。ただし、少なくとも、次の点において、貧困者は救済されたとみなしうる。それは、下清内路区会が窯場代金を、かなりの程度まで減免して

いる点である。たとえば1956年、「窯場購入代金総額の４割を引下げて」ほしいという陳情があり[34]、区会は「３割引下げ」を決定した[35]。また、こうした減免要求がなくとも、区会はかなりの程度まで、窯場代金の滞納を見逃していることがうかがえる。たとえば、1958年度における徴集予定金額は約42万6,000円、実際の徴集金額は約７万2,000円である[36]。

こうした管理方法の変更が、どれほど効果的であったのかまでは、判明しない。なぜなら、管理方法が変更された1954年を境に、段階的に、木炭生産が減少したからである。燃料革命（木炭からプロパンガス）という、市場の条件が変化したのである。管理方法を変更したからというよりも、市場の変化によって、植伐のバランスが回復していった可能性がある。

2 市町村合併

(1) 合併拒否

全国的に、1950年代中盤は、市町村合併の時期にあたる。清内路村に対して長野県庁は、３度にわたり、近隣の阿智村、浪合村との合併を勧告した[37]。しかし、清内路村は市町村合併を拒否した。その要因は、合併後の中心地との距離が遠くなることにあった。史料には、「合併による中心地への距離が遠くなる。さらに、冬季積雪がはなはだしく、バス運行も不可能になるのが毎年、幾日かある。合併による住民の福祉の向上について、危惧の念を抱いている。以上の点から考えて、合併は不可能に近い」とある[38]。

しかし、拒否の要因はこれだけではない。部落有林の存在が、その大きな要因になった。それは次の、村民による記述に示されている。「現在合併問題で最も議論されているのは、部落有林[39]の去就で、何十年間村人の財源となって来た部落有林に対する愛情であり、未練であるとしたならば無理なからぬ事でもある」と[40]。また、「村民の実情から山に対する愛着は大きく、統合は到底困難と考える」と[41]。

(2) 部落有林の所有権移動

　上・下清内路両区会は、市町村合併を懸念し、部落有林の所有権を移動した。前述のように、1918年の段階で、国県の指示等により、上・下清内路部落有林の所有権は清内路村に移動された。ただし、利用権は区会（集落）が保持した[42]。つまり、大正期において、所有権は清内路村に移動したものの、実質的に、部落有林が存続した。

　第2次大戦後、市町村合併が議論されるなかで、部落有林の所有権が、合併先の行政村（阿智村）に移動してしまうという危惧が生まれた。そこで1954年、上・下清内路両区会は、所有権を部落有林の権利者各人とすることを決めた[43]。こうした所有のあり方は、持分登記（記名共有登記）と呼ばれる。

　上・下清内路区長は、弁護士に対して、次のように説明した。「上清内路、下清内路の所有山林は、〔大正期の〕部落有林野の統一により、登記上の名義は行政村となっていた。たまたま町村合併の問題がおこり、合併した場合、このままの名義では新市町村へ権利移転のおそれがあった。この権利移転を避ける手段として、行政村より上・下清内路部落民に払下げを受け、部落民個の連盟による記名共有として部落の権利を保護」したと[44]。

　このように、1954年において、所有権は持分登記されたが、実質的に、部落有林は存続した[45]。

第4節　1960年代の危機と「改革」

1　危機を受けた陳情

　1960年代において過疎が進行した（前掲表5-4）。また、木炭生産が減少した（前掲表5-7）。さらに、1961年に長野県南部を襲った水害、いわゆる「三六災害」等からの災害復旧が区会・住民に重くのしかかった。1961年度の下清内路区会決算（三六災害特別会計）によれば、清内路村農協からの借入金等により、災害復旧工事、小学校体育館修繕を実施している（表5-13）。この種の

借入金は、管見の限り、1,321万円にまで達した[46]。

こうした危機を受けて、1964年2月、極めて重要な意味を持つ陳情書が提出された。差出人は、原幸男・櫻井正人・櫻井昭三郎ほか129名である。以下、箇条書きで引用しよう。

- 部落有林について、「従来の経営の有り方を検討し、新しい時代に即した合理的な運営をしなければならない時が来たと思います」。
- 「私共の祖先から引き継がれてきた部落有林は本村の主要生産物である木炭の原木供給源として大多数の住民がこれに依存し、生計を維持して参った訳でありますが、それに伴って山林の資源も枯渇するとともに、区会財政は勿論、住民の前途の希望を失わせる現状であります」。
- 「加ふるに、時代の進展による化学燃料、すなわちガス、石油、電気の進出はめざましいものがあり、木炭の諸物価に対比しての価値は下落の一途にあると考えます」。
- 「養蚕、木炭等の将来性に望みを失った青少年の離村に伴い、人口は年々減少し、独立村としての機能も充分果たし得ないような村となることは論をまたないと思います」。
- 「この際、広大な部落有林を生かすことこそ、自分自身を守り区会、行政村を立て直す最良の方法ではないでしょうか。思い切った区政の改革を断行し、時代にそくした新しい方針を打出さなくてはなりません」。

このように、住民・区会・行政村を「立て直す」ことを陳情者は求めた。具体的な陳情項目は、次の4点である。「持分登記の解消」、「分割貸与林の再検討」、「部落有林（土地）の一部売却」、「村の二重政治の解消」である。「二重政治」とは、行政村と区会という2つの組織が、ともに地域の業務を担うことを指す。「二重政治の解消」とは、区会における多くの業務を行政村に移すことを意味する。

表5-13 下清内路区会決算（1948、50、54、

会計種別	主要費目	1948年	1950年	1954年	1958年
一般会計					歳
	財産収入	552,708	213,335	553,310	321,172
	補助金	300	58,559		
	繰越金	1,317	13,684	687,857	449,903
	区税	20,125	41,600	58,610	67,000
	繰入金				
	区債				
	計	613,641	375,677	1,361,990	955,658
					歳
	総務部費（区会・会議・選挙費）	4,045	4,582	52,593	269,375
	社会部費（学校・公民館・神社他）	136,600	137,835	137,835	200,466
	林務部費	58,434	134,736	236,965	223,074
	土木部費	12,085	10,052	196,770	8,329
	特別会計・水道会計決算不足立替金				
	計	304,037	325,801	817,814	850,015
特別会計					歳
	中学放送設備立替金			100,000	
	小学校修繕寄付金			106,500	
	繰越金			1,452,927	807,421
	未収金				85,793
	立木売却費				288,000
	補助金			581,000	
	官行造林等配分金				
	災害復旧工事負担金				
	造林借入金				
	計			2,360,999	1,501,334
					歳
	松澤道路・松澤橋改修			1,537,309	
	計画造林費				286,006
	立木売却費				17,104
	国県道改修負担金				270,000
	中学体育館改修負担金				
	災害復旧工事費				115,769
	学校修繕費				277,824
	農協支払金				
	計			1,551,374	966,703
三六災害特別会計					歳
	青年会借入金				
	農協借入金				

第5章　戦後山村における政策の執行　249

58、61、63、65、68、71、75、78年度）

(単位：円)

1961年	1963年	1965年	1968年	1971年	1975年	1978年
入						
389,800	421,515	3,134,223	459,673	1,076,497	28,661	90,610
		50,762	366,554	89,705	144,248	124,815
104,760	300,000		300,153	1,403,675	283,502	267,333
98,900	161,150	226,145	297,832	418,000	498,000	557,700
			450,000		1,600,000	898,000
			1,270,000			
734,097	1,092,184	3,737,899	4,225,949	3,109,815	2,662,622	2,061,699
出						
88,311	142,406	191,630	232,404	283,984	883,320	277,075
372,614	288,839	365,618	338,791	498,594		504,988
258,207	454,192	479,955	1,071,948	1,095,983	1,026,977	832,203
32,928	30,158	256,058	1,219,505	624,449	142,337	124,815
		1,093,370				
838,571	944,403	2,488,151	3,184,233	2,688,667	2,218,846	1,878,732
入						
622,193	283,768	404,338				
198,942	994,956					
268,800	3,700,000					
		37,141				
4,130,500						
475,100	161,679	62,352				
		2,392,406				
6,118,909	5,409,955	2,994,956				
出						
751,910	414,701	286,662				
82,572	64,112					
	70,000	282,820				
2,753,860						
242,932	960,053	1,457,696				
41,135	153,104	141,710				
	3,273,278					
3,884,478	5,463,167	3,626,025				
入						
954,900						
3,500,000						

三六災害特別会計	積立金				
	繰入金				
	計				
					歳
	災害復旧工事費				
	小学校体育館修繕費				
	計				
水道特別会計	歳入計				147,823
	歳出計				79,004
					歳
区政改革特別会計	官行造林分収金				
	切地売却代金				
	小作地処分代金				
	利子				
	計				
					歳
	区政改革委員会費				
	個人配分代金				
	借入金返済				
	一般会計繰入金				
	計				
神仏関係特別会計	歳入計				
	歳出計				
総計	歳入計	613,641	375,677	3,722,989	2,604,815
	歳出計	304,037	325,801	2,369,188	1,895,722

出典：下清内路区「決算書」各年度。
注：1）主要費目のみを示しており、各費目の和が計になるわけではない。
　　2）一般会計歳出において、費目が総務部費・社会部費・林務部費・土木部費に区分されていたのは、1954〜77
　　3）下清内路区会が水道を管理していたのは、1955〜70年であり、1968年度水道特別会計決算が存在するはずで
　　4）神仏関係特別会計とは、諏訪神社収支決算書（1971、75、78年度）、建神社改築及遷宮式決算書（1975年度）、
　　5）判明分のみ示している。

2　「区政改革」

　陳情を受けて、下清内路区会は「区政改革」を断行した。「区政改革」とは住民が名づけた言葉であり、1964〜70年までの7年を要した。その内容は次のとおりである。①下清内路部落有林のうち分割貸与林を、貸与者の私有林とし

第5章　戦後山村における政策の執行　251

710,000						
1,671,794						
6,836,694						
出						
2,441,409						
3,017,885						
6,836,698						
202,071	127,319	3,090,222				
217,615	102,205	3,552,523				
入						
			32,781,438			
			3,788,107			
			1,029,912			
			23,129			
			37,622,586			
出						
			428,142			
			22,808,080			
			8,452,043			
			2,450,000			
			34,138,265			
				226,318	1,298,918	5,502,869
				195,550	1,204,401	5,256,784
13,891,771	6,629,458	9,823,077	41,848,535	3,336,133	3,961,540	7,564,568
11,777,362	6,509,775	9,666,699	37,322,498	2,884,217	3,423,247	7,135,516

年度である。1948、50、78年度はこの区分に従い、筆者が集計し直している。
あるが、未見である。
納骨堂建設決算書（1978年度）を、筆者が合わせたものである。

た[47]。②部落有林の一部を売却し、農協等からの借入金を返済した。③持分登記を廃止し[48]、部落有林の所有権・利用権を清内路村に移動させた[49]。

　この結果、下清内路部落有林約1,254町のうち、最大638町の分割貸与林が私有林となった。また、部落有林のうち最大142町を南木曽町の製材業者に売却した[50]。さらに、91町の所有権・利用権を清内路村に移動させた。なお、上清

内路区会も、1966年に約330町の部落有林を明治神宮に売却し、1970年に55町を行政村に譲渡した[51]。

部落有林売却による収入は約3,762万円にのぼった。その内訳について、判明分を示すと、約845万円を借入金返済に充当した。約2,281万円について、住民が支払うべき分割貸与林購入費を相殺のうえ、住民に配分した[52]。約245万円について、区会会計に繰り入れ、約43万円について、「区政改革」の事務経費に用いた（前掲表5-13）。

下清内路区会には、多額の支出を要する場合、部落有林の立木を売却するという慣行がある[53]。たとえば、住民の貧困対策（1935年）、村役場の赤字補填（1940年）のために、立木を売却している[54]。しかし、部落有林の土地それ自体の、これほどまでに大規模な売却は、少なくとも20世紀において、はじめてである。

参考資料として、清内路村全体の林野面積の推移を示す。「区政改革」が開始されてまもない1965年段階において、国有林約363町、公有林（部落有林）約1,545町、私有林約2,255町である。「区政改革」が完了しつつある、ないし、完了直後の1970年において、国有林約386町、公有林（行政村有林・部落有林）約132町、私有林約3,637町である[55]。公有林が激減し、私有林が激増している。部落有林の激減は、区会それ自体の縮小、「二重政治」の解消を示している。「区政改革」の過程において、上・下清内路小学校は、1968年、清内路小学校として統合された。水道の管理主体も、1971年、下清内路区会から清内路村に移動された[56]。

3 「改革」以後

「改革」以後、1970年代において、区会財政は大幅に縮小した（前掲表5-13）。区会規約条文数（前掲表5-9）、住民から区会への陳情も減少した（前掲表5-11）。ただし、それでもなお、1970年代において区会は、一定の役割を担っている。下清内路区会財政をみると、1968年以降、一般会計・歳出において林務部費が一定の額で推移している。また、1971年度より、神仏関係の特別

会計が登場している（前掲表5-13）。その一方、行政村・清内路村といえば、1970年代において、国県の補助金のもと過疎対策を実施した[57]。こうした、新たな段階に入った清内路村の動向については、今後の課題とする。

第5節　おわりに

　分析結果をまとめよう。清内路村の農地改革は、耕地狭小ゆえ、そのインパクトは小さく、農民運動は生成しなかった。むしろ農家経営にとって切実なのは、木炭生産であった。少なくとも、1940年代後半から1950年中盤にかけて、木炭が農家の主業となった。この期の部落有林、その管理を担う下清内路区会は、農家経営にとって不可欠の存在であった。

　1950年代には、森林資源枯渇、市町村合併という2つの危機が生じた。森林資源枯渇の危機を受けて区会は、部落有林を植林地・分割貸与林・製炭林に分けて、計画的な林野利用、および住民の貧困対策を試みた。市町村合併については、これを拒否するとともに、部落有林の所有権を持分登記した。合併拒否・持分登記はともに、部落有林と住民との関係を維持するための対策であった。

　1960年代において、新たな危機が生じた。過疎の進行、木炭生産の減少、度重なる災害が、区会・住民を圧迫したのである。区会は「区政改革」を断行した。具体的には、部落有林の持分登記や分割貸与林が解消され、部落有林の一部について売却、また、清内路村への所有権・利用権譲渡が実施された。これにより、区会の縮小化、行政村の統合力強化が達成された。それは、住民・区会・行政村を「立て直す」ための「改革」であった。このように、1950年代と60年代において、部落有林と住民との関係は大きく変わり、これに伴い、行政村・集落関係が変化したのである。

注
1) 林野庁『昭和二十八年度　山村経済実態調査書　部落有林篇』（第1～9号、

1958年)、古島敏雄編著『日本林野制度の研究——共同体的林野所有を中心に——』(東京大学出版会、1955年)、川島武宜・潮見俊隆・渡辺洋三編著『入会権の解体Ⅰ』(岩波書店、1959年)、潮見俊隆編著『日本林業と山村社会』(東京大学出版会、1962年)、関戸明子『村落社会の空間構成と地域変容』(大明堂、2000年)、福田恵「近代日本における森林管理の形成過程——兵庫県村岡町Ｄ区の事例——」(『社会学評論』第218号、2004年10月)、室田武・三俣学『入会林野とコモンズ——持続可能な共有の森——』(日本評論社、2004年)ほか。

2) 斎藤晴造編著『過疎の実証分析——東日本と西日本の比較研究——』(法政大学出版局、1976年)、大川健嗣『戦後日本資本主義と農業——出稼ぎ労働の特質と構造分析——』(御茶の水書房、1979年)、安達生恒『安達生恒著作集4 過疎地再生の道』(日本経済評論社、1981年)、西野寿章『山村地域開発論』(大明堂、1998年)ほか。

3) 渡辺敬司「町村合併と公有林野」(島恭彦他編著『町村合併と農村の変貌』有斐閣、1958年) 京都府亀岡市、田原音和・小山陽一・吉田裕「町村合併と部落有林——部落有林をめぐる村落共同体の統一と解体——」(『文化』第22巻第3号、1958年5月) 宮城県白石市、行政学研究会「町村合併の実態」5～10 (『自治研究』第36巻6号～第36巻11号、1960年6～11月) 東京都五日市町、福島正夫・潮見俊隆・渡辺洋三編著『林野入会権の本質と様相——岐阜県吉城郡小鷹利村の場合——』(東京大学出版会、1966年)、東敏雄「高度経済成長期における公有林地帯の部落組織」(『茨城大学人文学部紀要 社会科学』第19号、1986年3月) 山形県西川町、安藤哲「戦後町村合併と地方議会」(日本村落史講座編集委員会編『日本村落史講座五 政治Ⅱ〔近世・近現代〕』雄山閣、1990年) 山形県高畠町。

4) 清内路村農地改革の概要は次のとおりである。以下では農地改革前→改革後を示す。自作地977反→1,060反、小作地189反→106反、共有小作地16反→26反、在村地主保有小作地108反→80反、不在地主保有小作地65反→0、その他小作地(国有) 2反→0、自作地率84％→91％。下伊那農地改革協議会『下伊那に於ける農地改革』1950年、321頁。

5) 「今次農地改革を顧みての所見」における櫻井喜重(清内路村農地委員会会長)の記述。前掲下伊那農地改革協議会編『下伊那に於ける農地改革』324～325頁。

6) 清内路村農地委員会「農地等開放実績調査」1950年8月1日(同『売渡計画書綴、全審議調書』)。

7) たとえば、大串潤児「戦後改革期、下伊那地方における村政民主化——長野県下伊那郡上郷村村政民主化運動を実例として——」(『人民の歴史学』第142号、1999年12月)。

8)　『新信州日報』1947年4月4日。
9)　西田美昭「戦後改革と農村民主主義」(東京大学社会科学研究所編『20世紀システム5　国家の多様性と市場』東京大学出版会、1998年) 91頁。
10)　農地委員地主代表は71歳、61歳、54歳の計3名、自作代表は63歳、51歳の計2名、小作代表は59歳、52歳、50歳、44歳、40歳の計5名である。前掲下伊那農地改革協議会『下伊那に於ける農地改革』326頁。
11)　下清内路区『会議録』1946年。
12)　なお、人口減少率20％以上は全国119町村。今井幸彦編著『日本の過疎地帯』(岩波新書、1968年) 26～29頁。
13)　櫻井忠武ほか49名→下清内路区長「陳情書」1954年10月8日 (下清内路区『庶務綴』同年度)。
14)　清内路村『村勢要覧』1950年度。
15)　大迫輝通『桑と繭』(古今書院、1975年) 324頁。
16)　清内路村『村勢要覧』1973年度。
17)　同上、1989年度。
18)　下清内路区『昭和二十九年一月改　規約』。
19)　下清内路区「区会議員会」1953年8月5日 (同『庶務綴』1953年度)。
20)　本書第1章第4節を参照。
21)　表5-13下清内路区会決算の一般会計歳出・社会部費に、学校費が含まれる。1963年度決算を例にとると、学校費のうち1万4,450円が「需要費」(木炭薪代) として、支出されている。区会は住民から木炭や薪を買い取っているものと推定される。下清内路区「決算書」1963年度。
22)　その陳情書とは、たとえば、次のような文章ではじまる。「下清内路小学校用年間使用薪につき別紙需要薪概算書の通りであります……」。下清内路小学校長、下清内路小学校PTA会長櫻井猶人「陳情」1954年1月30日 (下清内路区『庶務綴』1954年)。
23)　本書第4章第3節を参照。
24)　「社会施設に関する調」前掲『五ヶ村合併関係綴』。
25)　清内路村誌編纂委員会『清内路村誌』下巻 (同誌刊行会、1982年) 51頁。
26)　清内路村町村合併調査委員会「山林の現状と今後の維持方法について」(清内路村『昭和二十八年度　町村合併促進関係綴』)。なお、下伊那教育会郷土調査部地理委員会『下伊那の地誌　木曽山脈東麓地域の研究』1966年 (三浦宏稿) には、管理方法が変更される直前の、下清内路部落有林に関する記述がある。
27)　盗伐とこれに対する違約金は次のとおりである。A氏「窯場伐り込み」(木炭50

俵分）、違約金1万5,000円（原木代の3倍）、B氏「窯場伐り込み」（木炭25俵）、違約金7,500円（原木代の3倍）、C氏「窯場予定地薪に伐採」違約金500円、D氏「禁伐地無申請にて屋根材を濫伐」（伐採石数栗3石2,400円相当）、違約金7,500円、E氏「窯場小屋材に禁伐木を伐採使用」（椪4石）、違約金2,400円、F氏「窯場小屋材に禁伐木を伐採使用」（椪2石）、違約金1,200円、G氏「窯場小屋材に禁伐木を伐採使用」（椪2石）、違約金1,200円。下清内路区会『会議録』1953年度。
28) 以下、櫻井喜重「抱負を語る」『館報清内路』（第20号、1954年1月）、下清内路区『林野施業規約』1955年1月。
29) 後に分割貸与林を解消する際に記された、分割林所有者と分割林放棄者の数を合わせた。下清内路区会・区政改革委員会「分割林個人別配分表」1968年2月20日（下清内路区『庶務綴』同年）。
30) 下清内路区『昭和三十三年度　分割林貸与料徴集原簿』を集計。
31) 下清内路区「昭和二十二年十月　売却窯場規定」。
32) 下清内路区『昭和三十四年度　窯場代徴集簿』を集計。
33) 前掲下清内路区『林野施業規約』。
34) 代表者原幸男・櫻井久三「陳情書」1956年1月28日（下清内路区『庶務綴』同年）。
35) 下清内路区「区会」1956年2月10日（同『記録』同年）。
36) 下清内路区「決算書」1958年度。
37) 1956年2月、1957年1月、1957年3月の3度。清内路村「町村合併研究の経過」（同『昭和三十一年十月以降　新市町村建設促進法に基く合併関係綴』）。
38) 清内路村「合併に対する動向」1956年（同上）。
39) この部分について、史料では「村有林」と記されているが、実情を踏まえ、「部落有林」という言葉に置き換えたことに留意されたい。
40) 「私達の反省　町村合併と山林経営」『館報清内路』第22号、1954年4月。
41) 前掲清内路村「合併に対する動向」1956年。
42) 上下清内路公有林野整理委員、上下清内路各惣代、村長及助役「契約書　写」1918年1月12日。
43) 阿智村（旧会地、智里、伍和各村）が、清内路村民に危惧を抱かせるような働きかけを行った形跡はない。筒井泰蔵『小野川本谷園原共有山史』1961年、329頁によれば、周辺地域よりも先に、清内路村が所有権移動を実施した。下清内路部落有林の権利者は168名（下清内路区「区会議員会」1953年5月3日、下清内路区『庶務綴』同年）。
44) タイトルなし（1959年2月15日）下清内路区『庶務綴』同年。
45) 他地域の事例として、真貝龍太郎『公有林野政策とその現状』（官庁新聞社、

1959年）142頁。
46）下清内路区「決算書」1965年度。
47）下清内路区「分割林売与地の土地譲渡其の他についての申し合わせ書」（同『庶務綴』1974年度）。
48）下清内路区長は、持分登記の難点として、「相続登記事務に多額の費用を要する点」、「林務事業処理上の困難」を挙げる。下清内路区長櫻井伴「持分登記の解消について」1966年3月9日（下清内路区『庶務綴』同年）。
49）清内路村長太田猶市→長野地方法務局飯田支局「土地所有権移転登記嘱託書」1968年（清内路村『自昭和四十二年　土地所有権移転関係綴』）、清内路村長太田猶市・下清内路区長櫻井定美「確約書」1970年8月20日（清内路村『議事録』同年）。
50）下清内路区「区政改革委員会」1968年8月10日（同『会議録』同年）。
51）前掲清内路村誌編纂委員会『清内路村誌』87、98頁。
52）下清内路区「下清内路区臨時総会決定事項」1968年3月5日（同『庶務綴』同年）。
53）下清内路区『会議録』各年度。
54）詳しくは、本書第2章第4節を参照。
55）清内路村『村勢要覧』1989年。
56）前掲清内路村誌編纂委員会『清内路村誌』下巻、52、53、220頁。
57）同上、154〜159頁。

第6章　戦後における農協政策の執行
―― 養蚕農協の設立と経営 ――

第1節　はじめに

　本章では、戦後農協政策の執行について、養蚕農協という専門農協の事例に即して検討する。養蚕農協は、1948年12月現在、全国9,014組合、これに対して、総合農協は1万5,038組合が設立されている[1]。本章では、養蚕農協の検討を通して、農業経営が不利な地域における農協運営の一端を示していく。

　先行研究をみると、第1に養蚕農協は、数多く設立されたにもかかわらず本格的な研究対象とはならなかった[2]。先行研究は、全国的に、製糸資本が支援した養蚕農協という存在に、協同組合としての価値を見出さなかったといえる。断片的に養蚕農協の経営を分析した論考は、製糸資本に対する養蚕農協組合員の従属性を指摘することに終始している[3]。以上の点は、代表的な先行研究のタイトルが、「製糸資本が農作を通して全農民を支配する養蚕部落」であることによって、典型的に示されている[4]。農村社会の側からの分析が付け加えられるべきである。

　こうした研究動向において、御園喜博の研究は着目される。御園は、本書と同じ下伊那地方を事例として、農家が養蚕農協に集う動機、養蚕農協が存立する社会経済条件を考察した[5]。ただし、御園の分析は、現状分析であることから、対象時期が1950年代前半期に限定されている。そこで、本章では、戦後改革期の養蚕農協設立運動や、養蚕農協の設立・経営・解散に至る過程を分析する[6]。その際、御園の研究成果を組み込んでいく。

　なお、本論で述べるように、養蚕農協を設立し、運営したのは、養蚕技術員である。玉真之介は、戦後総合農協経営において、青果部門の農業技術員によ

る生産指導が不遇化されていく点を見出している[7]。本書は、養蚕技術員の立場から戦後農協史を描くものである。

本論の構成は次のとおりである。第2節において戦後改革期の養蚕農協設立運動と、その後の養蚕農協経営の展開について、下伊那地方全体を対象として検討する。第3節では、下久堅養蚕農協（下久堅村、1956年より飯田市下久堅）に焦点を当てて、その設立・経営・解散にいたる全過程を実証する。下久堅養蚕農協は、1948～84年という、下伊那地方において最も長きにわたり経営された組合である。

第2節　下伊那地方における養蚕農協の設立と経営

1　第2次大戦後の蚕糸業

第2次大戦後における下伊那地方の養蚕業について概観する。表6-1は1930～80年の長野県下伊那地方における養蚕戸数・繭生産量・桑園面積の推移である。

これによると、戦後において養蚕戸数・繭生産量・桑園面積ともに大きく減少している。ただし、下伊那地方の県内における構成比は、戦後において上昇し続けている。下伊那地方では、戦前期（1930年）と比較すると、養蚕戸数は最大71％（1960年）、繭生産量は最大38％（1970年）、桑園面積は最大33％（同年）まで回復し、1970年代を通して衰退が生じた。加えて同地方では、各行政村に存立していた組合製糸を統合し、1934年に産業組合製糸天龍社という郡レベルの組織が設立された。組合製糸天龍社は、1995年まで経営された。1955年現在、工場数3、多条機740台を有し、当時、日本で最も規模の大きな組合製糸であった[8]。

2　戦後改革期における農協設立運動

農協法（1947年10月公布、同年12月施行）によって、農業会（場合によって

表6-1　養蚕戸数・繭生産量・桑園面積（長野県下伊那地方・1930〜80年）

年度	長野県			下伊那地方		
	養蚕戸数	繭生産量 (t)	桑園面積 (ha)	養蚕戸数	繭生産量 (t)	桑園面積 (ha)
1930	160,706	48,806	78,122	19,018	8,284	9,113
1940	142,323	36,383	64,557	16,324	5,355	7,394
1950	114,120	12,881	27,694	13,265	1,954	2,905
1960	99,760	17,459	20,399	13,571	2,887	2,889
1970	54,900	13,596	20,000	10,406	3,145	2,986
1980	17,060	6,339	10,200	4,538	1,803	2,034

出典：養蚕戸数・桑園面積（戦前）は、長野県編『長野県史近代資料編別巻統計（二）』1985年、262、263、265、269、275、280、290頁、養蚕戸数・桑園面積（戦後）は、長野県経済部蚕糸課編『長野県蚕糸業統計』1952年、8、36頁、『同』1961年、頁数未記載、『同』1971年、2、4頁、『同』1981年、3、26、28頁、繭生産量は、田中雅孝『両大戦間期の組合製糸』御茶の水書房、2009年、60〜61頁。

は、産業組合）は、農協に改組された。農協法公布に先立ち、全国的に、農協設立運動が開始された。その担い手は（i）農業会勢力、（ii）業種別団体、（iii）左派農民団体である[9]。本書では、（i）による総合農協設立運動と、（ii）による養蚕農協設立運動を対象とする。

　下伊那地方において、総合農協の設立方針は、1947年1月、下伊那郡農協推進委員会において表明された。ここでは、総合農協を設立し、総合農協のなかに養蚕部を設置するという方針が示された[10]。その一方、養蚕農協の設立は1947年9月、下伊那郡蚕糸業会役員会において決議された[11]。各村における、養蚕農協設立に向けた具体的な動きは、同年11月より生じた[12]。

3　設立理由

(1) 養蚕農協

　養蚕農協、および総合農協の設立理由を検討しよう。養蚕農協の設立は、蚕業技術員が中心的な運動主体となった。彼らが主張する設立意義は次のとおりである。

　第1は、蚕糸の復興である。戦時から戦後直後にかけて蚕糸業は衰退した。その一方、同時期において、生糸は復興の契機を与えられた。GHQが、食糧援助の見返り物資とみなしたのである。荻野俊一（天龍社試験部主任）は、次

のように論じた。「養蚕は戦時中、戦争資材としても、国民生活資材としても、重要な生産業でありながら、遺憾にも甚だしく圧縮されたものだった。然し戦後は第一番に着目されるものとなった」、「生糸は輸入見返り品の第一等であり、その産額に於て、米に次ぐ国産品である」、「斯業を育成し、戦前にも勝る其発展を企図するには、養蚕農家自体がまづ目覚め、最下部より『養蚕農業協同組合』を設立する必要がある」と[13]。

蚕糸の復興は、養蚕実行組合の「復興」をも意味した。農業団体法（1943年）によって養蚕実行組合は、農業会に吸収された。養蚕実行組合とは、蚕糸業組合法（1931年）において定められた、養蚕に関する指導奨励事業を行う系統組織であり、下伊那地方において717組合（1940年）が存立していた[14]。この「養蚕実行組合の散解[ママ]に代る強力な養蚕者団体として」養蚕農協設立が位置づけられた[15]。

第2は、技術指導であり、養蚕実行組合の復活は技術管理の点で重要とされた。養蚕農協の県連合会技師である金井真澄は、「そもそも養蚕実行組合が出来て、その協同事業により蚕種の大量取引が行はれるやうになって、蚕種業の共同化を促進し品質の改良を斎られた事実は蓋し莫大なものであ」ったため、養蚕実行組合を復活させることによって「深い技術管理」を可能にする必要があると述べた[16]。

加えて、設立された総合農協は、農業会に引き続き、食糧供出機関としての役割を担った。その扱いは米麦中心であり、相対的に養蚕の比重は低い。加えて、蚕糸業は生産部門である養蚕業と、加工部門である製糸業を通して完成品となる点で特殊性を持つ。金井は、こうした特殊性ゆえ「原料苗より生糸成品に直結する高度の技術的指導を必要とする」と主張した[17]。

「高度の技術的指導」の代表例として、稚蚕共同飼育を挙げることができる。下伊那地方では1943年に組合製糸天龍社、下伊那郡養蚕実行組合山吹村支部などによって、2齢までの稚蚕を共同で飼育する、「興亜育」という技術が導入された[18]。「興亜育」は、小岩井製糸（長野県松本市）によって導入された、「石灰育」の普及に対抗する形で開発された。「興亜育」は戦後、「天龍育」と改称

され、本格的な普及をみせようとしていた。

　金井は次のように論じた。「稚蚕の飼育は共同化されることが必至となった」、「この稚蚕飼育を安心して技術者に任せるものは、純然たる養蚕をなすその人であって、稲を作り果樹を栽培する立場の人であったり、乃至はそれ等の人の共同の合作ではない」、稚蚕飼育の「業績」は、「養蚕業のみの協同化」によって「実を挙げ得る」、それは「養蚕家は養蚕教師としての技術者に継がり、養蚕技術者は農家としてではなく養蚕家としての生産態に依存しておる」からである[19]。

　第3は、養蚕農家に対する負担、および配分の適正化である。金井は総合農協の経営について「養蚕の収繭割は養蚕指導員を賄ふに充分であるが、これを切り放すと果樹と畜産がナリタヽないと云ふ。村全体のために収繭割は養蚕のみの支出に限定できないと云ふ」と、総合農協経営において、養蚕部門が、他の不採算部門の補填を強いられるのではないかという危惧を表明した[20]。

　この点は、同時に、総合農協を運営する上で、養蚕農民の負担が過重になることを意味している。総合農協の設立以後、下伊那郡竜丘村総合農協増資推進委員会（1952年5月）では、次のような議論が交わされた。「養蚕割の過重と云う点については部落懇談会に於ても御意見があります」、「春蚕割過重と云う点に於ては春蚕面が1番利用度が高い訳である」、「春蚕面の利用度が高いから過重の面もある様に承りましたが、春蚕面は農協の経営の面に高度に果して居る」、「部落の意見でありますが、春蚕割が過重で到底お引受けが出来ぬと言っております」と[21]。このように、総合農協を運営するうえで、養蚕農民の負担が過重になることに対し、養蚕農民に「当然に配分されるべき恵福を」与えることが、養蚕農協設立の意義であった[22]。

(2) 総合農協

　その一方、総合農協の運動主体、およびその設立意義は次のとおりである。下伊那地方における総合農協の設立は、農業会役員が中心的な運動主体となった。

総合農協を設立する意義の第1は、農家経営の複合性である。下伊那郡農協組合長連絡協議会（1948年4月）は、「複合的農業経営の上に、業種別系統組織は徒らに農村を分散し、農家に対する指導の混乱を来たし、且つ負担の過重を来たす」点において、養蚕農協の設立に反対した[23]。また、安藤鋭之助（総合農協系統の農協県連合会職員）は、「全国1位の養蚕県と称される長野県に於ても〔養蚕は〕副業零細」であり、「養蚕はそれ自体経済的な裏づけをもって、分離独立する丈の条件を満たさない」と断じた[24]。

　第2は、製糸資本からの自衛である。安藤は、「町村協同組合の金融、更には県、国の農村金融をバックとしない限り、それ自体では再び嘗ての特約養蚕小作の如く独占資本に引き抜かれ支配される危険に晒される」ため、「第三勢力に対する農民の自主的な立場を」築かなければならないとした。

　同様の議論は、下伊那地方においてもなされた。三石善雄（神稲村農業会長）は、養蚕農協の設立を、「個人製糸家が自ら立場擁護のため好餌で釣ってできたもの」であるとみなし、総合農協の設立を主張した[25]。ここで注意すべきは、直接的に営業製糸家が養蚕農協の設立に介入したのは、長野県のなかでも上田・小県、松本・東筑摩地方が中心であり、下伊那地方においてそのような事実は確認できないことである[26]。

　すなわち1948年において、下伊那地方におけるすべての養蚕農協は、天龍社に所属することを前提として設立されようとしていた。下伊那地方において、製糸資本からの自衛という議論がなされたのは、中央、および都道府県段階で営業製糸の資金が投下された助成金によって、養蚕農協が設立されたことによる[27]。したがってこの議論は、養蚕農協設立阻止のためのスローガンという側面がある。しかし同時に、総合農協系が、設立資金を根拠に、養蚕農協が営業製糸の特約組合となる可能性があることを懸念していたことをも意味する[28]。

　このように、養蚕農協を設立する意義は、養蚕農家のみを構成員とし、経営を養蚕部門に特化することによって、蚕糸の復興、高度な技術指導、養蚕農民に対する適正な負担、配分を実現する点にあった。これに対して総合農協を設立する意義は、総合農協という形が、農家経営の複合性に応じたものである点、

製糸資本から養蚕農民を防衛する点にあった。製糸資本という非農民勢力から養蚕農民を防衛することが、農業会、農協民主化運動の要点の1つであることは、すでに指摘されている[29]。その一方、養蚕農協の推進主体にとっては、養蚕家のみを構成員とし、経営を養蚕部門に特化することこそが、農業会、農協「民主化」という意味を持った[30]。

4　養蚕農協の設立・解散状況

下伊那地方において養蚕農協は1948年6月をピークに、同年度内に72組合が設立された。72組合のうち49組合が行政村に満たない範囲である[31]。これに対して、総合農協養蚕部は13組合である[32]。1949年11～12月現在の養蚕農協は36組合、このうち13組合が行政村に満たない規模である。これに対し、総合農協養蚕部は14組合である[33]。

1948～49年度において、半数の養蚕農協が解体した要因は、農協法による天龍社発足を前に養蚕農協の行政村単位化、各村での養蚕農協・総合農協養蚕部の一本化のための行政指導が繰り返されたことにある。このような行政指導は1948年4月より行われ、翌年5月以降は、下伊那蚕糸業機構整備委員会が主体となった[34]。委員長には、長野県下伊那地方事務所長が就任した[35]。

これによって、下伊那地方における養蚕農協設立・解散状況（表6-2）のように、飯田市、川路村、龍江村、河野村、喬木村の養蚕農協が、養蚕実行組合単位から行政村単位となった。また、養蚕農協と、総合農協養蚕部が並立した行政村は、1949年度において最大1市6村、12月現在2村、1950年度以後は下久堅村のみとなった[36]。つまり、1950年度以降、下久堅村を除く全市村において、総合農協に養蚕部がある村では養蚕農協をつくらない、または養蚕農協がある村では総合農協に養蚕部をつくらないという指導が実現した[37]。

このような指導の結果、養蚕農協を設立する場合、養蚕農協と総合農協とは「収支分離可能なるものは分離し」、総合農協は「養蚕に必要なる建物養蚕具其の他の設備」を養蚕農協に対し「有償にて貸与」した[38]。こうした指導は、養蚕農協・総合農協養蚕部がともに、組合製糸天龍社に所属することを前提とし

表6-2 下伊那地方における養蚕農協の設立・解散状況

組合名	登記上の解散年度	組合名	登記上の解散年度	備考
上郷村	1949	鼎村	1970	1954年度、鼎町養協に改称
山本村	1949	下久堅村	1989	
上久堅村	1949	長野原ほか4組合	1950	竜丘村内の大字単位に分立
木沢村	1950	東部ほか2組合	1950	浪合村東部、中央部、北部に分立
和田組合村	1950	売木	1950	1949年度設立
和合村	1950	小川ほか8組合	1950	1949年度、喬木村養協として一本化
会地村	1950	喬木南	1950	
大下条村	1950	北垣外ほか16組合	1951	1949年度、河野村養協として一本化
生田村	1951	龍江村第一区ほか3組合	1951	1949年度、行政単位に一本化
伍和村	1952	川路村第一ほか6組合	1952	〃
大島村	1953	飯田ほか1組合	1953	〃
座光寺村	1953	泰阜北	1953	
下條村	1953	泰阜南	1954	1949年度設立、50年度泰阜村養協に改称
三穂村	1954	大鹿村	1949	
清内路村	1954	大河原	1954	1949年度、大鹿村養協が解散し、分立
神原村	1954	鹿塩	1954	〃
平岡村	1954	伊賀良	1959	1952年度設立、天龍社「離反」
上村	1955	竜峡	1972	〃
千代村	1955	大下条	1972	〃
旦開村	1956	共栄	1978	〃
		南信	1988	1954年度設立、天龍社「離反」

出典:「特殊事業農業協同組合状況」長野県教育指導農業協同組合連合会、長野県農政部編『長野県農業協同組合要覧』第1〜29号、『農業協同組合要覧』第30〜42号、1949〜90年。
注:1) ことわりのないものは、1948年度の設立である。
　2) 登記上の解散年度を示している。

たためになされたものである。長野県における地区別養蚕農協数（表6-3）のように、1948〜49年度における養蚕農協組合数の減少は、下伊那地方において顕著である。

5 農業会資産の継承問題

養蚕農協設立にあたっての問題は、天龍社との関係をどのように結ぶのかという点にある。天龍社は、各村農業会（かつては各村産業組合）の出資によって成立する組合製糸である。各村農業会の資産は、各村総合農協に継承されたが、総合農協に継承された農業会資産のなかには、天龍社への出資が含まれていた。したがって、養蚕農協が設立されたことによって養蚕部をつくらなかった総合農協も、天龍社への出資だけは持っているという状態であった。そして、天龍社への出資を持つ組合のみが、天龍社運営に参加できたため、天龍社役員は総合農協系が独占した[39]。

表6-3 長野県における地区別養蚕農協組合数（1948～54年度）

地区	1948	1949	1950	1951	1952	1953	1954
南佐久	35	53	3	3	3	3	3
北佐久	59	47	44	44	44	38	2
上 小	13	15	14	11	11	9	7
諏 訪	13	18	17	17	17	17	14
上伊那	0	0	0	0	0	1	1
下伊那	72	38	22	23	21	17	10
西筑摩	29	37	36	36	36	36	18
松 筑	30	26	27	27	27	29	25
南安曇	79	69	48	28	28	26	4
北安曇	55	66	66	66	66	66	5
更 級	87	94	72	65	65	56	0
埴 科	18	20	11	11	11	8	6
上高井	45	43	2	1	1	2	0
下高井	14	15	12	12	12	11	2
長 水	44	48	46	47	47	47	41
下水内	4	5	0	0	0	1	0
合計	597	594	420	391	389	367	138

出典：「蚕種別及び区域別設立状況」、「特殊事業農業協同組合」『長野県農業協同組合要覧』第1～7号。

このような事態に対する養蚕農協の対応は2つに分かれた。第1は、天龍社への出資の継承を求めない養蚕農協である。このような養蚕農協は、原料繭を供給するだけの組織として天龍社と結びついた。第2は、天龍社への出資の継承を求めた養蚕農協であり、天龍社への出資を得ることによって養蚕農協独自の主張を、天龍社運営に反映させようとした。前節で示したように、養蚕農協独自の主張とは蚕糸の復興、高度な技術指導、養蚕農民に対する適正な負担、および配分を実現することである。

天龍社への出資の継承を求めた養蚕農協は、次のように主張した。1947年11月に改正された天龍社定款は、天龍社の加入資格を「産繭の取扱いをなす農業

協同組合」と規定しており、この規定に基づき養蚕部を設置しない総合農協は、天龍社への出資を養蚕農協に移譲すべきであると[40]。この主張は72組合の養蚕農協が存立していた1948年度末のものである。72組合が天龍社への出資を継承するわけであるから、養蚕農協が天龍社運営を主導することを意図するものであった。

この問題について、前述の下伊那蚕糸業機構整備委員会は、「基本方針」（1949年5月）を提示した。各村農業会が持っていた天龍社への出資の継承を受け、以後天龍社に出資する組合を「現実に繭取扱いをなす市町村区域の農業協同組合」、もしくは「現在天龍社の所属組合」と規定したのである[41]。この規定のうち「現実に繭取扱いを為す市町村区域の農業協同組合」とは養蚕部をもつ総合農協、および養蚕農協を指している。「現在天龍社の所属組合」とは天龍社に出資している組合、すなわちすべての総合農協を指している。

自らの主張を天龍社運営に反映させたい養蚕農協からみると、この規定の難点は、養蚕部を設置しない総合農協が、天龍社に加入し続けた点にある。この規定によって養蚕農協は、養蚕部のない総合農協からごくわずかの出資しか移譲されなかった。1951年9月現在、総合農協46組合（養蚕部を持つ28組合、養蚕部を持たない18組合）、その払込済出資金約2,200万円、これに対し養蚕農協19組合、その払込済出資金約280万円である[42]。天龍社役員をみると、約17名のうち、養蚕農協系は1952年6月まで1名ずつが就任するにとどまり、以後は総合農協系が独占した[43]。このように天龍社への出資という問題によって、総合農協が天龍社運営を主導し、養蚕農協は自らの主張を、天龍社運営に反映させることが困難になったのである。この事態を受けて、養蚕農協の経営担当者の一部は、天龍社からの離反を選択した。

6　1950年代の展開

こうした天龍社離反の契機となったのが、1949年春蚕期における蚕糸の統制撤廃に伴う上繭集荷登録制の開始である。上繭集荷登録制とは、統制撤廃に伴う混乱を防止するため、同一市町村の30名以上の養蚕農家が上繭の販売を「登

録上繭販売業者」に委託し、「登録上繭販売業者」がその上繭を「機械生糸製造業者」に売却するという制度である。「登録上繭販売業者」のあいだで、30名以上の養蚕農家の登録をめぐって争奪が生じた[44]。こうした状況において、下伊那地方に営業製糸が進出し、団体協約を締結していない製糸に供繭する行為、いわゆる「抜き売り」が広がった。こうした「抜き売り」が繰り返されるなかで、下伊那地方の一部の養蚕農民は、天龍社から離反して組合を結成し、天龍社以外の製糸と団体協約を締結した。このような組合は、天龍社「離反」養蚕農協と呼ばれ、5組合が誕生した（前掲表6-2）。

ただし「抜き売り」が激化した1954年度においても、郡内で生産される上繭のうち92％は天龍社に供繭されていたため、天龍社は、現実に「抜き売り」がなされることよりも、将来的にそれが進行することに対して危惧を抱いた[45]。

天龍社傘下の養蚕農民の一部は、総合農協の担い手が天龍社運営を主導していた結果、養蚕農民に対する配分が少ないという認識を有していた。1955年10月、天龍社は創立以来はじめて養蚕者大会を開催した。ここでは「天龍社運営に養蚕家の意志を反映せよ」（下条村代表）、「天龍社運営は養蚕者代表をもって構成し得る方途を講ぜられたい」（鼎村代表）という異議申し立てがなされた[46]。こうした異議申し立ては、天龍社運営が「養蚕者代表」、すなわち養蚕農協系ではなく総合農協系によって主導されていたことへの不満を含むものであり、「殊に最近の繭代金の配分は市場の繭価に比し劣」っていたのである[47]。このような認識を有する養蚕農民と養蚕農協系の人物が結集し、天龍社離反が生じた。第2節でみる下久堅養蚕農協も、1950年代より天龍社から離反している。

1950年代中盤以降において、天龍社離反地帯、すなわち、「抜き売り」の激しい地帯と、養蚕農協の地盤はほぼ重なる。表6-4は下伊那郡のなかで、「抜き売り」が少ない村と多い村を挙げたものである。竜西では、伊賀良村における「抜き売り」の割合が14.3％にのぼる。ただし、竜西全体をみた場合、産繭量の多さに比して、「抜き売り」は顕著ではない。竜東に着目すると、千代、龍江、下久堅、上久堅各村といった竜東南部に抜き売りの激しい地帯が集中す

表6-4 全産繭量に対する「抜き売り」の量と割合（下伊那地方・1954年）

(単位：1,000貫、%)

地帯区分		市町村	全産繭量	「抜き売り」の量	割合	地帯区分		市町村	全産繭量	「抜き売り」の量	割合
竜西	北部	大　島	10.9	0.0	0.0	竜東	南部	下久堅	16.4	1.7	10.4
		山　吹	14.4	0.1	0.7			上久堅	10.8	1.6	14.8
		市　田	23.6	1.0	4.2	山間地	南部	下　條	23.2	2.7	11.6
		座光寺	11.5	0.5	4.3			富　草	10.3	3.3	32.0
		上　郷	25.2	1.8	7.1			大下条	17.1	6.4	37.4
	南部	飯　田	11.7	0.8	6.8			売　木	2.5	—	—
		鼎	16.8	1.8	10.7			和　合	2.8	—	—
		松　尾	19.7	1.0	5.1			旦　開	3.1	0.2	6.5
		竜　丘	21.4	0.6	2.8			神　原	1.7	—	—
		川　路	14.3	0.0	0.0			平　岡	5.2	—	—
		三　穂	12.5	—	—			泰　阜	12.8	2.2	17.2
		伊賀良	32.2	4.6	14.3		西部	会　地	6.7	0.1	1.5
		山　本	15.0	0.8	5.3			伍　和	10.6	1.5	14.2
竜東	北部	喬　木	35.7	0.5	1.4			智　里	7.5	—	—
		神　稲	26.0	0.4	1.5			清内路	5.4	0.1	1.9
		河　野	9.7	0.2	2.1			浪　合	2.0	—	—
	南部	千　代	15.1	2.4	15.9			平　谷	0.2	—	—
		龍　江	17.4	4.7	27.0			根　羽	2.0	—	—

出典：御園喜博「組合製糸における原料繭調達の構造」（金沢夏樹・臼井晋・御園喜博・小林謙一『蚕糸経済研究資料 No.17　組合製糸経営の実態調査報告――天龍社――』農林省蚕糸局、1957年）50頁。

注：1）―は不明。
　　2）生田、大鹿、上村、和田組合各村は記載なし。

る。その一方、喬木村、神稲村といった竜東北部では、産繭量が多いにもかかわらず、「抜き売り」が少ない。山間地をみると、産繭量が1万貫を超える村は、抜き売りが激しく、山間地南部に集中している。これにより、「抜き売り」の中心地は、竜東南部、山間地南部であることがわかる。

　表6-5は、「抜き売り」が少ない村と多い村の農業経営を比較したものである。まず、抜き売りの多い村のうち、竜西の伊賀良は、郡内他村に比して、水田、養蚕、畜産、果樹を含めた、相対的には大規模な農業経営が展開されている。加えて、天龍社離反養蚕農協の事務所が2つも存立する（伊賀良養蚕農協、共栄養蚕農協）。それゆえ、伊賀良村は固有の分析を必要とする。

　伊賀良村を除外したうえで、「抜き売り」の多い村は次の傾向がある。すな

表6-5 「抜き売り」の少ない村と多い村の農業経営（1953年）

地帯区分、行政村		林野率 （％）	専業農家率（％）	農家1戸当たり田畑計（反）	水稲反収（石）	養蚕農家1戸当たり収繭量（貫）	乳牛（頭）	豚（頭）	果樹（町）
「抜き売り」の少ない村	竜西北部								
	大島村	2.5	74	7.3	2.58	37.6	30	377	158
	山吹村	2.0	81	8.1	2.66	46.8	121	209	64
	市田村	1.2	64	7.5	2.78	35.8	280	233	39
	座光寺村	0.9	63	7.0	2.73	44.0	85	98	40
	竜西南部								
	竜丘村	0.2	53	6.5	2.74	54.6	132	270	6
	川路村	1.4	47	5.2	2.60	67.5	43	129	3
	竜東北部								
	喬木村	5.9	38	5.4	2.66	39.9	93	253	6
	神稲村	8.5	38	5.4	2.65	40.0	100	412	6
	河野村	5.9	65	5.6	2.83	35.2	109	52	4
平　均		3.2	58	6.4	2.69	44.6	110	226	36
「抜き売り」の多い村	山間地								
	伍和村	3.5	66	7.2	2.09	35.6	60	21	11
	下條村	5.0	58	6.3	2.37	50.6	35	107	10
	富草村	7.6	44	5.7	2.48	41.7	30	76	
	大下条村	6.1	54	5.7	2.44	40.0	57	114	2
	泰阜村	16.0	33	5.7	2.22	33.5	5	154	
	竜東南部								
	千代村	14.0	44	5.0	2.34	32.9	59	60	8
	竜江村	1.1	45	4.0	2.54	37.6	76	142	11
	下久堅村	1.4	17	4.4	2.52	31.6	74	180	3
	上久堅村	4.1	15	4.6	2.29	28.1	39	66	1
平　均		6.5	42	5.4	2.37	36.8	48	102	5
竜西南部	伊賀良村	4.7	70	7.3	2.63	41.4	106	274	57

出典：前掲御園喜博「組合製糸における原料繭調達の構造」88～89頁。
注：1）史料には上郷、鼎、松尾、三穂、生田各村も「抜き売り」の少ない村として挙げられているが、上郷、鼎、松尾各村は「抜き売り」の割合が5％を超えており、三穂、生田各村は、「抜き売り」の割合が判明しないため、表から除外した。
　2）地帯区分、平均は筆者が追記した。

わち、林野率が高く、専業農家率が低い。農家1戸当たり田畑は狭小であり、養蚕農家1戸当たり収繭量は少ない。水稲反収は低く、農業経営の多角化が進展していない。ここからは、「抜き売り」の多い村は、農業経営の大規模化、多角化が進まないという不利な条件のなか、養蚕業に依存する傾向があることがうかがえる。

第3節　下久堅養蚕農協の設立と経営

1　前提

(1) 農業経営

本節では、下久堅養蚕農協（下久堅村、1956年～飯田市下久堅）を事例に、養蚕農協の設立・経営・解散の全過程について検討する。

1960年の飯田市における農業経営の模様について、旧市・旧村別（飯田、座光寺、松尾、伊賀良、山本、竜丘、三穂、下久堅）に分けると、旧下久堅村は5反未満の農家の割合が市内で最も高く、農家1戸当たりの耕地面積のうち水田については市内最小の1.8反、畑については2番目に低い2.7反である。さらに、下久堅の全耕地面積における桑園の割合は、2番目に高い28％である一方、果樹園の割合は市内最小の2％である[48]。

専業農家率が低く、第1種兼業農家率が高いという特性は、1949年において専業農家率8％、第1種兼業農家率80％であることから、戦後初期においても同様である[49]。その一方、1965年に第2種兼業農家が第1種兼業農家を上回り、1965～70年代を通して本格的な第2種兼業化を迎えた[50]。また養蚕戸数、桑園面積ともに1970年において、戦後における最高値を示す一方、果樹園面積は1980年においても桑園面積を上回ることはなかった[51]。

このように下久堅は、第2種兼業化が進展しなかったことに加えて、耕地面積の狭小性、養蚕業への依存性によって特徴づけられる。これには傾斜地という要因が強く横たわっている。住民は「養蚕なしでは生きられない此の村」（1952年）、「地形的にみて悪条件が重なっている」（1961年）という認識を抱いた[52]。

(2) 経営担当者

下久堅養蚕農協の経営担当者であるM23（1908～89年）は、下久堅村M集

落に生まれた。郡内の農学校（龍東農蚕学校）を経て1926年、長野県蚕業試験場飯田支場講習部を修了し、蚕業技術員資格を取得する。その後上京し、プロカメラマンを目指して専門学校に通ったが、少なくとも、1934～51年にかけて、養蚕技術員として下伊那地方の各産業組合、農協に勤務し、1951年度からは、天龍社系統の「下伊那蚕業学術研究所」において稚蚕飼育に関する研究に従事した[53]。

M23家の田畑は、農地改革前所有4.7反・経営5.0反、改革後所有・経営とも6.3反である。1914～44年においてM区会執行部に就いたことがなく、集落における旧来のリーダー層ではない（本書第4章付表参照）。

M23は、戦時期において養蚕技術員であった。着目すべきは、前述の稚蚕共同飼育法、すなわち興亜育（天龍育）である。下伊那郡喬木村の産業組合に勤務していたM23は、興亜育がはじめて実践された1943年春蚕期にこれを視察し、部落常会において共同飼育の方針を述べ、同年夏蚕期より導入をはかっている[54]。

このように戦後、本格的な普及をみせる飼育法に導入当初から関わったことは、戦後農村社会において、有能な養蚕指導者という立場を得たことを意味する。実際、戦後初期における養蚕農民の稚蚕共同飼育に対する「期待」は高いものであった[55]。

M23は『下久堅村民月報』（1946年12月）において次のように述べた。「食糧問題が余りにも大きく取扱われ、殊に本村の如き消費村に於ては他の一切を犠牲にして食糧増産の一本槍で進んできた」、しかし「漸く平面的な食糧作物の栽培から主体的な農業経営の高度化へ考へ直さざるを得なくなり、その一環として養蚕を戦前の偏重時代迄にはならないとしても、或程度取入れる事と想像される現状である」と[56]。M23は「食糧増産一本槍」（戦時）から「農業経営の高度化」（戦後）への移行のなかに養蚕業を位置づけていた。このように、M23は旧来の集落リーダー層の家出身ではなく、優れた養蚕技術を獲得し、戦後農村社会において抬頭した、新しいリーダーであった。

(3) 下久堅総合農協の設立

　下久堅総合農協発起人会は、1947年12月に開催された。続く設立準備会では、後述する養蚕農協の設立気運に反して、総合農協においても養蚕部を設立することが決議された[57]。総合農協における初年度の「賦課金収支予定計画」は、養蚕部門と食糧部門を重視するものであった[58]。

　下久堅総合農協の初代役員は、農業会系の人物が中心であった。初代組合長理事には戦前・戦時を通じて村内役職の経験のない佐藤が選任される一方、専務理事には池田（下久堅村農業会長）が就任した。1948年6月に佐藤が死去した後は、池田組合長理事、滝沢専務理事という体制が1955年まで続いた[59]。また下久堅総合農協は、その経営において1度も赤字を計上していない[60]。このことは、下久堅においては総合農協経営の脆弱さ、さらには総合農協の再建整備という要因によって、養蚕農協が存立・解体したわけではないことを意味している[61]。

2　下久堅養蚕農協の設立

(1) 設立

　1947年11月、下久堅村養蚕実行組合長大会において、養蚕農協の設立が決議された[62]。1948年2月、M23の自宅において設立準備会が開かれる[63]。続く創立総会では、M23を含む10名の理事・監事が選出され、組合長理事にM23が選任された。表6-6は、下久堅養蚕農協の初代（1948年度）の理事・監事である。10名のうち9名までが養蚕実行組合長経験者であり、養蚕実行組合と養蚕農協との担い手の連続性を指摘することができる[64]。

(2) 総合農協養蚕部との統合

　前述のように、下伊那地方では、総合農協に養蚕部がある村では養蚕農協をつくらない、または養蚕農協がある村では総合農協に養蚕部をつくらないという行政指導がなされた。下久堅村でも、初年度のみこの指導に従った措置がとられた。

表6-6　下久堅養蚕農協初年度（1948年3月）理事・監事の経歴

理事監事別	氏名	生年	階層	略　歴	集落
理　事	M23	1908	自小作	養蚕実行組合長	M
	—	1905	自作	養蚕実行組合長	知久平
	—	1908	自小作	養蚕実行組合長	柿野澤
	宮脇	1895	地主	元区長、小県蚕業学校卒業　養蚕実行組合長	小林
	—	1889	自小作	元村会議員、部落常会長　養蚕実行組合長	柿野澤
	—	1909	自小作	部落常会長　養蚕実行組合長	知久平
	—	1908	自小作	養蚕実行組合長	下虎岩
監　事	M48	1886	地主	元区長	M
	—	1889	自作	元養蚕実行組合長	知久平
	—	1899	自作	養蚕実行組合長	小林

出典：下久堅村養蚕農業協同組合「理事監事の経歴の概要」1948年3月（同『昭和二十三年五月　総会関係書』）。
注：—には、それぞれ氏名が入る。

　すなわち、下久堅総合農協、養蚕農協は、1948年4月の、長野県下伊那地方事務所などを仲介者とした、総合農協養蚕部と養蚕農協の並立を回避するための調停に合意した。その調停内容は「養蚕農業協同組合を設立する場合は、総合協同組合の養蚕部をそのまゝ非出資養蚕農業協同組合として表裏一体の関係を保つよう措置する」というものである[65]。

　実際に、同年5月より、総合農協養蚕部は事業を停止し、養蚕農協は総合農協のなかに事務所を設ける一方、会計を総合農協とは別にして出発した。第1回通常総会（同月）において役員が改選され、理事の1人には下久堅総合農協の池田専務が選出された。加えて、M23の親戚にあたるM48が組合長に就任した[66]。M48は1956年度まで在任し、これ以後は宮脇が組合長となった[67]。M48、宮脇は、ともに農地改革前の在村地主であり、組合長には旧来の有力者が就いたといえる[68]。

　表6-7のように、下久堅養蚕農協は、蚕種購買、稚蚕共同飼育、繭販売を主な事業とした。M23は、これら主要事業に加えて、会計・記録を担っていることから、実質的な経営担当者であり続けたといえる。

表6-7 下久堅養蚕農協初
年度事業計画書
(単位：円)

養蚕技術の改善	
共同作業、共同施設	
稚蚕共同飼育	9,750
共同桑園施設	4,000
共同飼育施設	1,000
販売、加工事業	
繭	160,000
桑　苗	7,500
桑　皮	7,500
繭毛羽	1,200
購買、生産事業	
肥　料	7,500
蚕　具	3,400
蚕　種	9,750
奨励物資	1,500
桑　苗	3,000
生活物資	15,000

出典：下久堅村養蚕農業協同組合「昭和二十三年度下久堅養協事業計画書」(同「昭和二十三年五月総会関係書」)。

(3) 総合農協養蚕部との分離

1949年春蚕期における蚕糸の統制撤廃に伴う上繭集荷登録制の開始を契機に、下久堅総合農協に養蚕部が設置され、養蚕農協は総合農協と分離した。上繭集荷登録制とは、前述のように、同一市町村の30名以上の養蚕農家が上繭の販売を「登録上繭販売業者」に委託するという制度である。

『南信時事新聞』は1949年3月、下久堅総合農協は「なんの連絡もなく養蚕〔実行〕組合長を集め、春蚕期より繭登録を総合農協で行うと指示した。これに激昂した下久堅養蚕農協では若し登録を強行すれば農協を脱退しても守るといっており、対立機運はいよいよ激化している」と伝えた[69]。

その後、両農協の間で仮登録がなされ、1949年春蚕期において、総合農協養蚕部428名、養蚕農協44名に分かれた[70]。表6-8は、下久堅養蚕農協が作成した分立時(1949年春蚕)における養蚕農協、総合農協養蚕部の成績表である。この表は、下久堅養蚕農協が作成したという史料批判が必要であるが、すべての質的な項目について総合農協養蚕部よりも養蚕農協の成績が優位であることを示すものである。

両農協の対立は、稚蚕共同飼育所の建設をめぐって継続した。すなわち1949年末において両農協は、別個に稚蚕共同飼育所を建設する計画を立てた。長野県下伊那地方事務所、下久堅村役場などは、総合農協・養蚕農協「統一の第1段階として」、合同で飼育所を建設させるための調停・協議を繰り返した[71]。それにもかかわらず総合農協は1950年5月、養蚕農協は同年7月、それぞれの稚蚕共同飼育所を隣接する位置に完成させた。

表6-8 下久堅総合農協・養蚕農協成績表（1949年春蚕）

項 目		総合農協	養蚕農協
飼 育	掃立量	9,270瓦	640瓦
	供繭量	5,298貫	519貫
	単繭重	53厘	59厘
	瓦当	571匁	807匁
	同上率	100%	141%
供繭小組合	口 数	32口	4口
	平均糸量	15.15%	15.89%
	繰 匁	29.3匁	30.7匁
	備 考	郡下最低	
検定成績	総糸量	808貫	84貫
	平均糸量	15.25%	16.30%
	平均糸質格	優43等	優13等
	平均解舒格	1.86等	1.25等
配分金（円）	仮配分金	3,838,758	405,505
	1貫匁繭価	725	783
	1貫匁奨励金	6.5	7
	1貫匁繭価	731	790

出典：下久堅村養蚕農業協同組合「下久堅村昭和24年度春蚕成績表」。

表6-9 下久堅養蚕農協加入世帯数（1948～89年）

年・月	世帯数
1948	515
1949	44
1949.10	103
1950.1	110
1950～51	81
1952	61
1953	56
1954～58	55
1959	48
1960～89	50

出典：1949年10月、1950年1月は下久堅村養蚕農業協同組合「臨時総会議事録」、その他は同「通常総会議事録」各年度（同『昭和二十三年五月　総会関係書』）。
注：年次のみ記したものは、通常総会（4～5月）における「総組合員数」を指す。

3　養蚕農協組合員の性格

　表6-9は下久堅養蚕農協加入世帯数（1948～89年度）である。加入世帯数が1953年度以降ほぼ同数であることは、1950年代中盤以降において、総合農協と養蚕農協の関係が固定化したことを意味する。表6-10は、1953年を対象に、下久堅村の経営耕地面積を農家全体と養蚕農協加入戸数に分けたものである。同年度における下久堅村の農家構成は、5反未満が65％を占めており、5反以上の経営耕地面積を有する農家は、相対的に中上層に位置づけられる。養蚕農協加入農家は5反～1町未満が半数以上を占めており、村内の農家戸数全体よりも高い割合である。最も極端な事例ではあるが、養蚕農協組合員（3代目組合長）の宮脇は、村内1位の耕地面積、繭生産量を有し、戦前段階で下伊那郡1位の繭生産量を収めている[72]。このように、小規模経営農家の多い当村にあって、

表6-10　農業経営面積（下久堅村・1953年）
（単位：世帯）

	農家全体	養蚕農協加入農家
3反未満	244　（35％）	10　（20％）
3～5反	207　（30％）	11　（22％）
5反～1町	214　（31％）	26　（52％）
1町～	30　（4％）	3　（6％）
計	695（100％）	50（100％）

出典：下久堅村養蚕農業協同組合「総会出席簿」1955年（同『昭和二十三年五月　総会関係書』）、下久堅村農業委員会『農家カード作成調査農家事業体名簿』1953年、下久堅村『昭和29年5月調村勢要覧』。
注：養協加入農家55世帯のうち、50世帯を対象としている。

中層、上層に位置する農家が養蚕農協に加入する傾向があった。

集落単位でみると、組合員は知久平、柿野沢、Mに集中する一方、下虎岩、上虎岩、小林、稲葉の養蚕農協組合員は少ない[73]。このうち、下虎岩と上虎岩の養蚕農協組合員が少ない点について、『公民館報ひさかた』には以下の論説がある。「産業組合を作る当時、虎岩〔下虎岩・上虎岩〕の人が大いに犠牲になり、又虎岩部落と云う団結の力が大きく役立っている事実は忘れる事が出来ぬが、それを楯に取って今現在支所〔農協支所〕の建物を一寸動かすにも虎岩の衆に相談しなければと云う考え方は全く取消すべきであ」る、その一方「南部〔知久平・柿野沢・M等の集落〕側の組合員が不当な功利から組合を脱退したり」、「農協経営の不利な立場に立つ」場合がある、農協経営は「部落的な功利的な考え方に左右され」ていると[74]。

第1章で述べたように、下久堅村では1917年に下久堅村産業組合製糸が下虎岩集落に設立され、この組織が下久堅村農業会、総合農協の母体となった[75]。この論説は産業組合製糸の設立を起因として、虎岩地区（下虎岩集落、上虎岩集落）と南部地区（その他の集落）のあいだで、総合農協に対する意識差が現れたことを示している。この意識差が、養蚕農協加入者の集落間における偏差に結果したという側面があったといえる。

養蚕農協組合員の意識はいかなるものであったか。筆者がインタビューしえた、元組合員2名は、養蚕部門のみの経営であるため、総合農協に比して適正な賦課、すなわち正当な対価が実現されると思い、養蚕農協を選択したという。うち1名は「M23の稚蚕共同飼育に期待した」と回想する。さらに、組合はM23の主導性をもって経営されており、役員ですらM23に経営を「委任する」という意識を有した[76]。すなわち組合員には、M23に対して、稚蚕共同飼育

を中心とする養蚕技術に「期待」し、市場動向の把握、製糸との交渉、養蚕農民に対する配分といった問題を「委任」するという意識があった。

M23の経営は、次の点において適正なものであったと判断しうる。次項で述べるように下久堅養蚕農協は、1950年代を通して天龍社から離反している。同時期に、天龍社から離反してつくられた養蚕農協（天龍社離反養蚕農協5組合、前掲表6-2参照）の経営状況をみると、会計の不明朗に端を発し、幹部と、組合員とのあいだに紛争が生じる（X養蚕農協）、組合長が前渡金、賦課金、集荷手数料等を使い込み、雲隠れしている（Y養蚕農協）、組合長の独裁的運営を批判する声が高く、総会において組合長が解任される（Z養蚕農協）といった状況にあった[77]。すなわち、天龍社から離反した組合の多くは、経営担当者の独裁・不正を要因として、経営担当者と組合員とのあいだに亀裂が生じる傾向にあった。このような傾向と同様、下久堅養蚕農協は、M23に経営が「委任」されていた、いわばM23の「独裁」であった。しかし、それが「不正」と受け取られることはなく、組合員からみれば、公正な運営がなされていた。

前述のように、戦後改革期において、下久堅養蚕農協、ならびにM23は、稚蚕共同飼育という技術の優位性を持っていた。総合農協に対する養蚕農協、およびM23の技術の優位性が持続していなかったとしても、組合員にとってM23の運営は公正であると映ったからこそ、下久堅養蚕農協の経営は継続したといえる。

4　1950年代の経営

表6-11は1948～59年度における下久堅総合農協、養蚕農協の天龍社に対する供繭量である。ここからわかることは、総合農協養蚕部に比して、養蚕農協の供繭量が減少している点にある。この減少は、下久堅養蚕農協の天龍社からの離反によるものであった。

下久堅養蚕農協の天龍社離反過程は次のとおりである。まず、天龍社との関係は、1952～53年において若林製糸河瀬工場（滋賀県犬上郡）、東三蚕糸（愛知県宝飯郡）が、下久堅養蚕農協稚蚕共同飼育所の買収を試みるという動きに

表6-11 下久堅総合農協・養蚕農協の天龍社への供繭量（1948〜59年度）

（単位：kg）

年度	総合農協	養蚕農協
1948	31,682	
1949	27,786	3,283
1950	43,108	8,728
1951	44,463	7,501
1952	50,164	7,680
1953	50,005	6,747
1954	(29,535)	(3,641)
1955	45,260	6,794
1956	34,770	5,754
1957	47,118	5,365
1958	54,998	4,432
1959	53,582	2,811

出典：天龍社「供繭成績一覧」各年度、同『天龍社報』各号。
注：1954年度は春繭、夏繭のみ。

よって変化した。下久堅養蚕農協は、稚蚕共同飼育所の総工費のうち約4割を天龍社からの融資によって建設した[78]。それにもかかわらず1952年、若林製糸河瀬工場は、この施設の買収を計画した[79]。これに対し天龍社は、この計画を回避した。続いて1953年初頭、下久堅養蚕農協は東三蚕糸より「担保差入れの上融資を受け」た。さらに東三蚕糸は天龍社に対して、飼育所建設時における天龍社の融資を返済しようとした。

その後、下久堅養蚕農協は、天龍社が飼育所を買収することを要請し、天龍社はこれを受け入れた。それは第1に「東三〔製糸〕が手を引けば、又どこへ身売り話をもちかけるかもしれない」との天龍社の危惧によるものであり、第2に、養蚕農協・総合農協の「統一を底意に含め、村造りの将来の平和を考慮に入れ」た買収であった。注目すべきは、「身売り話をもちかける」という表現が示すように、下久堅養蚕農協が主体的に買収を模索した点である。

1953年5月、下久堅養蚕農協と天龍社とのあいだで買収契約が成立する。主たる契約項目は、下久堅総合農協との早期統合、全額供繭であり、とくに全額供繭が履行されない場合、飼育所の利用を禁止するという条件が設けられた[80]。

契約の締結にもかかわらず、離反は続いた。それは、1956年度における上久堅村（総合）農協養蚕部の産繭処理の混乱によって生じた。下久堅村の隣村にある上久堅村総合農協は、再建整備組合に指定されるほど経営が脆弱であった組合であり、総合農協養蚕部においても「東海製糸、大倉製糸の侵入もあって混乱を来たし全額供繭は中々困難」な状況にあった。とくに1956年度において大規模な「抜き売り」がなされた。この「抜き売り」に、下久堅養蚕農協の一部の組合員が参加し、養蚕農協の繭は「好ましからざる方法で処理」されたと

いう[81]。

5　1960年代の経営

　下久堅養蚕農協の天龍社離反を決定づけたのは、1959～61年度である。天龍社原料委員会議事録（1960年3月16日）を引用しよう。

　　会長より経過報告し今以て下久堅養協〔養蚕農協〕から何等回答がない、又養協組合員は譲渡されている不動産〔下久堅養蚕農協稚蚕共同飼育所〕の実態をよく理解されていない。養蚕期となったので早期解決を要すので委員をおねがいして推進して行きたい。
　　東原　隣村に及す影響が非常に大きい。
　　専務　下久堅養協の出資金は17口で払込額513,119円である。
　　小林　施設に対する諸契約其の他について説明要求あり。
　　松下（幸）　別紙により朗読。
　　小林　飼育料について暗の分を認めていると今後の交渉上むづかしくなるではないか。
　　会長　今までの状態から見て余りにも誠意がないから今年はどうしてもなくてはならない。
　　小林・江崎　書類関係は専門家に見て貰って取扱うことがよいではないか。
　　会長　そのことは職員に法的に調査させます。
　　松沢　下久堅養協自体が困っている。
　　江崎　下久堅養協が違背しているので除名処分する位のものである。
　　会長　交渉の結果によっては使用禁止をする。
　　小林　養協について業務監査の強調。
　　専務　委員をおねがいして一応お話し頂くことがよい。
　　石原　昨年度の掃立量はどの位いか。
　　吉川　表面的には119箱であるが実際は倍位い掃いている[82]。

表6-12 下久堅養蚕農協主要勘定（1955〜65年度）
(単位：1,000円)

年度	収入				支出	
	繭代金	賦課金	奨励交付金	出資金	負担金
1955	3,332	188	32	17	335
1956	2,750	20	88	17	204
1957	2,352	99	80	65	66
1958	1,519	74	36	25	67
1959	1,225	…	36	38	3
1960	2,147	…	7	18	…
1961	4,013	…	0	…	9
1962	4,799	…	1	…	1
1963	5,230	…	2	…	4
1964	3,681	…	2	…	5
1965	3,848	…	3	…	6

出典：下久堅（村）養蚕農業協同組合「収支決算書」各年度（同『昭和二十三年五月　総会関係書』）。

注：1）賦課金：1955年度の賦課金は「組合賦課金」3万5,800円と「天龍賦課金」15万2,430円を合わせた。
2）奨励交付金：科目は1955、56年度「奨励金」、57年度「奨励交付金」、58年度「助成交付金」、59年度「助成並交付金」、60年度以降「交付金」である。
3）出資金：1959年度は「天龍社出資金」と「出資払込充当金」を合わせた。
4）奨励交付金、出資金、負担金の点線部より上は、天龍社との取引において発生したものである。

　この史料からは、下久堅養蚕農協が掃立量を実態よりも少なく報告するという「違背」行為をしたことを受けて、天龍社が、養蚕農協飼育所の利用禁止、および天龍社からの「除名」を視野に入れたことがわかる。

　そして、1960年4月、天龍社は養蚕農協に対して、稚蚕共同飼育所の使用禁止通告を発した[83]。さらに1960年6月における天龍社原料委員会において、下久堅養蚕農協の実際の掃立数量が230箱であったことが報告され、「抜き売り」は確定的となった[84]。養蚕農協は11月、役員会において天龍社脱退を決議し、天龍社に対して脱退文書を提出した[85]。

　表6-12は1955年度より10年間の収支を主要科目別に分けたものである。1959〜61年度において停止された科目は、収入における天龍社からの奨励交付金（1961年度）、支出における天龍社に対する出資金（1961年度）、負担金（1960年度）であり、1959〜60年度における天龍社離反、および天龍社との取引停止を裏づけるものである。また、収入における賦課金の停止（1959年度）、繭代金の急激な減収（1958〜60年度）は、同時期において養蚕農協経営が停滞していたことを示している。

　しかし、繭代金は1961年度より一定の回復をみせている。この回復は、養蚕農協がある手段を選択したことによって可能になった。下久堅養蚕農協は天龍

社脱退問題のさなかに、片倉工業と接触しはじめたのである。1961年2月、養蚕農協役員会において片倉普及団に蚕種の供給を依頼することが協議され、同年度より片倉工業と団体協約を締結した[86]。団体協約は1964年度まで続いたが、表6-13の下久堅養蚕農協の上繭販売状況（1964～84年度）のように、1964年度に限っても、複数の製糸に分けて上繭を販売した。

さらに同表からは、1965年以降も短期的に上繭の取引先を変更していたことがうかがえる[87]。このような取引方法は、M23が市場動

表6-13 下久堅養蚕農協の上繭販売状況（1964～84年度）

（単位：kg）

年度	数量	販売先	年度	数量	販売先
1964	4,814 3,367 86	北沢製糸 片倉工業 大前繭糸	1973	3,868 3,574	木屋製糸 丸中製糸
1965	7,843 39	北沢製糸 大前繭糸	1974	8,749 5,083	丸中製糸 木屋製糸
1966	7,798	松島製糸	1975	2,678	丸中製糸
1967	3,442 2,797 2,706	北沢製糸 松島製糸 不明	1976	2,626 2,613 2,355	木屋製糸 丸中製糸 木屋製糸
1968	8,404 1,182	松島製糸 北沢製糸	1977	2,242 2,090	丸中製糸 木屋製糸
1969	8,156	信和工業	1978	3,614	依田商店
1970	4,362 2,638 1,532	丸中製糸 木屋製糸 中田製糸	1979	2,894	依田商店
			1980	2,192	依田商店
			1981	1,219	依田商店
1971	3,982 3,553	丸中製糸 木屋製糸	1982	1,165	依田商店
			1983	972	依田商店
1972	3,369 3,208	木屋製糸 丸中製糸	1984	715	マルシメ宝製糸

出典：下久堅養蚕農業協同組合『記録簿　自昭和39年度至昭和48年度』、同『記録簿　自昭和49年度』。

向を把握した上で決定したものであり、製糸との交渉もM23が担当した[88]。ただし、組合員については1960年度以降50名と登記され続ける一方、1978年度より判明する実際の組合員数は15名から段階的に減少していること、1959年度以後において、賦課金を徴収していないことから、経営は段階的な縮小を伴ったといえる[89]。養蚕農協は1984年度に事業を終了した[90]。

第4節　おわりに

分析結果をまとめよう。戦後改革期の農協設立運動について、養蚕農協の設

立理由は、養蚕家のみを構成員とし、経営を養蚕部門に特化することによって蚕糸の復興、高度な技術指導、養蚕農民に対する適正な負担、配分を実現する点にあった。これに対して総合農協の設立理由は、総合農協という形が農家経営の複合性に応じたものである点、製糸資本から養蚕農民を防衛する点にあった。

　下伊那地方において養蚕農協は1948年度内に72組合が誕生したが、翌年度において半減した。それは行政指導によるものである。行政指導は、養蚕農協、総合農協養蚕部がともに組合製糸天龍社に所属することを前提としたためになされた。また、天龍社と総合農協、養蚕農協との関係をどのように結ぶのかが問題となったが、天龍社への出資（農業会資産）が、主として総合農協に継承されたために、総合農協が天龍社運営を主導し、養蚕農協は、自らの主張を天龍社運営に反映させることが困難になった。農業会資産の継承問題が、養蚕農協の発展に立ちはだかったのである。このような事態を受けて、養蚕農協の経営担当者は、天龍社から離反する傾向にあった。

　下久堅養蚕農協は、1948～84年という、下伊那地方において最も長きにわたって経営された組合である。なぜ下久堅養蚕農協は経営が継続したのか。第1に、経営担当者であるM23の存在に求めることができる。M23は優れた養蚕技術を持っていた。加えて、1950年代の養蚕農協は、天龍社から離反するなかで、経営担当者の不正や、「独裁」によって経営が混乱する傾向にあった。その一方、下久堅養蚕農協は、M23の「独裁」であっても、組合員はこれを公正なものと受け止めた。第2に、地理的条件により、農業経営の大規模化、多角化が進展しないなかで、養蚕業が存続した地域、すなわち、農業条件が不利な地域に存立した点にある。こうした条件は、郡内他村の養蚕農協が存立した地域、なかでも竜東や山間地のそれぞれ一部に共通している。

　たしかに、下久堅養蚕農協は、1950年代を通して、天龍社からの離反、すなわち「抜き売り」を繰り返し、1960年には天龍社を脱退した。続く、1960年代以後においても、短期的に繭の取引先を変更した。下久堅養蚕農協とは、製糸側からみれば、「機会主義的」な組織であった。しかし、養蚕農協組合員にと

っては、「養蚕なしでは生きられない」という切実な要求に対して、正当な対価を実現し、かつ、組合員に対して公正な運営が行われた組織であった。

注
1） 農業復興会議編『1950年版　日本農業年鑑』家の光協会、360～362頁。このうち、養蚕農協の出資組合数は323、総合農協の出資組合数は1万3,796。以下、養蚕農協は、史料によっては、養協と略されていることに、留意されたい。
2） 総合農協設立運動については、農業協同組合制度史編集委員会『農業協同組合制度史』第1、2巻（協同組合経営研究所、1967、1968年）、松村敏・大豆生田稔「農業会から農協へ」（西田美昭編著『戦後改革期の農業問題――埼玉県を事例として――』日本経済評論社、1994年）ほか。
3） 美土路達雄・菅沼正久「繭と農協――群馬県における養蚕農協調査報告――」（『協同組合経営研究所報告第64号　特殊農協にかんする調査研究報告（Ⅱ）』協同組合経営研究所、1957年）、美土路達雄・佐藤治雄「繭と農協（続）」（『協同組合経営研究所報告第77号　特殊農協にかんする調査研究報告（Ⅵ）』協同組合経営研究所、1958年）、美土路達雄「養蚕農協の実態と展望」（『農業協同組合』第4巻第5号、1958年4月）。
4） 梶井功「製糸資本が農作を通して全農民を支配する養蚕部落――群馬県勢多郡南橘村――」（近藤康男編著『むらの構造――農山漁村の階層分析――』東京大学出版会、1955年）。
5） 御園喜博「組合製糸における原料繭調達の構造」（金沢夏樹・臼井晋・御園喜博・小林謙一『蚕糸経済研究資料 No. 17　組合製糸経営の実態調査報告――天龍社――』農林省蚕糸局、1957年）。
6） 高度経済成長期における畜産・果樹などの専門農協については研究蓄積がある。小倉武一監修・農政調査委員会編『総合農協と専門農協――調査と討論――』（不二出版、1964年）ほか。その一方、戦後改革期の専門農協設立運動については、玉真之介『主産地形成と農業団体――戦間期日本農業と系統農会――』（農山漁村文化協会、1996年）補章3が見受けられる程度である。総合農協は農業会の「看板塗り替え」であるとされているなかで、戦後改革期の養蚕農協設立運動を示すことは、一定の意義を持つものと思われる。
7） 前掲玉真之介『主産地形成と農業団体』212～213頁、補章3。
8） 中央蚕糸協会情報部編『昭和31年度版蚕糸年鑑』1955年、282頁。戦後天龍社については、森武麿ゼミナール・一橋大学「戦後天龍社の発展――一九五〇年代を

中心に──」(『飯田市歴史研究所年報』第1号、2003年12月)が、『事業報告書』を用いて、その経営を分析している。

9) 農林省編『農業会史(全)』(御茶の水書房、1979年)226〜227頁。
10) 下伊那農地改革協議会編『下伊那に於ける農地改革』1950年、188〜189頁。
11) 『南信時事新聞』1947年9月27日(飯田市立中央図書館所蔵)。
12) 同上、1947年11月30日。
13) 荻野俊一「養蚕農業協同組合設立の必要性」『信濃産業新報』第198号、1947年11月、14頁(飯田市立中央図書館所蔵)。
14) 天龍社『協同の礎伊那谷の天龍社 蚕と絹の歴史』1984年、289頁。
15) 木下良一(養蚕農協系農協郡連合会技師)「養蚕団体私見」(『信濃産業新報』第218号、1949年5月)2頁。
16) 金井真澄「協同組合の組織と養蚕家」(同上、第197号、1947年10月)15頁。
17) 赤江鉄一「再び養蚕団体の別建を主張する」(同上、第196号、1947年9月)8頁。
18) 天龍育沿革史編纂委員会『天龍式稚蚕共同飼育法沿革史』(天龍式共同育蚕法普及協会、1974年)。
19) 前掲金井真澄「協同組合の組織と養蚕家」15〜16頁。
20) 同「養蚕農業協同組合設立の意義を提唱して長野県民の世論に訴える」(『信濃産業新報』第205号、1948年6月)31頁。
21) 竜丘村農業協同組合「増資推進委員会」1952年5月13日(竜丘村誌編集委員会『農協(三)』)飯田市歴史研究所所蔵。本史料は、竜丘村農協史料を、竜丘村誌編集委員会が筆写したものである。ただし1953年、市田村調査によると郡内においても養蚕の比重が低い地域の総合農協経営において、養蚕部門は経常的に赤字を示しており、他の部門によって赤字を補填するという、金井の想定とは反対の事態が生じていた(前掲御園喜博「組合製糸における原料繭調達の構造」64頁)。
22) 前掲荻野俊一「養蚕農業協同組合設立の必要性」15頁。
23) 『南信州新聞』1948年4月15日(飯田市立中央図書館所蔵)。
24) 以下、安藤鋭之助「養蚕農業協同組合の課題」長野県養蚕販売農協連合会『養連たより』第11号、1949年4月(国立国会図書館憲政資料室プランゲ文庫所蔵)。
25) 『南信時事新聞』1948年10月13日。
26) 『信濃毎日新聞』1947年11月14日。
27) 養蚕農協設立助成金は日本養蚕協会が都道府県製糸協会を通じ、養蚕農協に対してのみ設立時4万円、上繭1貫当たり6円を配布するというものであり、農林省蚕糸局など蚕糸部門を担当する官僚や製糸業者が、養蚕農協設立を促すために設けたものである。

28) 『信州日報』1949年10月11日（飯田市立中央図書館所蔵）。
29) 坂本令太郎編著『長野県農業協同組合史』第1巻（長野県農業協同組合中央会、1968年）415〜419頁。
30) 「農業協組自主性の尊重」（『信濃産業新報』第199号、1947年12月）1頁。
31) 長野県教育指導農業協同組合連合会編『長野県農業協同組合要覧』第1号、1949年、68〜69頁（県立長野図書館所蔵）。
32) 『南信時事新聞』1949年3月2日。
33) 前掲下伊那農地改革協議会編『下伊那に於ける農地改革』196〜198頁、「供繭受入数量及前年対比較」（『天龍社報』第11号、1949年11月）。
34) 『南信州新聞』1948年4月9日、1948年5月9日、『南信時事新聞』1948年5月26日、1949年4月8日、『信州日報』1949年7月8日、前掲下伊那農地改革協議会編『下伊那に於ける農地改革』204頁。
35) 下伊那蚕糸業機構整備委員会の構成は、下伊那地方事務所3名（所長、蚕糸課長、農地課長）、天龍社3名（会長、副会長、専務理事）、郡内総合農協組合長6名、郡内養蚕農協組合長4名、および2名（下伊那町村会長、日本農民組合下伊那支部長）、計19名である。前掲下伊那農地改革協議会編『下伊那に於ける農地改革』203〜204頁。
36) 『信州日報』1949年7月8日、『南信時事新聞』1949年8月20日。
37) 同時に、下伊那蚕糸業機構整備委員会は、蚕糸部門の農協郡連合会について、次のような指導を実施した。そもそも総合農協と養蚕農協の対立によって、蚕糸部門の郡農協連合会は、養蚕農協系と総合農協系に分かれていた。すなわち、1948年5月に養蚕農協系農協郡連合会発起人会が行われ、7月には創立総会が開かれた（『南信新聞』1948年5月16日、『信州日報』1948年7月20日）。その一方、総合農協養蚕部系統の農協郡連合会は、1948年10月に結成された（『日本協同組合新聞飯田版』1948年11月1日）。下伊那蚕糸業機構整備委員会はこれを一本化した。委員会は、並立する蚕糸部門の農協郡連合会を解散させ、天龍社に蚕糸部門の農協郡連合会の役割を与えるとする「基本方針」を提示し、実施した（前掲下伊那農地改革協議会編『下伊那に於ける農地改革』204頁）。
38) 鳥羽義門「千代村養協の実態と運営」（『信濃産業新報』第220号、1949年7月）6頁。
39) 飯田養蚕農協のみ「異例として」、天龍社への出資を継承している（前掲下伊那農地改革協議会編『下伊那に於ける農地改革』200〜202頁）。
40) 「繭集荷割当と天龍社の組織」（『信濃産業新報』第216号、1949年3月）1頁。
41) 『南信時事新聞』1949年5月21日。

42）「天龍社出資一覧表　26.9.25現在」（天龍社『諸会議事録』1950年3月～53年3月）。以下、天龍社経営史料は、飯田市歴史研究所所蔵。
43）　天龍社『協同の礎伊那谷の天龍社　蚕と絹の歴史』1984年、429～433頁、「特殊農業協同組合状況」各年度（前掲『長野県農業協同組合要覧』）を対照。
44）　こうした争奪は、全県的に生じている。たとえば、「支部たより（下水内）」（『養連たより』第7号、1949年2月）、『信濃毎日新聞』1949年3月3日。
45）　前掲御園喜博「組合製糸における原料繭調達の構造」44～50頁、73頁。天龍社離反養蚕農協5組合は、新たに設立された組合である。下久堅養蚕農協は、天龍社に所属しながら離反したため、5組合には含まれない。
46）「下伊那郡下養蚕者大会提出議題一覧表」（天龍社原料部『養蚕者大会関係綴』1955年）、臼井晋「組合製糸『天龍社』の経営構造」（前掲金澤夏樹ほか『蚕糸経済研究資料 No. 17』37頁）。
47）「宣言」1955年10月17日（前掲天龍社『養蚕者大会関係綴』）。1955年春蚕の繭代金は、南信養蚕農協1,500円、天龍社1,700円（1貫当たり）。前掲御園喜博「組合製糸における原料繭調達の構造」53頁。
48）　飯田市農業振興課編『飯田市農業要覧　35年10月』10～20頁（飯田市立中央図書館所蔵）。
49）　専業農家62戸、第1種兼業農家635戸、第2種兼業農家102戸（下久堅村『昭和24年7月調　村勢要覧』飯田市歴史研究所所蔵）。
50）　農林省統計調査部編『農業センサス長野県統計書　1965年』1966年、51頁、農林省統計調査部編『世界農林業センサス　1970年長野県統計書』1971年、89頁、長野県総務部統計課編『長野県の農業　1975年農業センサス結果報告』1976年、117頁、長野県総務部情報統計課編『長野県の農林業　1980年世界農林業センサス結果報告』1981年、118～119頁。
51）　1930年、1970年の養蚕戸数、桑園面積を比較すると養蚕戸数643戸（1930年）、528戸（1970年）、桑園面積274ha（1930年）、111ha（1970年）である。1980年において桑園面積81ha、果樹園面積23ha である。前掲長野県編『長野県史近代史料編別巻統計（2）』342頁、下久堅村『昭和26年6月調　村勢要覧』（飯田市歴史研究所所蔵）、前掲『飯田市農業要覧』19～21、52～53頁、前掲『世界農林業センサス1970年』153頁、前掲『長野県の農業　1975年農林業センサス報告』190頁、前掲『長野県の農林業　1980年世界農林業センサス』213頁。
52）「聲」（『公民館報ひさかた』第17号、1952年6月）、「新らしい農業の進め方もうかる農業経営ははたして出来るか」（『飯田市下久堅版』第63号、1961年3月）。ともに飯田市歴史研究所所蔵。

53) M23家御当主より聞き取り（2004年6月23日）、『M23手帳』各年次（M23家所蔵）、長野県蚕業試験場飯田支場・長野県農業技術大学園飯田蚕業実科『同窓会会員名簿』1972年、天龍社「下伊那蚕業学術研究所概要」各年度、同「蚕業技術員名簿」各年度。
54) 『M23手帳』1943年には、「村長さんと共に共同飼育視察」（5月21日）、「共同飼育委員会開催」（5月25日）、「村常会出席、共同飼育の方針を話す」（6月1日）、「共同飼育掃立」（7月15日）と記されている。
55) 『南信時事新聞』1949年4月2日。下伊那郡農協連合会（養蚕農協系、総合農協系のどちらかは不明）は「世論調査」を実施し、複数の養蚕実行組合に、合わせて100枚の調査用紙を配布した。新聞には、「共同飼育を望む者が多いこと」ほか4点が「この調査結果で特に目をひく」ものであったと紹介されている。具体的には、「共同飼育を望むか　望む四五、否三」と記されているが、単位が不明である。
56) M23「公民館として稚蚕飼育所の設置を望む」（『下久堅村民月報』第8号、1946年12月）。
57) 「下久堅村農業協同組合認可申請書」（長野県『農協設立認可関係総合下伊那郡分冊その3　協同組合課』1948年）長野県立歴史館所蔵。
58) 賦課金の主な支出予定先は、蚕業奨励施設費5万9,800円、食糧増産施設費4万1,800円、畜産奨励施設費3万2,000円（「賦課金収支予定計画」同上）。
59) 佐藤（自作・所有4.1反）、池田（自作・所有11.2反）、滝沢（自作・所有8.2反）。「設立当時の理事監事の経歴の概要」同上。
60) 飯田市農協合併10年史編纂委員会編『飯田市農協合併10年史』（飯田市農業協同組合、1984年）115～117頁。
61) 千代村では1955年に総合農協の再建整備によって、総合農協と養蚕農協が合併した。総合農協が再建整備の指定を受け、同一の村に養蚕農協が存立していたのは、ほかに6カ村。千代村『千代村農協再建整備問題』1955～56年（飯田市歴史研究所所蔵）、前掲坂本令太郎編著『長野県農業協同組合史』第1巻、107、110頁。
62) 『南信時事新聞』1947年11月30日。
63) 「設立準備会議事録」1948年2月16日（下久堅村養蚕農業協同組合『昭和二十三年五月　総会関係書』下久堅村養蚕農業協同組合。下久堅養蚕農協経営史料については、飯田市歴史研究所所蔵。
64) 下久堅村養蚕農業協同組合「理事監事履歴の概要」同上。
65) 下伊那地方事務所長・下伊那町村会長「郡下総合農業協同組合と養蚕組合の関係について」1948年4月6日（下久堅村『庶務書類綴甲類』1948年）飯田市下久堅自治振興センター所蔵。

66) 下久堅村養蚕農業協同組合「養協第 1 回通常総会開催通知書」1948年 5 月13日、同「理事監事就任承諾書」 6 月 4 日（『総会関係書』）。
67) 同上「議事録」1957年 4 月15日、同上。
68) 宮脇は農地改革前所有34.9反、改革後所有18.1反。下久堅村「農地調整法中改正ニ伴フ調査ノ件」（同『自昭和十七年農地調整関係綴』飯田市下久堅自治振興センター所蔵）、下久堅村農業委員会『農家カード作成調査農業事業体名簿』1953年（同所蔵）。下久堅養蚕農協組合員であった長田今朝氏も、M48、宮脇組合長は、「看板」であり、経営担当者は M23であり続けていたと述べている（長田今朝氏聞き取り、2004年12月18日）。
69) 『南信時事新聞』1949年 3 月16日。
70) 下久堅村養蚕農業協同組合「変更理由書」1950年 5 月（前掲同『総会関係書』）。
71) 下久堅村養蚕農業協同組合「下久堅稚蚕共同飼育場建設案」1949年12月26日（前掲同『総会関係書』）、『信州日報』1949年12月29日。
72) 宮脇家の繭生産量は1939年度867貫、1951年度168貫。「昭和14年度下伊那郡大養蚕家番付」（『昭和十四年度情報部関係』）、「昭和26年度大養蚕家番付」（『1951.10.12』）Z 家所蔵。
73) 1955年度の下久堅養蚕農協加入戸数のうち判明する50世帯を対象に、養蚕農協加入世帯／農家世帯をみると知久平（20/109）、柿野澤（14/72）、M（13/97）、下虎岩（ 1 /213）、上虎岩（ 2 /148）、小林（ 0 /54）、稲葉（ 0 /16）。下久堅村養蚕農業協同組合「総会出席簿」1955年（前掲同『総会関係書』）、前掲下久堅村農業委員会『農家カード作成調査農業事業体名簿』1953年。
74) 無署名「農協に寄す」『公民館報ひさかた』第25号、1953年10月。
75) 下久堅村信用販売購買利用組合『昭和拾二年四月創立満二十週年（紀念誌）沿革と現況』1936年、 5 頁、前掲下久堅誌編纂委員会『下久堅村誌』693～704頁。
76) 長田今朝氏（2004年12月18日）、宮内逸人氏（2005年 7 月25日）聞き取り。
77) 「製糸家の購繭資金難で内紛つづく特殊養協地事務所が見解を発表」『信濃蚕業新報（旬刊）』1955年 2 月15日（飯田市歴史研究所所蔵）。
78) 下久堅村養蚕農業協同組合「通常総会議事録」1951年 4 月28日（同『総会関係書』）。
79) 以下、天龍社「役員会議事録」1953年 2 月18日、 3 月30日（同『諸会議録』1952年 7 月～55年 8 月）。
80) 「契約書」1953年 5 月23日、「覚書」 6 月 1 日『下久堅稚蚕飼育所契約書・登記権利証』飯田市歴史研究所所蔵。
81) 天龍社「役員会会議録」1956年 8 月 9 日、 8 月27日（同『役員会議録』1956年

82) 天龍社『諸会議録綴』1959年8月〜60年6月。
83) 同上「通告書」1960年4月2日『下久堅稚蚕飼育所契約書・登記権利証』。
84) 同上「原料委員会議事録」1960年6月8日（同『諸会議録』1959年8月〜60年6月）。
85) 下久堅養蚕農業協同組合『役員会記録』、天龍社「第1回役員会議事録」1961年6月13日（同『役員会議事録』1960年4月〜61年10月）。
86) 下久堅養蚕農業協同組合『役員会記録』、同「農業協同組合（専門単協）調査書」1961年5月には、「事業状況」として「生繭を団体協約（天龍社、片倉）により共同販売」と記されているが、実態として、天龍社との団体協約は、破棄されている（同『総会関係書』）。
87) 1970年代の岐阜県を対象とした調査によれば、通例、養蚕農協と営業製糸との取引は10年以上継続し、かつ上繭は1社に対して販売される（大迫輝通『繭地盤——繭取引と流通の構造——』（古今書院、1979年）第5章。
88) 宮内逸人氏聞き取り（2005年7月25日）。
89) 下久堅養蚕農業協同組合「昭和53年度個人別蚕期別飼育箱数収繭量等」（同『繭代関係書綴』）。
90) 登記上の解散は1989年度（表6-2参照）。

終　章

1　農山村における3つの展開パターン

(1) 「模範事例」

　まず、昭和戦時期までの「模範事例」、下久堅村、清内路村の歴史過程をまとめる。明治後期～大正期における地方改良運動とその後については、松尾村、上郷村を取り上げた。両村では、1行政村につき1つの小学校が存立し、「模範的な」行政村運営、産業組合製糸経営が展開された。両村では、勤続年数の長い、地主の村長が行政村を治めた。また、政策が執行しやすいよう、行政村主導のもと、集落の組織が整備された。

　昭和恐慌期の経済更生運動については、三穂村、大島村、河野村を取り上げた。行政村主導のもと、経済更生運動が実施され、生活改善（禁酒）、負債整理、農業経営の多角化などが行われた。その際、政策が執行しやすいよう、集落の組織が再編され、行政村という単位で住民が統合された。

　河野村は、こうした集落の組織再編が進行した行政村の代表であり、戦時期において、村長（農村中心人物）、翼賛壮年団幹部（農村中堅人物）からなる執行体制が築かれた。こうした体制のもと、1943年度には農林省指定「標準農村」となり、満洲分村移民が実施された。しかし、それは悲劇に帰結した。

(2) 下久堅村

　下久堅村における地方改良運動と、それ以後の行政村運営をみると、松尾・上郷村で確認されたような、勤続年数の長い村長は存在せず、村長は短期間で交代する傾向にあった。たしかに、小学校は1校1分教場体制であったとはい

え、教育・衛生・勧業・徴税をみると、行政村を単位とした事業が行われ、行政村は執行主体として機能している。加えて、土木事業をみると、「山又は川に依り」集落間が隔てられるという地理的条件から、集落が自己負担分を設けるというルールが設定された。しかし、土木事業を要因とした集落間対立が行政村の円滑な運営を阻害した。また、下久堅村産業組合製糸の経営は安定的であったものの、地理的条件を要因として、全額供繭制を実施しえなかった。

こうした集落間が「山又は川に依り区画」されている行政村ゆえ、集落の力が強く、地方改良運動を経ても、区会は存続した。区会運営をみると、M集落の事例を見る限り、突出した地主が存在しないなかで、組単位の多数決という明確なルールに基づいた利害調整の方法が用いられた。

昭和恐慌期には、行政村の統合力が弱いために、経済更生運動に挫折した。経済更生運動の執行に伴う集落組織の再編は、下伊那地方において最も進まなかった。こうした条件のもと、行政村の執行体制は1942年に安定したが、強力な執行体制は築かれなかった。それゆえ、「標準農村」河野村の政策実施結果とは、差異がみられた。

(3) 清内路村

清内路村は、山村的特質が強い部落有林地帯にある。地方改良運動により、大正期において、部落有林の行政村への所有権移動が生じた。しかし、実質的には部落有林、およびその管理主体たる区会が存続した。同村下清内路集落では、地主「専制」ではなく、住民が建議書・陳情書を提出し、区会で審議するというルール、区会が議案を諮問し、各組が答申するといったルールのもと合意形成がなされている。清内路村の行政村運営をみると、村長・助役は、上清内路集落、下清内路集落の人物が1期ずつ交代するという慣例が存在した。小学校は1村2校体制であり、それぞれの集落にある小学校経費の配分をめぐって、集落間対立が顕在化し、1937年には集落を単位とした村税滞納にまで至った。

昭和恐慌期において集落は、部落有林を用いた貧困対策を実施した（炭窯場

割当、立木売却)。しかし、山村の窮乏著しく、その効果は限定的であった。こうした状況において長野県庁は、清内路村に介入し、経済更生運動を執行した。下伊那郡の経済更生特別助成村でいえば、大島村含む５村では、森武麿らが示したように、行政村内の農村中心人物・農村中堅人物の動向を契機として、経済更生運動が展開された。本書で言う「模範事例」に該当する。その一方、清内路村、上久堅村、泰阜村の３村では、「権力的統合」（石田雄)、とでもいうべき要素を持つ県の介入を契機として、経済更生運動が執行された。このように、森武麿説が該当する経済更生運動と、石田雄の着想が体現された経済更生運動の両方が存在した[1]。後者の清内路村、上久堅村、泰阜村の経済更生運動は、恐慌下山村の窮乏という条件に、山村ゆえ行政村の統合力が弱いという条件が重なって生じた。県の介入には、満洲分村移民政策が内包されていた。

(4) 先行研究と本書の関係

このように、「模範事例」、下久堅村、清内路村は、それぞれ固有の展開パターンを示している。この点を先行研究と接続するならば、次のようになる。森武麿の論考[2]、および大石嘉一郎、西田美昭等の共同研究[3]は、ともに昭和恐慌期を農村再編期と位置づけている。これに対して本書では、農村再編、ひいては農村統合のあり方は、決して一様でなく、①「模範事例」、②下久堅村、③清内路村の３パターンに分かれることを示した。

同様に、「名望家」を継続的に村長を担当した地主と捉えるならば、「名望家自治の脆弱性」（石川一三夫）[4]、行政村の「部落連合」的性格（住友陽文)[5]、「行政村の共同体化」（庄司俊作)[6]の態様は、決して一様でなく、「模範事例」、下久堅村、清内路村では、それぞれが固有の道を歩んだと捉えることができる。

(5) 差異を生む要因

なぜ、「模範事例」、下久堅村、清内路村は、それぞれ固有のパターンを歩んだのか。下伊那地方は、その地理的条件から、竜西・竜東・山間地に区分することができる。竜西が最も平坦地が多く、竜東がこれに続き、その呼称どおり、

山間地が最も平坦地が少ない。こうした区分でみた場合、竜西地域に、政策執行の「模範事例」が現出する傾向にある。その一方、山間地に、清内路村を含む、県指定「貧弱村」（1936年）が固まっている。下久堅村のある竜東は、竜西・山間地の中間地帯であり、「模範的な」行政村もあれば、県指定「貧弱村」もある。このように、地理的条件に応じて、政策執行のあり方が異なっている。なぜ地理的条件により異なるのか。それは、「山又は川に依り」集落間が隔てられるほど、政策執行主体たる行政村は、統合力を持つことが困難になるからである。

　さらに第2章第5節で述べたように、農業生産力、地主的土地所有の展開度（小作地率）を、竜西・竜東・山間地に区分してみると、農業生産力は、竜西が最も高く、山間地が最も低い傾向にある。また、地主的土地所有は、竜西ほど進行している。竜東は、いずれの指標においても、中間地帯といえる。農業生産力や地主的土地所有の差は、何を要因とするのか。これも、地理的条件である。すなわち、平坦地を含んだ竜西では、農業生産力が高く、地主的土地所有が進行している。その一方、山間地では、農業生産力が低く、地主的土地所有は、相対的には進行していない。

　農業生産力の高い、経済的に豊かな行政村ほど、行政村運営は円滑なものとなるだろう。また、有力な地主兼村長は、地主的土地所有の進行した行政村において、誕生しやすいだろう。その一方、地主的土地所有が、相対的には進行していない竜東・山間地では、有力な地主兼村長が現出しにくいものと推定される。ただし、大地主と、大多数の小作人によって構成される社会では、組織が円滑に運営されにくいことは、戦前期産業組合研究が示したとおりである[7]。すなわち、地主的土地所有が進行しすぎれば、かえって「模範事例」は現出しにくいであろう。もっとも、地主的土地所有が進行することと、「模範事例」が現出することとの因果関係は実証が困難であり、推定にとどめる。

　大鎌邦雄の知見と、本書の分析結果を照合することにより、本書の主張をより明確にする。大鎌は、秋田県由利郡西目村を対象として、「模範村」（模範事例）のメカニズムを明らかにしている[8]。それは次のとおりである。

・「行政村の事業は、集落と住民に経済的な利益をもたらすことにより、受容された」。村長は、補助金を使い、村民全体に利益が及ぶことを希求し、行動する。
・集落レベルのリーダーは、普段から、家どうしの「平等性」(負担と利益の平等)を踏まえながら物事を進める。
・行政村(国家)がもたらす利益を得るため、各集落のリーダーどうしが、行政村という場で利害を調整する。その際、重視されるのは、「集落間の平等性」である。こうした調整を経て、各集落(さらには各家)に対して平等に、利益がもたらされる。

　大鎌の見解を基礎としつつ、本書では、こうした「模範事例」のメカニズムを断ち切る要素を見出した。その要素とは地理的条件である。地理的に集落間が隔絶されていると、「集落間の平等性」の確保は難しい。たとえば、下久堅村のように、集落間が「山又は川」に隔てられていると、1本の道路でいくつもの集落が利益を得ることは困難になる。また、清内路村のように、行政村でまとめて1つの小学校を作ることは難しい。下久堅村では道路整備をめぐって、清内路村では小学校費の分配をめぐって、集落間の不平等が観念され、集落を単位とした村税滞納に帰結した。

　ただし、「模範事例」、下久堅村、清内路村には共通点がある。それは、少なくとも地方改良運動以後において、村民に納税の観念が浸透している点である。この点、松村敏、坂根嘉弘は、納税観念の浸透を日本農村の特質とみなしており[9]、その指摘は妥当なものであると考えられる。納税観念があるからこそ、集落を単位とした村税滞納という、行政村に対する「反抗」の手段が存在したのである。

2　政策執行における農山村コミュニティ(集落)の有効性

　政策執行における農山村コミュニティ(集落)の有効性について、考察する。

昭和恐慌期下久堅村の政策執行をみると、道路改修における利害調整、家の資産の把握・村税賦課額の決定という局面において、集落、組は機能する一方、村税滞納整理、負債整理、副業導入といった事業について、集落、組は機能しなかった。また、下久堅村、なかでもＭ集落の事例からは、集落リーダー層の規範が明らかとなった。すなわち、財産や権威を有する集落リーダー層は、集落を単位とする事業の費用を立て替え、道路整備において、難航する地権者の説得を担当した。加えて、上虎岩集落、Ｍ集落では、区会において組の単位で意見を突き合せるという手法で合意を形成しており、とくにＭ区会では、組単位の多数決原理が貫徹していた。これは、資金、権威、知識を有する集落リーダー層が、集落住民の合意を得ながら物事を進めていたことを意味する。

　その一方、集落リーダー層の規範は、リーダー個人の利益に反しない政策においてのみ発揮されるものであり、Ｍ集落の負債整理事業は、有力なリーダーの離脱によって挫折した。集落リーダー層は経済更生運動の担い手たりえず、経済更生運動は挫折した。

　以上の現象を先行研究と接続させれば、次のようにいえる。齋藤仁、大鎌邦雄は、政策執行における集落の限界面について言及している。齋藤は近代集落について、小農の「生産と生活の外延部分を結んでいるにすぎなかったのであって、その意味で根底からの共同体ではなかった」と述べる[10]。大鎌は、経済更生運動のうち、生活改善運動を事例に、「衣食といった『家』の深部に直接触れる」事業は成功し難かったことを指摘する[11]。

　下久堅村の場合、農家経営の「外延」と「家」の「深部」（内包）とはどこで線引きされるのか。同村では、課税の局面において集落・組が機能し、納税の局面において機能しなかったことから、課税までを「外延」の事柄、納税からを「家」の「深部」の事柄と区分することができる。自治村落（集落）の規範では、「家」の「深部」に介入できなかったのである。

　その一方、「模範事例」をみると、負債整理、簿記記帳、生活改善（禁酒）など、「家」の「深部」の事柄を、経済更生運動の執行によって解決している。「模範事例」と下久堅村の違いは何か。それは、政策執行主体たる行政村の持

つ統合力の有無である。

　このように本書では、（ⅰ）「自治村落」（集落）の規範に依拠して達成される政策、（ⅱ）「自治村落」（集落）の規範だけでなく、行政権力、すなわち、行政村の統合力が加味されなければ達成できない政策という２つの政策が存在することを実証した。さらに、行政村の統合力が極めて弱い清内路村では、県が介入したことを明らかにした。

　ただし昭和戦時期になると、戦時統制という条件のもと、集落リーダー層は、下久堅村においても、「家」の「深部」の事柄を執行しえている。たとえば、集落リーダー層は、供出・配給を担う部落常会運営を円滑に進める役割を果たした。また、戦時末期には限界に達したとはいえ、集落住民個々の持つ規範によって、出征軍人留守家族に対する労力奉仕がなされた。しかし、それでもなお、下久堅村と、「標準農村」河野村を比較すると、行政村レベルにおける執行体制の強度によって、統制政策の実施結果に差異が生じている。

　他のアジア農村と比べて、日本の集落の共同性が強いこと、こうした共同性が政策を円滑に進める要素となったことは、先行研究において指摘されており、妥当な見方だと考えられる。ただし、下久堅村では、集落の共同性が政策執行の阻害要因になっている。先行研究の知見に、本書の分析結果を付け足すならば、集落の共同性に、行政村の統合力が加味されてはじめて、「模範事例」たる政策執行がなされているように見受けられる。言い換えれば、集落の共同性のみならず、行政権力（行政村レベルのリーダーシップ）の存在が、模範的な政策執行の決め手となっていることが推定される[12]。

　東南アジア農村研究のなかには、それぞれのフィールドを日本農村と対比し、考察した論考がある。なかでも、重冨真一はタイの農村社会における共同関係を発見したうえで、日本農村の特質は、集落の共同性よりも、むしろ行政村というものが成り立つことにあると着想した[13]。岡江恭史は、ベトナムの農協を中国・日本との対比で取り上げたなかで、「農協が発展するのに本当に必要なものは、村〔落〕を超えるリーダーシップの形成」であると述べた[14]。岡江の「村〔落〕を超えたリーダーシップ」とは、本書に即せば、村長の存在である。

さらに村長を核とした、行政村の統合力である。重冨、岡江が指摘するように、行政村が統合力を持つことは、日本農村に固有の要素といえるかもしれない。

たしかに、本書に即せば、「模範事例」、下久堅村、清内路村では、いずれの行政村も、徴税を可能にする程度には、統合力を有していた。しかし、経済更生運動など「家」の「深部」に介入するような政策を可能にする強い統合力を持つ行政村は、一定程度しか存在しなかった点、こうした統合力を持つ行政村は、平場を含む土地条件に存立していた点に留意する必要がある。この点は、今後、日本農村と他のアジアの農村を比較する場合、注意を要する。国際比較の際、日本農村の「模範事例」に焦点を当てる傾向があるように見受けられるからである。

以上の意味で本書では、政策執行における農山村コミュニティ（集落）の力は限定的に捉えるべきこと、政策執行における過去の「模範事例」には、行政権力という要素が、かならず附随していたことを示した。

3　事例の持つ一般性——下久堅村、清内路村——

(1) 歴史過程

以下では、第2次大戦後の歴史過程を振り返る。そのうえで、下久堅村、清内路村の歴史過程が持つ一般性について考察する。戦後改革期の下久堅村M集落では、農村社会運動が生成した。政策執行をめぐって、新たな共同関係が生まれたのであり、社会運動勢力は農地改革において、階級的利害の実現を目指した。具体的には、土地管理組合を組織し、農地改革実施過程に参入した。ただし、社会運動勢力は、階級的利害だけでなく、「没落した」地主の生活に配慮する場合があった。農地改革の「模範事例」をみると、松尾村、鼎村のように、農地の交換分合を実施しうる行政村が存在した。その一方、下久堅村では、農地改革のインパクトは大きいものの、地理的条件から、宅地と耕地の距離短縮に重点が置かれ、農地の交換分合まで実施することはなかった。

高度経済成長期における第1次農業構造改善事業の「模範事例」として、飯田市松尾明集落（旧松尾村明集落）を挙げることができる。同集落では、農業

の大規模経営が達成されている。その一方、飯田市下久堅M集落(旧下久堅村M集落)は、段丘・傾斜地、すなわち、条件が不利な地域に存立するゆえ、道路整備が切実な課題となっていた。こうしたなか、第1次農業構造改善事業を道路整備事業として実施した。当初、集落は推進者と反対者に分かれた。推進者は、同事業を「名目」として道路を「一挙に開発」すると宣言した。その一方、反対者の中心であるM23は、地域における養蚕経営のリーダーであり、農村政策をその意図どおりに捉え、反対した。推進者は集落全員負担を軽減し、また、農村政策を政策意図どおりに導入しないことを「誓約」し、多数の住民の合意を調達したうえで、事業が実施された。

さらに、戦後改革期の下伊那地方では、養蚕農協という専門農協が生成した。ただし、上級団体(農協郡連合会)である組合製糸天龍社への出資(農業会資産)が、主として総合農協に継承されたために、養蚕農協の勢力は、自らの主張を天龍社運営に反映させることが困難になった。こうした事態を受けて、養蚕農協の経営担当者は、天龍社から離反する傾向にあった。下久堅養蚕農協は、1948〜84年という下伊那地方において最も長きにわたって経営された。なぜ経営が継続したのか。それは第1に、経営担当者であるM23の存在に求めることができる。M23は優れた養蚕技術を持っていた。加えて、養蚕農協経営はM23の「独裁」であっても、組合員はこれを公正なものと受け止めた。第2に、地理的条件により、農業経営の大規模化、多角化が進展しないなかで、養蚕業が存続した地域、すなわち、農業条件が不利な地域に存立した点にある。この点は、養蚕農協が存立した郡内他村の条件、具体的には、竜東、山間地のそれぞれ一部の条件に共通している。

清内路村の農地改革は、耕地狭小ゆえ、そのインパクトは小さく、農村社会運動は生成しなかった。農家経営にとって切実なのは、木炭生産であった。1950年前半期には、部落有林を用いた炭焼きが農家の主業となる段階において、森林資源枯渇の危機が生じた。また、「昭和の市町村合併」によって、部落有林が剥奪される可能性が危惧された。これに対して区会は、新たな林野利用法を設定し、さらに、部落有林を持分登記した。1960年代には、過疎化、木炭需

要激減、度重なる災害が区会・住民を圧迫した。区会は、部落有林を売却、あるいは、行政村に譲渡し、負債を解消した。このように、1950年代には部落有林と住民との関係を維持する道が、1960年代には部落有林と住民との関係を解消する道が選択された。こうした変化に伴い、区会が縮小し、行政村の統合力が強化された。

(2) 清内路村の持つ一般性

　下久堅村、清内路村の歴史過程を、先行研究のなかに位置づけてみよう。まず、清内路村であり、岡本宏は、山村の「支配構造」をいくつかのタイプに分けている。それは、「仲間共同体型」、「上層農支配型」、「資本支配型」、「豪族・郷士支配型」、「公権力支配型」である[15]。このうち、「仲間共同体型」とは、次のようなタイプである。

　　林野や耕地所有による階層分化が「上層農支配型」に比して一層未発達の山村では、きわめて相対的な階層差や林業所有規模の差は村落民を支配・被支配に分裂する要因とはなりえず、山村という閉鎖的な特殊条件にも支えられて、村落民のあいだでは利益志向の同一性が基本的に貫徹し、和解しがたい対抗関係は存在しないのが一般的である……もちろんこのことは、こうした村落に階層差が全くないということでもないし、村落の共同体的秩序の利用が一部の人に相対的により多くの利益をもたらすことを否定するものでもないし、国家全体のなかでのこの山村の住民の被支配的地位を否定するものではない[16]。

　清内路村下清内路集落は「仲間共同体型」に該当する。ただし、「仲間共同体型」といえども、岡本が指摘するように、「国家全体のなかで……被支配的地位」にあり、繰り返すように、清内路村では、県の介入を契機として経済更生運動が執行されている。また、こうした「型」が不変であったのではなく、第2次大戦後の清内路村における部落有林の分解過程は、こうした「型」が弛

緩していく態様を示している。

　このように清内路村の事例だけを取り出した場合、本書は、「仲間共同体型」の分析と捉えうるものであり、その内実たる、集落運営のあり方、なかでも合意形成のあり方について、戦前段階に限れば、人々の経済階層を踏まえながら実証したといえる。加えて、こうした性格を持つ地域における行政村の存在形態を明らかにし、行政村・集落関係の変化の過程を実証したといえる。

(3) 下久堅村の持つ一般性

　下久堅村の事例はどのように位置づけられるだろうか。同村は、山村でも、平場農村でもない、中間地の事例とみなされるが、こうした中間地の歴史過程は、近年の野田公夫による指摘を踏まえた場合、広く一般性を持つものになる可能性がある。

　野田は、「農業構造改革」を「多数の零細経営を淘汰し、少数者による大規模経営に置き換えること」、「創出された少数の経営体に政策的支援を集中し、これらの企業的経営体に産業としての農業をゆだねる」ことと定義する。そのうえで、「農業構造改革」の「適用力」に応じて、世界を4類型に区分する。それは、「構造改革不要地域」（北アメリカ・オセアニアなど）、「構造改革達成地域」（ヨーロッパ）、「構造改革不能地域」（日本、韓国、台湾、東南アジアなど）、「構造改革未然地域」（アフリカ）である。日本農村が「構造改革不能地域」であるのは、「経営地の分散と過小性」などを要因とする[17]。

　農地改革のインパクトは大きかったものの交換分合まではなしえなかった点、「農業構造改革」の代表たる第1次農業構造改善事業を道路整備事業として執行した点、農協経営の目的が農業条件の不利性の克服にあった点を踏まえると、下久堅村の戦後史とは、構造改革が困難であった地域を典型的に示すものといえる。

　管見の限り、また、1910～60年代に限定すれば、下久堅村は一度も、国県からみた「模範事例」となっていない。その一方、統制経済期（戦時・戦後改革期）を除けば、山間地（清内路村）のように、国県の介入の対象にもなってい

ない[18]。すなわち、国県は、平場を含む「模範事例」や、山村の「貧困」、「過疎」に焦点を当てる一方、下久堅村のような、「中間的な」事例に、直接光を当てることはなかった。大胆に言えば、こうした国県の視線に規定されてか、下久堅村のような、「中間的な」事例は、研究者にとっても、ピントを合わせにくいものであったと考えられる。こうしたなかで本書では、平場の「模範事例」、「窮乏の山村」（清内路村）にはさまれた「中間事例」（下久堅村）を析出したといえる。

　本書では、政策実施結果が地域によって異なる要因を見出すために、限定された範囲で比較するという研究手法を選択した。こうした手法ゆえの限界を克服すべく、他地域を対象とした分析を進め、本書の妥当性を検証していきたい。

注
1) 石田雄『近代日本政治構造の研究』（未来社、1956年）、森武麿『戦時日本農村社会の研究』（東京大学出版会、1999年）。
2) 大石嘉一郎・西田美昭編著『近代日本の行政村──長野県埴科郡五加村の研究──』（日本経済評論社、1991年）748〜750頁。正確な表現は「危機＝再編期」である。
3) 前掲森武麿『戦時日本農村社会の研究』。
4) 石川一三夫『近代日本の名望家と自治──名誉職制度の法社会史的研究──』（木鐸社、1987年）。
5) 住友陽文「公民・名誉職理念と行政村の構造──明治中後期日本の一地域を事例に──」（『歴史学研究』第713号、1998年8月）。
6) 庄司俊作『日本の村落と主体形成──協同と自治──』（日本経済評論社、2012年）。
7) 齋藤仁『農業問題の展開と自治村落』（日本経済評論社、1989年）332頁、森武麿『戦間期の日本農村社会──農民運動と産業組合──』（日本経済評論社、2005年）39頁、清川雪彦『近代製糸技術とアジア──技術導入の比較経済史──』（名古屋大学出版会、2009年）170、183頁、横山憲長『地主経営と地域経済──長野県における近畿型地主経営の一事例──』（御茶の水書房、2011年）ほか。
8) 大鎌邦雄『行政村の執行体制と集落──秋田県由利郡西目村の「形成」過程──』（日本経済評論社、1994年）367〜374頁。ただし、筆者の表現を付け加えて

いる。
9) 松村敏「明治後期金沢の市行政・地域社会・住民組織」（橋本哲哉編著『近代日本の地方都市——金沢／城下町から近代都市へ——』日本経済評論社、2006年）、坂根嘉弘「近代日本における徴税制度の特質」（勝部眞人編著『近代東アジア社会における外来と在来』清文堂出版、2011年）。
10) 前掲齋藤仁『農業問題の展開と自治村落』341頁。
11) 大鎌邦雄「経済更生計画書に見る国家と自治村落」（同編著『日本とアジアの農業集落』清文堂、2009年）105～109頁。
12) 集落の共同性が弱い状況において、行政権力（県）が指導を実施したとしても、政策実施結果は不十分なものになる。この点は、鹿児島農村を対象とした、坂根嘉弘が明らかにしている。坂根嘉弘『分割相続と農村社会』（九州大学出版会、1996年）。
13) 重冨真一「農村協同組合の存立条件——信用共同組織にみるタイと日本の経験——」（加納啓良編著『東南アジア農村発展の主体と組織——近代日本との比較から——』アジア経済研究所、1998年）。
14) 岡江恭史「自由報告要旨　『自治村落』とベトナムの農民組織——日本、中国との比較を通じて——」（『日本村落研究学会研究通信』第238号、2013年9月）29頁。「都市・農村間の連結」という要素についても言及があるが、省略する。
15) 岡本宏「政治構造」（潮見俊隆編著『日本林業と山村社会』東京大学出版会、1962年）529～549頁。
16) 同上、547頁。
17) 野田公夫『日本農業の発展論理——歴史と社会——』（農山漁村文化協会、2012年）53～54、56～58頁。
18) 県の「貧弱村」指導、経済更生特別助成村という動きは、現在の研究段階では、長野県庁固有の「政策」とみなしうる。ただし、昭和恐慌期に農林省が山村を政策対象に含めたことは、関戸明子『村落社会の空間構成と地域変容』（大明堂、2000年）180～187頁、秋津元輝「二〇世紀日本における『山村』の発明」（『年報村落社会研究』第36集、2000年）が指摘するとおりである。

引用文献

1　原史料

長野県庁文書（長野県立歴史館所蔵）
長野県下伊那郡下久堅村、飯田市下久堅支所行政文書（飯田市下久堅自治振興センター所蔵）
長野県下伊那郡清内路村行政文書（下伊那郡阿智村清内路支所所蔵）
飯田市歴史研究所所蔵行政文書
飯田市行政文書（飯田市役所上郷大書庫所蔵）
長野県下伊那郡竜丘村行政文書（飯田市歴史研究所所蔵）
長野県下伊那郡川路村行政文書（飯田市川路自治振興センター所蔵）
下伊那生糸販売利用農業協同組合連合会天龍社史料（飯田市歴史研究所所蔵）
M区有文書（飯田市M区民センター所蔵）
虎岩区有文書（飯田市虎岩交流センター所蔵）
下清内路区有文書（下伊那郡阿智村清内路下区集会所所蔵）
下久堅村養蚕農業協同組合関係史料（飯田市歴史研究所所蔵・複写版）
M23家関係史料（M23家所蔵）
M31家関係史料（M31家所蔵）
M85家関係史料（M85家所蔵）
Z関係史料（Z家所蔵）
『胡桃沢盛日記』、『胡桃沢村長日誌』（飯田市歴史研究所所蔵・複写版）

2　新聞・雑誌・統計

中央蚕糸協会情報部編『昭和31年度版蚕糸年鑑』1955年
農林省統計調査部編『農業センサス長野県統計書1965年』1966年
農林省監修『農業構造改善事業実績総覧　昭和38年度　地域版』（全国農業構造改善協会、1968年）
三和良一・原朗編『近現代日本経済史要覧　補訂版』（東京大学出版会、2010年）
農林省統計調査部編『世界農林業センサス　1970年長野県統計書』1971年
長野県教育指導農業協同組合連合会、長野県農業協同組合中央『長野県農業協同組合要覧』（県立長野図書館、農文協図書館所蔵）

長野県農政部『農業協同組合要覧』(同上)
長野県経済部蚕糸課編『長野県蚕糸業統計』(長野県庁所蔵)
長野県総務部統計課編『長野県の農業1975年　農業センサス結果報告』1976年
長野県総務部情報統計課編『長野県の農林業1980年　世界農林業センサス結果報告』
　　1981年
長野県編『長野県史近代史料編第8巻(3)　社会運動・社会政策』(長野県史刊行会、
　　1984年)
長野県編『長野県史近代史料編別巻統計(1)』(長野県史刊行会、1989年)
長野県編『長野県史近代史料編別巻統計(2)』(長野県史刊行会、1985年)
飯田市業務部農業振興課『飯田市農業要覧　35年10月』1960年(飯田市立中央図書館所蔵)
飯田市『農業構造改善事業計画書』1963年6月(同上)
飯田市『市勢の概要』(同上)
『南信新聞』(飯田市立中央図書館所蔵)
『南信時事新聞』(同上)
『南信州新聞』(同上)
『信濃毎日新聞』(同上)
『信州日報』(同上)
『新信州日報』(同上)
『日本協同組合新聞　飯田版』(同上)
『信濃大衆新聞』(同上)
『信濃産業新報』(同上)
日本共産党下久堅細胞『赤土』(同上)
下久堅村青年会『下久堅時報』(飯田市歴史研究所所蔵)
下久堅村男女青年団『下久堅村民月報』(同上)
下久堅村公民館『公民館報ひさかた』(同上)
飯田市下久堅公民館『飯田市下久堅版』(同上)
『飯田市広報』(同上)
上郷村公民館『館報かみさと』(同上)
清内路村公民館『館報清内路』(同上)
長野県養蚕販売農協連合会『養連たより』(国立国会図書館憲政資料室プランゲ文庫所蔵)

3　自治体史・団体史

農林省編『農業会史(全)』(御茶の水書房、1979年)
農業協同組合制度史編集委員会編『農業協同組合制度史』第1巻、第2巻(協同組合経

営研究所、1967、1968年）
坂本令太郎編著『長野県農業協同組合史』第1巻（長野県農業協同組合中央会、1968年）
長野県開拓自興会満州開拓史刊行会編『長野県満州開拓史総編』1984年
長野県編『市町村下部組織整備状況』1942年8月
下久堅村信用販売購買利用組合編『昭和拾弐年四月創立満弐拾週年（紀念誌）沿革と現況』1936年
清水米男編『千代青年会会史』千代村青年会、1934年
下伊那教育会郷土調査部地理委員会編『下伊那の地誌 木曽山脈東麓地域の研究』1966年
下伊那農地改革協議会編『下伊那に於ける農地改革』1950年
下久堅村農地委員会「下久堅村における農地改革」1949年
下伊那教育会地理委員会編『下伊那誌 地理編』（下伊那誌編纂会、1994年）
天龍育沿革史編纂委員会編『天龍式稚蚕共同飼育法沿革史』（天龍式共同育蚕法普及協会、1974年）
中島三郎編著『下伊那産業組合史』（天龍社、1954年）
飯田市農協合併10年史編纂委員会編『飯田市農協合併10年史』（飯田市農業協同組合、1984年）
天龍社編『蚕と絹の歴史 協同の礎伊那谷の天龍社』1984年
有線のあゆみ編集委員会編『有線のあゆみ』（飯田市有線放送局、1992年）。
ひさかた今昔物語刊行委員会編『ひさかた今昔物語』（飯田市下久堅公民館、1988年）
ひさかた今昔物語刊行委員会編『ひさかた今昔物語』第2編（飯田市下久堅公民館、2003年）
下久堅村誌編纂委員会編『下久堅村誌』1973年
伊賀良村史編纂委員会編『伊賀良村史』1973年
上郷史編集委員会編『上郷史』1978年
松尾村誌編集委員会編『松尾村誌』1982年
清内路村誌編纂委員会編『清内路村誌』下巻、1982年
三穂村史編纂刊行会編『三穂村史』1988年
豊丘村誌編纂委員会編『豊丘村誌』下巻、1975年
柿野沢区道路委員会編『柿野沢における道普請の歩み』2007年
鷲見京一伝刊行委員会編『伊那谷を花咲く大地に 農民解放の先覚者鷲見京一の歩んだ道』1992年

4　研究文献

相川良彦『農村集団の基本構造』（御茶の水書房、1991年）

青木惠一郎『長野県社会運動史』（社会運動史刊行会、1952年）

青木健「農地改革期の耕作権移動——長野県下伊那郡伊賀良村の事例——」（『歴史と経済』第209号、2010年10月）

青木健「外地引揚者収容と戦後開拓農民の送出——長野県下伊那郡伊賀良村の事例——」（『社会経済史学』第77巻第2号、2011年8月）

青木健「共有林経営の展開と戦後緊急開拓計画——長野県下伊那郡山本村の事例——」（『日本史研究』第609号、2013年5月）

秋津元輝「二〇世紀日本における『山村』の発明」（『年報村落社会研究』第36集、2000年）

東敏雄「高度経済成長期における公有林地帯の部落組織」（『茨城大学人文学部紀要　社会科学』第19号、1986年3月）

安達生恒『安達生恒著作集4　過疎地再生の道』（日本経済評論社、1981年）

新睦人『社会学の方法』（有斐閣、2004年）

安孫子麟「近代村落の三局面構造とその展開過程」（『年報村落社会研究』第19号、1983年）

安孫子麟「戦時下の満州移民と日本の農村」（『村落社会研究』第5巻第1号、1998年9月）

荒川章二『軍隊と地域』（青木書店、2001年）

蘭信三『「満州移民」の歴史社会学』（行路社、1994年）

アレキサンダー・ジョージ、アンドリュー・ベネット（泉川泰博訳）『社会科学のケース・スタディ——理論形成のための定性的手法——』（勁草書房、2013年）

粟谷真寿美「大日本実行会の成立——被治者の政治行動——」（『信大史学』第31号、2006年11月）

安藤哲「戦後町村合併と地方議会」（日本村落史講座編集委員会編『日本村落史講座五　政治Ⅱ〔近世・近現代〕』雄山閣、1990年）

飯田市歴史研究所編『満州移民——飯田下伊那からのメッセージ——』（現代史料出版、2007年）

飯田市歴史研究所編『史料で読む飯田・下伊那の歴史　松尾大森本の家と周辺の社会』2009年

石川一三夫『近代日本の名望家と自治——名誉職制度の法社会史的研究——』（木鐸社、1987年）

石田雄『近代日本政治構造の研究』（未来社、1956年）

磯田進編著『村落構造の研究——徳島縣木屋平村——』（東京大学出版会、1955年）

磯辺俊彦『むらと農法変革——「市場モデル」から「むら」モデルへ——』（東京農業大学出版会、2010年）

引用文献

板垣邦子『日米決戦下の格差と平等――銃後信州の食糧・疎開――』（吉川弘文館、2008年）

伊藤淳史『日本農民政策史論――開拓・移民・教育訓練――』（京都大学学術出版会、2013年）

井上真・宮内泰介編著『コモンズの社会学――森・川・海の資源共同管理を考える――』（新曜社、2001年）

今井幸彦編著『日本の過疎地帯』（岩波新書、1968年）

岩崎正弥『農本思想の社会史――生活と国体の交錯――』（京都大学学術出版会、1997年）

岩本純明「工業化と農地転用――松尾明河原地区における土地利用の変貌――」（飯田市歴史研究所編『みるよむまなぶ　飯田・下伊那の歴史』飯田市、2007年）

上山和雄「両大戦間期における組合製糸――長野県下伊那郡上郷館の経営――」（『横浜開港資料館紀要』第6号、1988年3月）

上山和雄編著『帝都と軍隊――地域と民衆の視点から――』（日本経済評論社、2002年）

宇佐見正史「経済更生運動の展開と農村支配構造――長野県下伊那郡大島村の事例を中心に――」（『土地制度史学』第128号、1990年7月）

潮見俊隆編著『日本林業と山村社会』（東京大学出版会、1962年）

潮見俊隆「法社会学における村落構造論――戦後法社会学史の一齣――」（同他編著『農村と労働の法社会学（磯田進教授還暦記念）』一粒社、1975年）

牛山敬二「昭和農業恐慌」（石井寛治・海野福寿・中村政則編『近代日本経済史を学ぶ』下、有斐閣、1977年）

牛山敬二「農村経済更生運動下の『むら』の機能と構成」（『歴史評論』第435号、1986年7月）

牛山敬二「自治村落社会と地主的土地所有」（宇野俊一編著『近代日本の政治と地域社会』国書刊行会、1995年）

江守五夫『日本村落社会の構造』（弘文堂、1976年）

大石嘉一郎『近代日本地方自治の歩み』（大月書店、2007年）

大石嘉一郎・西田美昭編著『近代日本の行政村――長野県埴科郡五加村の研究――』（日本経済評論社、1991年）

大内雅利『戦後日本農村の社会変動』（農林統計協会、2005年）

大内力「農業構造改善事業の研究1――昭和38～41、秋田、愛知、岩手、岐阜県下4カ村調査を通じて――」（『経済学論集』第34巻第4号、1969年1月）

大内力「農業構造改善事業の研究2――秋田・仙北郡、愛知・宝飯郡、岩手・和賀郡、岐阜・吉城郡――」（『経済学論集』第36巻2号、1970年7月）

大内力「農業構造改善事業の研究3完」（『経済学論集』第36巻第3号、1970年10月）

大門正克「名望家秩序の変貌――転形期における農村社会――」（坂野潤治他編『シリーズ日本近現代史3　構造と変動　現代社会への転形』岩波書店、1993年）

大門正克『近代日本と農村社会――農民世界の変容と国家――』（日本経済評論社、1994年）

大門正克「農村問題と社会認識」（歴史学研究会・日本史研究会編『日本史講座第8巻　近代の成立』東京大学出版会、2005年）

大門正克「『生活』『いのち』『生存』をめぐる運動」（安田常雄編集・大串潤児他編集協力『シリーズ戦後日本社会の歴史3　社会を問う人びと――運動のなかの個と共同性――』岩波書店、2012年）

大鎌邦雄『行政村の執行体制と集落――秋田県由利郡西目村の「形成」過程――』（日本経済評論社、1994年）

大鎌邦雄「昭和戦前期の農業農村政策と自治村落」（『農業史研究』第40号、2006年3月）

大鎌邦雄編著『日本とアジアの農業集落――組織と機能――』（清文堂出版、2009年）

大鎌邦雄「日本における小農社会の共同性――『家』・自治村落・国家――」杉原薫・脇村孝平・藤田幸一・田辺明生編著『講座生存基盤論Ⅰ　歴史のなかの熱帯生存圏――温帯パラダイムを超えて――』（京都大学学術出版会、2012年）

大川健嗣『戦後日本資本主義と農業――出稼ぎ労働の特質と構造分析――』（御茶の水書房、1979年）

大串潤児「戦後改革期、下伊那地方における村政民主化――長野県下伊那郡上郷村政民主化運動を実例として――」（『人民の歴史学』第142号、1999年12月）

大串潤児「戦後村政民主化運動の構造と意識」（プランゲ文庫展記録集編集委員会『占領期の言論・出版と文化』2000年）

大串潤児「『戦後』地域社会運動についての一試論」（『日本史研究』第606号、2013年2月）

大迫輝通『桑と繭――商業的土地利用の経済地理学的研究――』（古今書院、1975年）

大迫輝通『繭地盤――繭取引と流通の構造――』（古今書院、1979年）

岡江恭史「自由報告要旨『自治村落』とベトナムの農民組織――日本、中国との比較を通じて――」（『日本村落研究学会研究通信』第238号、2013年9月）

岡村明達「部落有林野の分解（2）」（『政経月誌』第39号、1956年8月）

岡村勝政「稲作機械化の一貫作業体系――長野県飯田市松尾地区――」（『農業と経済』第30巻第8号、1964年8月）

小倉武一監修・農政調査委員会編『総合農協と専門農協――調査と討論――』（不二出版、1964年）

鬼塚博「1889年市制町村制施行と中農層の動向――『養蚕型』地域を事例に――」（『歴史学研究』第759号、2002年2月）

鬼塚博「日露戦争と地域社会の組織化——長野県上郷村を事例に——」(『飯田市歴史研究所年報』第3号、2005年8月)

金沢夏樹・臼井晋・御園喜博・小林謙一『蚕糸経済研究資料 No. 17　組合製糸経営の実態調査報告——天竜社——』(農林省蚕糸局技術改良課、1957年)

梶井功「製糸資本が農作を通して全農民を支配する養蚕部落——群馬県勢多郡南橘村——」(近藤康男編著『むらの構造——農山漁村の階層分析——』東京大学出版会、1955年)

川島武宜・潮見俊隆・渡辺洋三編著『入会権の解体Ⅰ』(岩波書店、1959年)

川本彰『むらの領域と農業』(家の光協会、1983年)

神田嘉延「農民運動と村落構造——長野県喬木村における部落有林野統一事業反対闘争を中心にして——」上 (『鹿児島大学教育学部研究紀要』第36号、1984年3月)

神田嘉延「農民運動と村落構造——長野県喬木村における部落有林野統一事業反対闘争を中心にして——」下 (『鹿児島大学教育学部研究紀要』第37号、1985年3月)

菅野正『近代日本における農民支配の史的構造』(御茶の水書房、1978年)

菅野正・田原音和・細谷昂『東北農民の思想と行動——庄内農村の研究——』(御茶の水書房、1984年)

北河賢三「産業組合運動の展開と産青連」(『季刊現代史』第2号、1973年5月)

北河賢三『戦後の出発——文化運動・青年団・戦争未亡人——』(青木書店、2000年)

行政学研究会「町村合併の実態」5～10 (『自治研究』第36巻第6号～第36巻11号、1960年6～11月)

協調会農村課編『小作争議地に於ける農村事情』(協調会、1934年)

清川雪彦『近代製糸技術とアジア——技術導入の比較経済史——』(名古屋大学出版会、2009年)

金奉燮「翼賛壮年団論」(『歴史評論』第591号、1999年7月)

楠本雅弘「解説および史料解題」(同編著『農山漁村経済更生運動と小平権一』不二出版、1983年)

功刀俊洋「下伊那青年運動と農村支配」(『一橋研究』第3巻第4号、1979年3月)

功刀俊洋「昭和恐慌後の部落再編成——模範村長野県下伊那郡三穂村の事例——」(『一橋研究』第6巻第2号、1981年6月)

栗田尚弥編著『地域と占領——首都とその周辺——』(日本経済評論社、2007年)

栗田博之「統制された比較——入口より先に進むのか？——」(『民族学研究』第68巻第2号、2003年9月)

栗原るみ『1930年代の「日本型民主主義」——高橋財政下の福島県農村——』(日本経済評論社、2001年)

黒川徳男「農村自治組織と役職名望家の再検討──栃木県南河内町仁良川上地区の事例──」(『地方史研究』第46巻第6号、1996年12月)

小島庸平「大恐慌期における救農土木事業の意義と限界──長野県下伊那郡座光寺村を事例として──」(『歴史と経済』第212号、2011年7月)

小島庸平「1930年代日本農村における無尽講と農村負債整理事業──長野県下伊那郡座光寺村を事例として──」(『社会経済史学』第77巻第3号、2011年11月)

小島庸平「一九三〇年代清内路村下区における就労機会の創出と農外就業」(『清内路──歴史と文化──』第3号、2012年3月)

小島庸平「農山漁村経済更生特別助成事業と農村社会の変容──長野県下伊那郡三穂村を事例に──」(『政治経済学・経済史学会自由論題報告要旨』2012年)

後藤靖「村落構造の変化と行政の再編過程──長野県下伊那郡松尾村の事例──」(井上清編著『大正期の政治と社会』岩波書店、1969年)

小林弘二『満州移民の村──信州泰阜村の昭和史──』(筑摩書房、1977年)

小林信介「満州移民送出における経済的要因の再検討──長野県を事例にして──」(『金沢大学経済論集』第29巻第2号、2009年3月)

小峰和夫「ファシズム体制下の村政担当層──日本ファシズムの農村における社会的基盤について──」(大江志乃夫編著『日本ファシズムの形成と農村』校倉書房、1978年)

齊藤俊江「解題」(「胡桃沢盛日記」刊行会、飯田市歴史研究所監修『胡桃沢盛日記』第5巻、2013年)。

斎藤晴造編著『過疎の実証分析──東日本と西日本の比較研究──』(法政大学出版局、1976年)

齋藤仁「東南アジア農業問題の内部構造」(滝川勉・齋藤仁編著『アジアの土地制度と農村社会構造』アジア経済研究所、1968年)

齋藤仁『農業問題の展開と自治村落』(日本経済評論社、1989年)

境野健兒・清水修二「農村恐慌下の学校統廃合・三──長野県下伊那郡伊賀良村『私設学校史』──」上(『福島大学地域研究』第2巻第1号、1990年7月)

境野健兒・清水修二「農村恐慌下の学校統廃合・三──長野県下伊那郡伊賀良村『私設学校史』──」下(『福島大学地域研究』第2巻第4号、1991年3月)

坂下明彦「北海道における農業近代化政策の受容構造──農業地帯構成論の視角から──」(『年報村落社会研究』第37集、2001年)

坂下明彦「農業近代化政策の受容と『農事実行組合型』集落の機能変化──北海道深川市巴第5集落を対象に──」(『農業史研究』第40号、2006年3月)

坂根嘉弘『分割相続と農村社会』(九州大学出版会、1996年)

坂根嘉弘『日本伝統社会と経済発展――家と村――』（農山漁村文化協会、2011年）
坂根嘉弘「近代日本における徴税制度の特質」（勝部眞人編著『近代東アジア社会における外来と在来』清文堂出版、2011年）
坂根嘉弘『日本戦時農地政策の研究』（清文堂出版、2012年）
坂本広徳「近世南信山間部における村落構造」（『飯田市歴史研究所年報』第6号、2008年9月）
笹川裕史・奥村哲『銃後の中国社会――日中戦争下の総動員と農村――』（岩波書店、2007年）
佐々木敏二『長野県下伊那社会主義運動史』（信州白樺、1978年）
佐藤正「『自治綱領』と小作争議」（須永重光編著『近代日本の地主と農民――水稲単作農業の経済学的研究　南郷村――』御茶の水書房、1966年）
産業組合中央会編『産業組合と負債整理事業に関する調査』1939年
重冨真一「農村協同組合の存立条件――信用共同組織にみるタイと日本の経験――」（加納啓良編著『東南アジア農村発展の主体と組織――近代日本との比較から――』アジア経済研究所、1998年）
重冨真一「地域社会の組織力と地方行政体――東南アジア農村における小規模金融組織の形成過程を比較して――」（『アジア経済』第44巻第5・6号、2003年5月）
重冨真一「比較地域研究試論」（『アジア経済』第53巻第4号、2012年6月）
島袋善弘『現代資本主義形成期の農村社会運動』（西田書店、1996年）
庄司俊作『日本農地改革史研究――その必然と方向――』（御茶の水書房、1999年）
庄司俊作「近現代の政府と町村と集落――1930年代の構造変化を中心に――」（『農業史研究』第40号、2006年3月）
庄司俊作『日本の村落と主体形成――協同と自治――』（日本経済評論社、2012年）
須崎愼一「戦時下の民衆」（木坂順一郎編著『体系・日本現代史3　日本ファシズムの確立と崩壊』日本評論社、1979年）
須崎愼一「地域右翼・ファッショ運動の研究――長野県下伊那郡における展開――」（『歴史学研究』第480号、1980年5月）
住友陽文「公民・名誉職理念と行政村の構造――明治中後期日本の一地域を事例に――」（『歴史学研究』第713号、1998年8月）
住友陽文『皇国日本のデモクラシー――個人創造の思想史――』（有志舎、2011年）
関口龍夫『小布施村――村の壮年団史――』（報道出版社、1943年）
関戸明子『村落社会の空間構成と地域変容』（大明堂、2000年）
村落社会研究会編『村落社会研究年報Ⅱ　農地改革と農民運動』（時潮社、1955年）
高木正朗『近代日本農村自治論――自治と協同の歴史社会学――』（多賀出版、1989年）

高久嶺之介『近代日本の地域社会と名望家』（柏書房、1997年）
高嶋修一『都市近郊の耕地整理と地域社会――東京・世田谷の郊外開発――』（日本経済評論社、2013年）
高橋明善「部落構造展開の二類型」（『社會科學紀要』第8号、1959年3月）
高橋明善「部落財政と部落結合」（『社會科學紀要』第9号、1960年3月）
高橋明善「部落財政と部落結合――一五年の変化――」（『年報村落社会研究』第10集、1974年）
高橋正郎・中田実「農政と村落――二年間の論議とその総括――」（『年報村落社会研究』第21集、1985年）
高橋泰隆『昭和戦前期の農村と満州移民』（吉川弘文館、1997年）
竹内利美「ムラの行動」（坪井洋文編著『日本民俗文化体系8　村と村人』小学館、1984年）
竹ノ内雅人「明治前半期の清内路煙草に関する一考察」（『清内路――歴史と文化――』第1号、2010年3月）
玉真之介『主産地形成と農業団体――戦間期日本農業と系統農会――』（農山漁村文化協会、1996年）
田中光「清内路下区における青年会の展開」『清内路――歴史と文化――』第1号、2010年3月）
田中雅孝『両大戦間期の組合製糸――長野県下伊那地方の事例――』（御茶の水書房、2009年）
田中雅孝「戦前期飯田町の商工自営業者層の構成」（『飯田市歴史研究所年報』第9号、2011年10月）
田中雅孝「解題」（「胡桃沢盛日記」刊行会編、飯田市歴史研究所監修『胡桃沢盛日記』第3巻、2012年）
田原音和・小山陽一・吉田裕「町村合併と部落有林――部落有林をめぐる村落共同体の統一と解体――」（『文化』第22巻第3号、1958年5月）
筒井泰蔵『小野川本谷園原共有山史』（小野川本谷園原共有山史刊行委員会、1961年）
筒井正夫「地方改良運動と農民」（西田美昭・アンワズオ編著『20世紀日本の農民と農村』（東京大学出版会、2006年）
暉峻衆三編著『日本の農業150年――1850～2000年――』（有斐閣、2003年）
鳥越皓之『家と村の社会学〔増補版〕』（世界思想社、1993年）
鳥越皓之『地域自治会の研究――部落会・町内会・自治会の展開過程――』（ミネルヴァ書房、1994年）
豊原研究会編『豊原村――人と土地の歴史――』（東京大学出版会、1978年）

永江雅和「戦後開拓政策に関する一考察——もうひとつの農地改革——」(『専修経済学論集』第37巻第2号、2002年11月)
永江雅和「二つの農村」(大門正克ほか編『高度成長の時代3　成長と冷戦への問い』大月書店、2011年)
永江雅和『食糧供出制度の研究——食糧危機下の農地改革——』(日本経済評論社、2013年)
中西啓太「明治後期地方行政の再編——町村条例の分析から——」『日本歴史』(第788号、2014年1月)
長野県下伊那青年団史編纂委員会編『下伊那青年運動史——長野県下伊那青年団の五十年——』(国土社、1960年)
長野県農業近代化協議会『農近協情報』第3〜12号、1962年8月〜64年6月
長原豊「戦時統制と村落」(日本村落史講座編集委員会編『日本村落史講座五　政治Ⅱ〔近世・近現代〕』雄山閣出版、1990年)
長原豊『天皇制国家と農民——合意形成の組織論——』(日本経済評論社、1989年)
中村政則『近代日本地主制史研究——資本主義と地主制——』(東京大学出版会、1979年)
中村政則ゼミ・三年「養蚕地帯における農村更生運動の展開と構造——長野県上伊那郡南向村の場合——」(『ヘルメス』第27号、1976年3月)
南相虎『昭和戦前期の国家と農村』(日本経済評論社、2002年)
西田美昭編著『昭和恐慌下の農村社会運動——養蚕地における展開と帰結——』(御茶の水書房、1978年)。
西田美昭編著『戦後改革期の農業問題——埼玉県を事例として——』(日本経済評論社、1994年)
西田美昭『近代日本農民運動史研究』(東京大学出版会、1997年)
西田美昭「戦後農政と農村民主主義——新潟県の一近郊農村を事例として——」(『農業法研究』第32号、1997年5月)
西田美昭「戦後改革と農村民主主義」(東京大学社会科学研究所編『20世紀システム5　国家の多様性と市場』東京大学出版会、1998年)
西田美昭・加瀬和俊編著『高度経済成長期の農業問題——戦後自作農体制への挑戦と帰結——』(日本経済評論社、2000年)
西田美昭「農民生活からみた20世紀日本社会——『西山光一日記』をてがかりに——」(『歴史学研究』第755号、2001年10月)
西野寿章『山村地域開発論』(大明堂、1998年)
西野寿章『山村における事業展開と共有林の機能』(原書房、2013年)
沼尻晃伸「農民からみた工場誘致——戦後経済復興期の小田原市を事例として——」

(『社会科学論集』第116号、2005年11月)

沼尻晃伸「結語」(小野塚知二・沼尻晃伸編著『大塚久雄『共同体の基礎理論』を読み直す』日本経済評論社、2007年)

農林省図書館編『農林文献解題3　農村建設篇』(農林統計協会、1957年)

野田公夫「農業史」(中安定子・荏開津典生編著『農業経済研究の動向と展望』富民協会、1996年)

野田公夫編著『戦後日本の食料・農業・農村第1巻　戦時体制期』(農林統計協会、2003年)

野田公夫『日本農業の発展論理——歴史と社会——』(農山漁村文化協会、2012年)

野本京子『戦前期ペザンティズムの系譜——農本主義の再検討——』(日本経済評論社、1999年)

橋部進「解題1」(「胡桃沢盛日記」刊行会、飯田市歴史研究所監修『胡桃沢盛日記』第6巻、2013年)

橋本玲子「農業構造改善事業」(阪本楠彦編著『講座現代日本の農業第4巻　基本法農政の展開』御茶の水書房、1965年)

林宥一『近代日本農民運動史論』(日本経済評論社、2000年)

林雄三・今村久・森武麿・齊藤俊江・一橋大学森ゼミ「村の経済更生運動——禁酒・厚生館・満州移民——」(飯田市歴史研究所編『オーラルヒストリー1　いとなむはたらく飯田のあゆみ』飯田市、2007年)

樋口雄彦「金岡村にみる翼賛体制の担い手たち」(『沼津市史研究』第3号、1994年3月)

樋口雄一『戦時下朝鮮の農民生活誌——1939〜1945——』(社会評論社、1998年)

平澤清人・深谷克己「下伊那の農民のなかで」(『歴史評論』第236号、1970年4月)

平野正裕「1920年代の組合製糸——高格糸生産の問題について——」(『地方史研究』第38巻第2号、1988年4月)

平野綏『近代養蚕業の発展と組合製糸』(東京大学出版会、1990年)

平野義太郎『農村民主化と農村自治制度——長野県小県郡青木村実態調査——』(農業総合研究所、1949年)

平山和彦『伝承と慣習の論理』(吉川弘文館、1992年)

福島正夫・潮見俊隆・渡辺洋三編著『林野入会権の本質と様相——岐阜県吉城郡小鷹利村の場合——』(東京大学出版会、1966年)

福田恵「近代日本における森林管理の形成過程——兵庫県村岡町D区の事例——」(『社会学評論』第218号、2004年10月)

福武直『福武直著作集——日本農村の社会的性格・日本の農村社会——』(第4巻、東京大学出版会、1976年)

福武直『福武直著作集——日本村落の社会構造——』（第5巻、東京大学出版会、1976年）
藤田佳久『日本の山村』（地人書房、1981年）
古島敏雄「被官制度の崩壊と商品生産」（関島久雄・古島敏雄『徭役労働制の崩壊過程——伊那被官の研究——』育生社、1938年）
古島敏雄編著『日本林野制度の研究——共同体的林野所有を中心に——』（東京大学出版会、1955年）
古島敏雄・的場徳造・暉峻衆三『農民組合と農地改革——長野県下伊那郡鼎村——』（東京大学出版会、1956年）
北條浩『部落・部落有財産と近代化』（御茶の水書房、2002年）
細谷昂『家と村の社会学——東北水稲作地方の事例研究——』（御茶の水書房、2012年）
細谷亨「『満洲』農業移民の社会的基盤と家族——長野県下伊那郡川路村を事例に——」『飯田市歴史研究所年報』（第5号、2007年8月）
真貝竜太郎『公有林野政策とその現状』（官庁新聞社、1959年）
松沢裕作『町村合併から生まれた日本近代——明治の経験——』（講談社、2013年）
松原治郎・蓮見音彦『農村社会と構造政策』（東京大学出版会、1968年）
松村敏「明治後期金沢の市行政・地域社会・住民組織」（橋本哲哉編著『近代日本の地方都市——金沢／城下町から近代都市へ——』日本経済評論社、2006年）
「満洲泰阜分村——七〇年の歴史と記憶」編集委員会『満洲泰阜分村——七〇年の歴史と記憶——』（不二出版、2007年）
三浦宏『南信州経済風土記』（信濃教育会出版部、2003年）
美土路達雄・菅沼正久「繭と農協——群馬県における養蚕農協調査報告——」（『協同組合経営研究所報告第64号　特殊農協にかんする調査研究報告（II）』協同組合経営研究所、1957年）
美土路達雄・佐藤治雄「繭と農協（続）」（『協同組合経営研究所報告第77号　特殊農協にかんする調査研究報告（VI）』協同組合経営研究所、1958年）
美土路達雄「養蚕農協の実態と展望」（『農業協同組合』第4巻第5号、1958年4月）
宮内泰介編著『コモンズをささえるしくみ——レジティマシーの環境社会学——』（新曜社、2006年）
宮本常一「対馬にて」（同『宮本常一著作集第10巻　忘れられた日本人』未来社、1971年）
三輪泰史「菊地謙一の歴史思想——戦時下抵抗から職業革命家としての戦後へ——」（長野県現代史研究会編『戦争と民衆の現代史』現代史料出版、2005年）
向山雅重『伊那農村誌』（慶友社、1984年）
室田武・三俣学『入会林野とコモンズ——持続可能な共有の森——』（日本評論社、2004年）

森謙二編著『出作りの里』(新葉社、1989年)

森武麿『戦時日本農村社会の研究』(東京大学出版会、1999年)

森武麿「地域史をひらく――下伊那の近代史から――」(『飯田市歴史研究所年報』第1号、2003年12月)

森武麿『戦間期の日本農村社会――農民運動と産業組合――』(日本経済評論社、2005年)

森武麿「1950年代の新農村建設計画――長野県竜丘村を事例として――」(『一橋大学研究年報　経済学研究』第47号、2005年10月)

森武麿「両大戦と日本農村社会の再編」(『歴史と経済』第191号、2006年4月)

森武麿編著『1950年代と地域社会――神奈川県小田原地域を対象として――』(現代史料出版、2009年)

森武麿ゼミナール・一橋大学「戦後天龍社の発展――一九五〇年代を中心に――」(『飯田市歴史研究所年報』第1号、2003年12月)

森武麿ゼミナール・一橋大学「村役場文書に見る農村経済更生運動――長野県下伊那郡三穂村を事例として――」(『ヘルメス』第59号、2008年3月)

守田志郎『村落組織と農協』(家の光協会、1967年)

安田浩「近代天皇制国家試論」(藤田勇編著『権威的秩序と国家』東京大学出版会、1987年)

山本多佳子「地方青壮年にとっての国民再組織――壮年団から翼賛壮年団へ――」(『史論』第43号、1990年3月)

横山憲長『地主経営と地域経済――長野県における近畿型地主経営の一事例――』(御茶の水書房、2011年)

林野庁『昭和二十八年度　山村経済実態調査書　部落有林篇』(第1～9号、1958年)

蠟山政道『農村自治の変貌』(農業総合研究所、1948年)

蠟山政道『農村自治の変貌――那須村自治行政調査――』(農業総合研究所、1951年)

渡辺敬司「町村合併と公有林野」(島恭彦他編著『町村合併と農村の変貌』有斐閣、1958年)

図表一覧

序　章

図序-1　下伊那地方　9

第1章

図1-1　松尾村森本勝太郎家の周辺（1946年）　18
図1-2　下久堅村（飯田市下久堅）の航空写真（1970年頃）　23
図1-3　清内路村の航空写真（1980年頃）　45
表1-1　松尾村長　19
表1-2　下伊那郡内産業組合製糸一覧　20, 21
表1-3　主要生産額（下久堅村・1929年）　22
表1-4　下久堅村の養蚕業（1919～40年）　23
表1-5　下久堅村長・助役　24
表1-6　下久堅村会議員（1913～37年）　25
表1-7　下久堅村の集落戸数と村議の人数　26
表1-8　村会議員の就任回数（1913、17、21、25、29、33、37年）　26
表1-9　下久堅村決算（1917年度）　28
表1-10　下久堅村歳入出決算（1923～25、1927～36年度）　30, 31
表1-11　下伊那地方における営業製糸特約組合（1932年）　34
表1-12　1938年度の区会決算（下久堅村各区会）　38, 39
表1-13　M区会における協議件数（1912～35年）　40
表1-14　M区会執行部（1917年）　40
表1-15　M区会執行部（1935年）　40
表1-16　M区会執行部（苗字別・1914～44年）　41
表1-17　組長（M区会・1913～22年）　42
表1-18　清内路村全体の養蚕業（1919～40年）　46
表1-19　清内路村全体における山林利用（1934年）　47
表1-20　下清内路集落の組織　49
表1-21　下清内路区会の議案数（1917、21、25、29、33、38、43年）　50
表1-22　下清内路部落有林における炭焼き従事者（1924年）　51

- 表 1-23　下清内路部落有林における開墾者の経済階層（1926年）　52
- 表 1-24　下清内路における開墾税賦課額上位20家（1926年）　52
- 表 1-25　下清内路区会役員の経済階層（1924年度、1927年度）　53
- 表 1-26　下清内路区会への建議・陳情項目数（年次別・差出人別、1914～44年、残存分）　54
- 表 1-27　下清内路区会決算（1916、19、21、24、28、30、33、35、38年度）　57
- 表 1-28　清内路村歳入歳出決算（1916、18、22、26、30、32～38年度）　58
- 表 1-29　村長・助役の出身集落　59

第2章

- 表 2-1　1937年度の下伊那郡各市村における簿記普及率（上位順）　71
- 表 2-2　失業救済資金借入高（M区会・1931年）　75
- 表 2-3　下久堅村における道路改修（1930～36年）　76
- 表 2-4　清内路村経済更生運動の計画と実績　92
- 表 2-5　経済更生運動等の状況、集落組織再編の様態（下伊那郡各町村）　98
- 表 2-6　収繭量（1戸当たり）・繭反収・米作反収を指標とした下伊那地方各町村の農業生産力（1929年）　99
- 表 2-7　下伊那郡町村別小作地率（1942年、上位順）　100
- 表 2-8　下伊那地方における小作問題紛擾記事一覧（1929～35年）　104, 105
- 表 2-9　長野県郡市別小作争議件数（1930～33年）、農民組合設立状況（1933年）　106

第3章

- 表 3-1　M区会とM集落第2部落常会の開催日数　122
- 表 3-2　M集落第2部落常会の会議数・議案数　122
- 表 3-3　M区会決算（1940、1942～45年度）　123
- 表 3-4　村外者・村内非農家による勤労奉仕（河野村）　129
- 表 3-5　集落住民による労力奉仕の具体例（下久堅村M集落）　131
- 表 3-6　出征軍人留守家族に対する労力奉仕工数（日数）の推移（下久堅村M集落）　132
- 表 3-7　下伊那郡内各町村の供米実績（1943年12月20日現在・上位順）　133
- 表 3-8　「皇国農村を訪ふ」（『信濃毎日新聞』）の各村タイトル　137

第4章

- 図 4-1　耕地面積別世帯数（M集落・1959年）　189
- 図 4-2　年齢構成（M集落・1962年）　190

図表一覧　323

図 4 - 3 　部落常会区分、道路（M集落）　191
表 4 - 1 　M区会執行部層の農民組合加入状況　153
表 4 - 2 　農民組合未加入者（1946年5月）　154
表 4 - 3 　農民組合幹部（1946・47年）　154
表 4 - 4 　M集落第2部落常会の協議内容（1945年8月18日～1946年12月22日）　158, 159
表 4 - 5 　下久堅村農地委員の構成　161
表 4 - 6 　農地改革前後の自・小作別面積（下久堅村）　170
表 4 - 7 　農地改革前後におけるM集落各世帯の土地所有　170
表 4 - 8 　田畑の交換分合達成状況（1949年12月）　171
表 4 - 9 　M区会執行部（1944～47年）　174
表 4 -10　M区会財政　178, 179
表 4 -11　M区会議案数（1945～88年）　182, 183
表 4 -12　農業生産（M集落・1962年）　189
表 4 -13　兼業先（M集落・1959年）　190
表 4 -14　第1次農業構造改善事業に対する態度（M集落）　197
表 4 -15　事業結果（第1次農業構造改善事業・M集落）　201
表 4 -16　飯田市、および8カ村の概要（1953年）　206, 207
表 4 -17　飯田市の「新市建設計画」の内訳（1959年度）　208
表 4 -18　1958年度の道路改修（飯田市役所）　209
表 4 -19　事業結果（第1次農業構造改善事業・松尾明集落）　210
付表　　　M集落各世帯の個票　224-229

第 5 章

表 5 - 1 　部落有林・行政村有林面積（全国）　232
表 5 - 2 　農地改革前の田畑小作地率と農民組合の設立状況（下伊那地方各市町村）　233
表 5 - 3 　清内路村の世帯数・人口　235
表 5 - 4 　戦後清内路村の人口減少率　235
表 5 - 5 　農家別耕地面積（清内路村・1953年）　235
表 5 - 6 　主要生産物価額（清内路村・1948年）　236
表 5 - 7 　林業の推移（清内路村）　236
表 5 - 8 　養蚕業の推移（清内路村）　236
表 5 - 9 　下清内路区会規約の変化　238
表 5 -10　下清内路区会における議案（1947、51、56、59、64、67、71、75年）　239
表 5 -11　住民から下清内路区会への建議書・陳情書（項目数）　240

表 5-12　清内路村歳入歳出決算（1950、54、58、61、63、66、68、72年度）　242, 243
表 5-13　下清内路区会決算（1948、50、54、58、61、63、65、68、71、75、78年度）　248-251

第 6 章

表 6-1　養蚕戸数・繭生産量・桑園面積（長野県下伊那地方・1930〜80年）　261
表 6-2　下伊那地方における養蚕農協の設立・解散状況　266
表 6-3　長野県における地区別養蚕農協組合数（1948〜54年度）　267
表 6-4　全産繭量に対する「抜き売り」の量と割合（下伊那地方・1954年）　270
表 6-5　「抜き売り」の少ない村と多い村の農業経営（1953年）　271
表 6-6　下久堅養蚕農協初年度（1948年3月）理事・監事の経歴　275
表 6-7　下久堅養蚕農協初年度事業計画書　276
表 6-8　下久堅総合農協・養蚕農協成績表（1949年春蚕）　277
表 6-9　下久堅養蚕農協加入世帯数（1948〜89年）　277
表 6-10　農業経営面積（下久堅村・1953年）　278
表 6-11　下久堅総合農協・養蚕農協の天龍社への供繭量（1948〜59年度）　280
表 6-12　下久堅養蚕農協主要勘定（1955〜65年度）　282
表 6-13　下久堅養蚕農協の上繭販売状況（1964〜84年度）　283

あとがき

　本書と個別論文との関係は次のとおりである。いずれの章も加筆・修正を施している。

〈序章〉　書き下し
〈第1、2章〉
「明治後期〜昭和戦前期における行政村・集落運営と農村社会運動――長野県下伊那地方を事例に――」『農業史研究』第46号、日本農業史学会、2012年3月
「行政村の政策執行におけるコミュニティの存在形態――昭和戦前期の長野県下伊那郡下久堅村を事例に――」『社会経済史学』第78巻第2号、社会経済史学会、2012年8月
「戦前期河野村の農村問題」「胡桃沢盛日記」刊行会、飯田市歴史研究所監修『胡桃沢盛日記』第4巻、2012年
「部落有林が存続した行政村の存在形態――大正・昭和戦前期長野県下伊那郡清内路村の事例――」『歴史と経済』第222号、政治経済学・経済史学会、2014年1月
〈第3章〉「『皇国農村』河野村の展開と帰結」「胡桃沢盛日記」刊行会、飯田市歴史研究所監修『胡桃沢盛日記』第6巻、2013年
〈第4章〉
「高度経済成長前半期における農業政策の受容形態」『歴史と経済』第206号、政治経済学・経済史学会、2010年1月
〈第5章〉「二〇世紀における下清内路の村落運営・序説」『清内路――歴史と文化――』第2号、東京大学大学院文学部・人文社会系研究科日本史学研究

室、2011年3月

「戦後における部落有林の存廃と集落・行政村の展開——長野県下伊那郡清内路村——」『清内路——歴史と文化——』第4号、清内路歴史と文化研究会、2014年3月

〈第6章〉「養蚕農協の設立と解体——長野県下伊那地方を事例に——」『社会経済史学』第72巻第5号、社会経済史学会、2007年1月

〈終章〉　書き下し

　本書執筆にあたり、心がけたことは忍耐である。フィールドワークとは、すなわち、自分の考える枠組みにあてはまらない現象に出くわす行為である。研究者はそれに耐えなければならない。史料、先行研究、自身の考えた枠組みのあいだで対話を重ね、枠組みをつくっては壊し、つくっては壊す。こうした作業を何万回と繰り返さなければならない。本書はこうした忍耐を経たものであるが、その評価は自身で行うものではない。ただし、基本となるのは、論証の妥当性である。徹底したフィールドワークを目指したため、個人的に利用することを許された史料を用いている場合がある。それゆえ、本書の骨格を形づくる史料については、本文、あるいは注で、史料を引用している。

　本書をまとめるまでに、多くの方の御世話になっている。上山和雄先生（国学院大学）には、学部から博士の学位取得まで、一貫して御指導いただいた。先生のような、研究者として優れ、かつ威厳のある教師でなければ、私は自身の至らぬ点を認め、前進していこうとする人間になることはできなかった。先生の御指導を得ることにより、私は努力する人間に生まれ変わることができた。鈴木淳先生（東京大学）には、私が修士課程1年の頃、サバティカルの上山先生に代わり、国学院大学大学院で指導していただいた。また、日本学術振興会特別研究員PDの指導教官として育てていただいた。先生の研究者としての鋭さ、人間としての優しさに触れた。かつて先生からいただいた御手紙は、今でも大切にしまってある。吉田伸之先生（飯田市歴史研究所、東京大学名誉教授）には、プレドクターの段階で、飯田市歴史研究所に雇用いただき、研究のフ

ィールドで生活することを許された。研究者として、社会人として、その意味は大きかった。また、清内路調査で研究報告した際、重要な指摘をいただき、先生の研究者としての凄味に触れることができた。

　私は国学院大学大学院において研究を開始した。上山先生、鈴木先生のほか、出講されていた、櫻井良樹先生（麗澤大学）、季武嘉也先生（創価大学）の御指導を仰いだ。中澤惠子、吉田律人、手塚雄太、内山京子各氏等ゼミ生の皆様には大変お世話になった。修士論文作成前後には、かつて下伊那を踏査されていた、平野正裕先生（横浜開港資料館）の御指導を得た。2005年度には大豆生田稔先生（東洋大学大学院文学研究科）、2007年度には森武麿先生（一橋大学大学院経済学研究科）のゼミに参加することを許され、両先生の言葉に聞き入った。同時に、一生の研究仲間に出会うことができた。

　博士課程を満期退学し、飯田市歴史研究所に勤めた。同僚の皆様には大変お世話になった。また、飯田市歴史研究所を拠点に調査していた若手農村史研究者（細谷亨、小島庸平、青木健、棚井仁、ソマン各氏等）と対話する機会に恵まれた。

　私の研究フィールドは、飯田市下久堅、阿智村清内路である。両地域の皆様に御礼申し上げる。齊藤俊江氏に導かれた、下久堅M集落での調査は、研究という枠内の作業であるとはいえ、村の事情に分け入ったものであった。本書では集落名、個人名を伏せたが、集落の方に大変お世話になったことに感謝し申し上げる。

　2011年3月に国学院大学より博士の学位を授与された。主査の上山先生、副査の根岸茂夫先生（国学院大学）、大豆生田先生からは、大変有益な御指摘をいただいた。飯田市歴史研究所を退職後、2011年4月には、日本学術振興会特別研究員PDとして、鈴木淳ゼミ（東京大学大学院人文社会系研究科日本史学研究室）に所属し、農業史研究室論文ゼミ（同大学大学院農学生命科学研究科、松本武祝先生）にも参加した。多くのかけがえのない方と知り合いになった。また大学の各図書館、とくに農学生命科学図書館において研究に打ち込んだ。

　さらに井川克彦先生（日本女子大学）、庄司俊作先生（同志社大学）の御指

導を得る機会があった。高田知和先生（東京国際大学）の導きにより、社会学等の研究者によって構成されるCFC研究会で報告し、有益な御指摘をいただいた。匿名の査読者によるコメントは、研究遂行過程において道標となった。これらの方との出会いは、私にとって大きな財産であり、こうした出会いがあったからこそ本書を出版することができた。

　本書が出る頃、私は大阪商業大学の新任教員となっている。本学学生の行動目標である「思いやりと礼節」・「基礎的実学」・「柔軟な思考力」・「楽しい生き方」は、私の人生の指標にもなりうるものであり、組織の一員として機能できるよう訓練しつつ、自身の次の研究について考えていきたい。

　最後に、本書を出版していただいた日本経済評論社の栗原哲也社長、谷口京延取締役に対して御礼申し上げる。また、滋賀県に住む両親に対して感謝し申し上げる。

　本書の出版に際して、科学研究費補助金（研究成果公開促進費：学術図書　課題番号265087）の助成を受けた。

　　　　2014年4月　大阪

索　引

事　項

〈あ行〉

飯田市役所　　192, 199, 205, 209
飯田市土木課　　190, 193
飯田市農業振興課　　198, 199, 220
異議申し立て　　61, 77, 136, 164, 269
移入　　46, 52, 54-56, 67, 88, 89, 113
医療　　10, 241
インフラ　　37, 54, 180, 206, 208, 209, 239, 241
営業製糸　　34, 107, 264, 269, 291
衛生　　19, 27, 29, 60, 294
M区会改正規定　　35, 36, 175
御館被官制度　　14, 157, 159

〈か行〉

階級　　47, 102, 103, 130
階級的利害　　149, 152, 168, 169, 202, 300
貸金地主　　77, 78, 84, 86, 94
過疎　　11, 231, 232, 235, 241, 246, 253, 301, 304
鼎町　　207
鼎村　　62, 118, 160, 163, 171, 205, 206, 215, 216, 269, 300
上郷村　　19-21, 23, 32, 60-62, 72, 73, 101, 102, 107, 117, 118, 134, 135, 160, 205-207, 222, 293
上久堅村　　89-91, 93, 95, 97, 114, 115, 207, 220, 222, 269, 280, 295
勧業　　27, 29, 60, 294
官僚　　24, 73, 82, 110
機会主義的　　284
教育費　　29, 56, 59, 60, 112, 208
供繭組合　　22
共産青年同盟　　151
供出　　122, 132, 133, 138, 139, 144, 145, 152, 155-157, 160, 262
行政権力　　4, 96, 116, 299, 300, 305
行政村運営　　5, 18, 22, 56, 60, 61, 78, 97, 120, 136, 139, 293, 294, 296
行政村の統合力　　17, 19, 29, 64, 70, 90-93, 95, 100, 115, 119, 253, 294, 295, 299, 300, 302
共同関係　　116, 131, 144, 149, 175, 176, 202, 299, 300
共同性　　19, 299, 305
寄留　　52, 67, 237, 239, 244
禁伐木　　49, 50, 88, 89, 256
禁伐区域　　49, 88
勤労奉仕　　128, 130, 131, 144
区会運営　　37, 39, 49, 61, 85, 86, 177, 180, 294
区会規約　　49, 50, 52, 54, 89, 175, 237, 252
区会執行部　　37-39, 43, 64, 82, 172, 173, 176, 177, 193, 199, 218, 273
区会役員　　36, 37, 52, 53, 172, 177, 189, 192, 194, 199, 244
区会役員選挙　　54, 171
区政改革　　250, 252, 253
区民大会　　172-174
経済階層　　19, 23, 24, 26, 37, 51, 108, 152, 155, 186, 244, 303
経済更生委員会　　72, 84, 107
経済更生運動　　2, 10, 69-74, 83, 84, 86, 87, 89, 91-97, 99, 102, 107, 109, 112, 116, 120, 121, 136, 152, 293-295, 298, 300, 302
経済更生特別助成村　　70, 71, 90, 91, 93, 95, 116, 295, 305
建議書・陳情書　　53, 54, 56, 61, 88, 239, 294
県の介入　　70, 89-93, 95, 115, 295, 302, 303
合意形成　　36, 41-44, 53, 55, 56, 61, 74-78, 116, 175, 181, 185, 204, 239, 294, 303
交換分合　　135, 170, 171, 210, 216, 223, 300, 303
皇国農村確立運動　　2, 133-135, 140
公職追放　　172
更生組合　　71, 72, 109, 120, 121
耕地委員　　18, 19
小作争議　　3, 7, 8, 14, 15, 102, 103, 117

小作地引上げ　138, 156, 165, 213
〈さ行〉
在村耕作地主　120
在村地主　18, 22, 43, 101, 102, 117, 121, 152, 153, 156, 161-165, 168, 169, 254, 275
在村地主地帯　22
山間地　8, 89, 90, 97, 99, 136, 270, 284, 295, 296, 301, 303
産業組合　3, 19, 71-73, 91, 103, 106, 114, 118, 124, 134, 261, 267, 273, 278, 296
産業組合運動　106
産業組合製糸　20-22, 27, 32, 34, 35, 60, 102, 106, 107, 146, 260, 278, 293, 294
産業組合青年連盟（産青連）　102, 103, 106, 107, 117, 118
自作農創設　82, 133, 134, 137, 145
自治組合　70, 79
自治村落論　1, 3, 4, 6, 14, 69, 153
市町村合併　232, 245, 246, 253
昭和の市町村合併　13, 205, 231, 301
執行体制　4, 10, 120, 127, 139, 140, 293, 294, 299
地主的土地所有　5, 8, 97, 99, 296
下清内路区会役員　52
下清内路壮年団　54
諮問と答申　55, 61
社会運動　151, 157, 215
社会運動勢力　11, 29, 101, 149, 151, 157, 161, 165, 168-170, 173, 176, 202, 206, 216, 217, 300
住民投票　194, 195, 198
集落運営　5, 44, 54, 61, 101, 102, 150, 173, 177, 218, 231, 303
集落リーダー層　69, 94, 115, 121, 140, 151, 152, 161, 162, 176, 198, 202, 273, 298, 299
受益者負担　75, 184, 187, 195, 200
出征軍人留守家族　37, 130, 131, 140, 299
純農山村　7, 8, 15
上繭集荷登録制　268, 276
助役　22, 24, 26, 56, 61, 69, 70, 74, 77, 78, 81-84, 94, 107, 120, 141, 143, 162, 172-174, 241, 243, 294
食糧供出　132, 133, 138, 139, 144, 157, 262
食糧増産　10, 119, 120, 122, 127, 128, 188, 273, 289
食糧調整委員　155, 156
食糧調整委員会　152, 156
所有権　47, 61, 246, 251, 253, 256, 294
新市建設計画　208
新農村建設計画　2, 11, 188, 190-193, 202, 203, 209, 210, 220
水利　34, 37, 180, 204, 205
水利費　123, 180, 218
炭窯場割当　55, 87, 88, 95, 294
炭窯場割当規約　51, 52, 87, 88
炭焼き　47, 50-52, 54, 87, 114, 235, 236, 244, 301
製糸資本　259, 264, 265, 284
青年会　41, 67, 103, 106, 117, 118, 234
M青年会　41
施業案　48, 87, 88
説得　43, 94, 200, 203, 204, 221, 298
全会一致　43, 44, 65, 116
全額供繭　21, 34, 35, 60, 106, 107, 118, 221, 280, 294
戦後史　10, 16, 303
壮年団　54, 55, 127, 234, 240
村会議員選挙　126
村議選　26, 102, 126, 142
村税滞納　29, 32, 60, 61, 80, 82, 94, 96, 111, 136, 294, 297, 298

〈た行〉
（第1次）農業構造改善事業　11, 177, 185, 188, 194, 196, 198-200, 203, 210, 301, 303
多数決　41-44, 61, 65, 76, 77, 94, 116, 163, 172, 175, 185, 202, 294, 298
立木売却　48, 66, 88, 89, 95, 114, 295
立て替え　75, 78, 86, 94, 298
立替支払　155
段丘・傾斜地　22, 202, 301
男子普選　54, 55
男子普通選挙　26
団体協約　269, 283, 291
地権者　77, 94, 189, 192, 193, 203, 223, 298
稚蚕共同飼育　262, 273, 275, 276, 278-282
地方改良運動　2, 3, 10, 17, 19, 20, 27, 29, 35, 47, 49, 60, 61, 73, 80, 293, 294, 297
中小地主地帯　7, 14, 15

索　引　331

調印　　32, 34, 106, 151, 165, 199, 200, 234
徴税　　18, 27, 29, 49, 59, 60, 174, 294, 300
朝鮮農業報国青年隊　　128-130, 144
地理的条件　　17, 22, 27, 32, 60, 70, 89, 97, 136, 140, 181, 284, 294-297, 300, 301
天龍育（興亜育）　　262, 273
天龍社　　106, 221, 260-262, 264, 265, 267-270, 273, 279-282, 284, 285, 287, 288, 291, 301
統合論　　1, 2, 4-6, 11
道路改修　　65, 74, 75, 77, 78, 81, 84, 94, 96, 187, 188, 194, 202, 209, 298
道路整備　　10, 43, 175, 180, 181, 184, 186-189, 193, 194, 197, 199, 201-204, 209, 219, 221, 297, 298, 301, 303
都市化　　8
土地管理組合　　155, 166-169, 202, 215, 217, 300
土地問題　　3, 156, 161, 169, 215
土木事業　　29, 32, 55, 60, 74, 76, 80, 82, 89, 114, 123, 136, 208, 294
土木費　　29, 59, 112, 177, 208, 241

〈な行〉

長野県経済部　　89, 90, 109, 114
長野県下伊那地方事務所　　134, 145, 199, 265, 275, 276
長野県林務課　　48
仲間共同体型　　302, 303
二重政治　　247, 252
日本プロレタリア作家同盟　　103
抜き売り　　269-271, 280, 282, 284
農協法　　176, 260, 261, 265
農業会　　124, 125, 138, 141, 146, 155, 162, 176, 260-263, 265, 267, 268, 274, 278, 284, 285, 301
農業近代化　　194-196, 199
農業条件が不利な地域　　8, 11, 202, 204, 284, 301
農業生産力　　46, 97, 296
農業賃金協定　　156, 213
農山村コミュニティ　　1, 297, 300
農事実行組合　　71, 72, 99, 100, 107, 120, 121
農村再編　　95, 295
農村社会運動　　2, 11, 101, 102, 139, 149, 151-153, 157, 161, 165, 168, 169, 175, 176, 202, 217, 232, 233, 300, 301
農村中堅人物　　3, 69, 95, 127, 138-140, 143, 293, 295
農村中心人物　　69, 95, 127, 138, 140, 293, 295
農村統合　　95, 99, 119, 295
農地委員　　161-163, 165-169, 176, 214, 217, 255
農地委員会　　139, 161-170, 214, 215, 232, 254
農地委員会部落補助員　　167, 233, 234
農地改革　　2, 3, 7, 9, 10, 84, 139, 149, 151, 161, 166-170, 176, 180, 202, 232, 234, 253, 254, 300, 301, 303
農地改革前　　22, 85, 101, 107, 159, 162, 163, 168, 232, 233, 254, 273, 275, 290
農民組合　　102, 103, 107, 117, 151-153, 155-157, 160, 161, 165-167, 174, 176, 202, 214, 217, 233
農林省　　6, 10, 93, 133, 134, 192, 202, 203, 210, 286, 293, 305
納税　　19, 27-29, 61, 67, 79-81, 96, 111, 113, 162, 237, 297, 298

〈は行〉

買収計画　　164-167, 214
標準農村　　6, 10, 133-138, 143, 145, 293, 294, 299
平場　　241, 300, 304
平場農村　　150, 303
貧弱村　　88-91, 93, 95, 97, 100, 114, 115, 296, 305
副業導入　　85, 86, 96, 298
不在地主　　22, 39, 162-165, 169, 180, 254
負債整理　　70-73, 83, 85, 86, 91, 94, 96, 109, 135, 293, 298
負債整理事業　　70, 73, 86, 91, 94, 107, 109, 298
部落常会　　99, 100, 120-123, 140, 141, 149, 152, 155-157, 167, 172, 181, 184, 185, 196-199, 215, 218, 219, 221, 273, 299
部落選挙　　26, 126, 142
分割貸与林　　244, 247, 250-253, 256
分郷移民　　91
分村移民　　91, 134, 135
簿記　　70, 72, 73, 96, 298
「没落した」地主　　168, 169, 202, 300

本籍　　44, 52, 54, 56, 67, 87, 114, 237, 239

〈ま行〉

松尾村　　17-21, 23, 32, 60-63, 73, 101, 144, 160, 171, 205-208, 212, 222, 272, 293, 300, 301
松尾明集落　　210, 211, 300
満洲移民　　70, 90, 91, 93, 95, 115, 127, 134, 135, 138, 139, 145
満洲分村移民　　10, 90, 93, 95, 114, 115, 119, 120, 133-135, 138, 140, 293, 295
三穂村　　70, 72, 73, 93, 108, 109, 208, 272, 293
民主主義青年同志会　　157, 159, 160, 166, 217
民主的　　55, 199
村役場吏員の規範　　83
名望家秩序　　2
名望家自治の脆弱性　　4, 5, 12, 13, 17, 61, 295
木炭　　87, 235, 236, 241, 245-247, 253, 255, 301, 302
持分登記　　246, 247, 251, 253, 257, 301

〈や〉

役職名望家　　110

泰阜村　　89-91, 93, 95, 115, 295
ヤスオカ　　160
有線放送　　192, 193, 203
養蚕型　　7, 8, 15
養蚕技術員　　151, 195, 259, 260, 273
養蚕実行組合　　71, 72, 99, 100, 120, 121, 262, 265, 274, 289
養蚕農協設立運動　　259-261, 285
翼賛選挙　　126, 142
翼賛壮年団　　120, 126, 127, 138-140, 143, 145, 172, 293

〈ら行〉

竜西　　8, 17, 19, 89, 90, 97, 103, 171, 269, 270, 295, 296
竜東　　8, 89, 90, 97, 99, 114, 269, 270, 284, 295, 296, 301
利用権　　47, 246, 251, 253
林道大井線　　65, 76, 86, 177, 184, 189, 190, 192, 202
労力奉仕　　130, 131, 144, 299

人　名

〈あ行〉

青木健　　8, 9
安孫子麟　　6
石川一三夫　　4, 5, 17, 61, 295
石田雄　　2, 3, 69, 70, 91-93, 95, 116, 295
磯田進　　5
伊藤淳史　　119
岩本純明　　149, 210
潮見俊隆　　5
牛山敬二　　3, 34
M16　　77, 78, 84-86, 94, 110, 153, 154, 174, 224, 225
M23　　195, 196, 200, 203, 221, 222, 224, 225, 272-275, 278, 279, 283, 284, 290, 301
M24　　77, 84, 94, 121, 153, 168, 176, 224, 225
M31　　24, 69, 74, 77-79, 81-86, 94, 110-112, 120-122, 125-127, 135, 139, 140, 151-156, 160-165, 167-169, 173-177, 215, 217, 224, 225
M40　　69, 84, 86, 121, 152, 153, 156, 158, 161, 174, 176, 226, 227
M62　　151, 154, 160-165, 167-169, 173, 174, 177, 215, 216, 218, 226, 227
江守五夫　　5
大石嘉一郎　　4, 5, 95, 119, 231, 295
大門正克　　3, 17, 107
大鎌邦雄　　3-5, 14, 96, 116, 120, 231, 296-298
岡江恭史　　299, 300
岡本宏　　302

〈か行〉

加瀬和俊　　149
川島武宜　　5
神田嘉延　　5
菊池謙一　　151, 159, 160
北原阿智之助　　19, 62, 101
胡桃沢盛　　71-73, 108, 109, 120, 124, 125,

　　　　127-130, 134, 135, 138, 139, 141　　　　　野田公夫　　3, 303
小島庸平　　8, 9, 87, 114
　　　　　〈さ行〉　　　　　　　　　　　　　　　　　　〈は行〉
坂下明彦　　149, 212　　　　　　　　　　　　林宥一　　149
坂根嘉弘　　3, 119, 144, 297, 305　　　　　　平澤清人　　157, 159, 160, 166, 217
重冨真一　　299, 300　　　　　　　　　　　　福島正夫　　5
庄司俊作　　3-5, 14, 119, 142, 146, 149, 295　福田恵　　5
住友陽文　　4, 5, 17, 61, 295　　　　　　　　福武直　　5
関戸明子　　5　　　　　　　　　　　　　　　藤田佳久　　5
　　　　　〈た行〉　　　　　　　　　　　　古島敏雄　　5, 149, 216
　　　　　　　　　　　　　　　　　　　　　　北條浩　　5, 44, 55
高久嶺之介　　3, 44
高橋正郎　　150　　　　　　　　　　　　　　　　　〈ま行〉
高橋泰隆　　93　　　　　　　　　　　　　　松村敏　　297
田中雅孝　　20　　　　　　　　　　　　　　御園喜博　　259
玉真之介　　259　　　　　　　　　　　　　　宮国　　157, 159, 160, 213
筒井正夫　　3, 17　　　　　　　　　　　　　森武麿　　2, 69, 92, 93, 95, 108, 116, 119, 150,
　　　　　〈な行〉　　　　　　　　　　　　　　　　　　　295
　　　　　　　　　　　　　　　　　　　　　　森本勝太郎　　17, 18, 101
長原豊　　3, 120　　　　　　　　　　　　　　　　　〈わ行〉
中村政則　　8
南相虎　　3　　　　　　　　　　　　　　　　Y（村会議員）　　63, 81, 84, 111, 112, 126
西田美昭　　4, 5, 95, 119, 149, 150, 231, 295　鷲見京一　　159, 166, 215
沼尻晃伸　　6　　　　　　　　　　　　　　　渡辺洋三　　5

【著者略歴】

坂口正彦（さかぐち・まさひこ）

1978年生まれ
2003年　國學院大学文学部史学科卒業
2008年　國學院大学大学院文学研究科日本史学専攻博士課程後期単位
　　　　取得退学　博士（歴史学）
2008〜11年　飯田市歴史研究所研究部調査研究補助員
2011〜14年　日本学術振興会特別研究員PD（東京大学大学院人文社
　　　　　　会系研究科）
現　在　大阪商業大学経済学部専任講師

近現代日本の村と政策　長野県下伊那地方 1910〜60年代

2014年10月15日　第1刷発行	定価（本体6000円＋税）

　　　　　　著　者　　坂　口　正　彦
　　　　　　発行者　　栗　原　哲　也
　　　　　　発行所　株式会社　日本経済評論社
　　〒101-0051　東京都千代田区神田神保町3-2
　　　電話　03-3230-1661　FAX　03-3265-2993
　　　　　　　　　　info8188@nikkeihyo.co.jp
　　　　　　　URL：http://www.nikkeihyo.co.jp

装幀＊渡辺美知子　　　　　印刷＊文昇堂・製本＊誠製本

乱丁・落丁本はお取替えいたします。　　　　Printed in Japan
Ⓒ SAKAGUCHI Masahiko 2014　　ISBN978-4-8188-2341-9

・本書の複製権・翻訳権・上映権・譲渡権・公衆送信権（送信可能化権を含む）は、㈱日本経済評論社が保有します。

・JCOPY〈㈳出版者著作権管理機構　委託出版物〉
本書の無断複写は著作権法上での例外を除き禁じられています。複写される場合は、そのつど事前に、㈳出版者著作権管理機構（電話03-3513-6969、FAX03-3513-6979、e-mail: info@jcopy.or.jp）の許諾を得てください。

大石嘉一郎・西田美昭編著

近代日本の行政村
——長野県埴科郡五加村の研究——

A5判　一四〇〇〇円

近代天皇制国家の基礎単位として制度化された行政がいかにして民主的「公共性」を獲得していったか。膨大な役場文書を駆使し、近代日本の政治構造を捉え直す。

大門正克著

近代日本と農村社会
——農民世界の変容と国家——

A5判　五六〇〇円

大正デモクラシーから戦時ファシズム体制への変化、及び明治社会から現代社会への移行の契機が現われた時期の農村社会と国家の相互関連を山梨県落合村を事例として検討する。

大石嘉一郎・金澤史男編著

近代日本都市史研究
——地方都市からの再構成——

A5判　一二〇〇〇円

水戸・金沢・静岡・川崎・川口の各都市の経済構造、市政担い手層、行財政機能に焦点をあて、都市比較に留意しつつ実証的に分析し、地方の視点から近代日本都市像を再構築する。

南相虎著

昭和戦前期の国家と農村

A5判　五〇〇〇円

世界大恐慌以降の農村経済更生運動・戦時農村統制の推進力として期待された名望家や農民の動向と、官僚がめざした国家像・社会像を、韓国人研究者が実証的に論じる。

上山和雄・吉川容編著

戦前期北米の日本商社
——在米接収史料による研究——

A5判　五四〇〇円

三井物産、三菱商事、大倉組、堀越商会ほかの北米第一線での取引、商社間競争、本支店間の協力と軋轢を米国国立公文書館所蔵の第一級史料を駆使して鮮明に描き出す。

（価格は税抜）　日本経済評論社